石油高等院校特色规划教材

油田注水工程

（富媒体）

蒋建勋 编著

石 油 工 业 出 版 社

内 容 提 要

本书从油田注水开发基础出发,阐述了各种注水工艺的基本原理和工艺特点,主要包括油田注水开发基础、油田注水水质及水处理技术、注水方案的基本内容、注水工艺技术、分层注水技术、特低渗透油藏超前注水技术、注水井增注技术、油田水监测与治理,旨在建立较为完善的注水系统,注重实际技术的现场应用效果,具有较强的理论指导和实用性。本书以二维码为纽带,生动展示了油田注水系统原理及工作过程。

本书可作为石油工程专业本科生教材,也可供油田开发工程技术人员参考。

图书在版编目（CIP）数据

油田注水工程：富媒体／蒋建勋编著. —北京：
石油工业出版社，2022.4
石油高等院校特色规划教材
ISBN 978-7-5183-5304-0

Ⅰ.①油… Ⅱ.①蒋… Ⅲ.①注水（油气田）-高等学校-教材 Ⅳ.①TE357.6

中国版本图书馆 CIP 数据核字（2022）第 049035 号

出版发行：石油工业出版社
（北京市朝阳区安华里2区1号楼　100011）
网　　址：www.petropub.com
编辑部：（010）64523733
图书营销中心：（010）64523633
经　销：全国新华书店
排　版：三河市燕郊三山科普发展有限公司
印　刷：北京中石油彩色印刷有限责任公司

2022年4月第1版　2022年4月第1次印刷
787毫米×1092毫米　开本：1/16　印张：15.5
字数：397千字

定价：38.00元
（如发现印装质量问题,我社图书营销中心负责调换）
版权所有,翻印必究

前言

油田投入开发后,随着开采时间的增长,油层本身能量将不断地被消耗,致使油层压力不断下降,地下原油大量脱气,黏度增加,油井产量大大降低,甚至会停喷停产,造成大量原油残留在地层中无法被采出。为了弥补原油采出后所造成的地下亏空,保持或提高油层压力,实现油田高产稳产,并获得较高的采收率和经济效益,必须对地层补充能量,而注水是最为广泛采用的方法。

我国已投入开发的油田,大多数采用人工注水的开发方式,注水开发相关技术及管理水平的高低决定了油田的最终采收率和开发效益。

油田注水工程作为石油工程的重要组成部分,涉及油藏工程、采油工程、油田化学工程、地面工程等多个学科,是石油工程开发方案设计、油田正常生产运维的重要内容。为此,西南石油大学多年前就在石油工程本科教学中开设了"油田注水工程"课程,并取得了良好的效果。

为了适应我国石油工业的发展和石油高等教育的要求,我编写了《油田注水工程(富媒体)》一书。在编写过程中,立足于加强基础,拓宽知识领域,着重理论联系实际。全书从油田注水出发,讲述了注水工程方案的编制过程,阐述了各种注水工艺和增注措施的基本原理及工艺特点,从注水前的水质及水处理,到分层注水、超前注水、管网优化和油田水的检测与治理,力求建立较为完善的注水系统,加强工艺的理论分析,注重实际技术的现场应用效果。为了便于学生理解和掌握基本理论与方法,本书引用了相关文献的部分内容、图表和实例等。

由于教学学时和篇幅的限制,对与注水工程相关的内容只能进行取舍。全书共八章,是我根据从事注水理论研究和教学所积累的经验,在现有注水理论的基础上,借鉴国内外诸多学者的教学与研究成果编写而成的。

油田注水工程是一项涉及学科广、技术性强的系统工程,由于笔者水平有限,难免存在错误和不足之处,敬请读者提出宝贵意见。

蒋建勋

2022 年 2 月

目录

第一章 油田注水开发基础 ... 1
- 第一节 注水开发油田含水上升规律 ... 1
- 第二节 水驱油藏采收率的测算 ... 12
- 第三节 注采井网 ... 16
- 第四节 注水时机和注水方式 ... 22
- 思考题 ... 25
- 参考文献 ... 25

第二章 油田注水水质及水处理技术 ... 26
- 第一节 油田注水水质指标 ... 26
- 第二节 油田水处理技术 ... 40
- 第三节 油田注水过程中的油层伤害机理及油层保护 ... 62
- 思考题 ... 66
- 参考文献 ... 66

第三章 注水工程方案设计 ... 68
- 第一节 油田注水开发的可行性分析 ... 68
- 第二节 注水量及吸水能力预测 ... 70
- 第三节 压力及温度预测 ... 74
- 第四节 注水水质及质量要求 ... 77
- 第五节 分层注水工艺方案 ... 83
- 第六节 注水井试注 ... 85
- 第七节 注水井配注方案调整 ... 89
- 思考题 ... 95
- 参考文献 ... 95

第四章 注水工艺技术 ... 96
- 第一节 注入系统 ... 96
- 第二节 注水工艺流程及主要注水设备 ... 98
- 第三节 注水工艺设计 ... 104

第四节　注水系统效率···107
　思考题···114
　参考文献···114

第五章　分层注水技术···115

　第一节　概述···115
　第二节　分层注水工艺··117
　第三节　分层配水技术··124
　第四节　分层测试及验封技术··130
　第五节　注水井井下管柱受力分析···136
　思考题···143
　参考文献···144

第六章　特低渗透油藏超前注水技术···145

　第一节　超前注水概述··145
　第二节　特低渗透油藏非线性渗流理论···151
　第三节　特低渗透油藏超前注水开发设计··165
　第四节　超前注水开发实践···178
　思考题···185
　参考文献···186

第七章　注水井增注技术···187

　第一节　注水井欠注原因分析··187
　第二节　压裂增注技术··190
　第三节　酸化增注技术··199
　第四节　物理法增注技术··205
　思考题···213
　参考文献···213

第八章　油田水监测与治理···215

　第一节　井下压力监测··215
　第二节　注入与产出剖面监测··222
　第三节　油层水淹监测··232
　第四节　注水水质监测··238
　第五节　油田水治理···240
　思考题···241
　参考文献···242

富媒体资源目录

序号	名称	页码
1	视频 1-1 油田注水井简介	1
2	彩图 1-1 注水示意图	1
3	视频 2-1 全国首个页岩气产出水处理工程	26
4	彩图 2-1 多管污水除油水力旋流器	51
5	彩图 2-2 折叠式过滤器的滤芯	54
6	视频 4-1 油田注水系统	96
7	彩图 4-1 注水泵	101
8	视频 5-1 分层注水工艺	115
9	视频 5-2 封隔器组成及工作原理	118
10	视频 5-3 偏心配水器投放	118
11	视频 5-4 偏心配水器打捞	118
12	视频 5-5 桥式同心分层注水演示	120
13	彩图 5-1 桥式偏心分层注水管柱	121
14	视频 7-1 压裂技术	191
15	视频 7-2 水力压裂工作原理	191
16	视频 7-3 水平井压裂	197
17	视频 7-4 泡沫酸酸化技术	202

第一章 油田注水开发基础

油田注水工程主要研究注水开发油田的驱替特征、水驱曲线、含水上升规律、产量递减规律、注水开发井网等,运用油藏工程的方法来预测注水开发油田的采收率(视频 1-1、彩图 1-1)。它是注水开发油田的基础,在此基础上指导油田的有效开发。

视频 1-1　油田注水井简介　　　彩图 1-1　注水示意图

注水开发油田的驱替特征,不管是从微观上还是宏观上,在"油层物理"和"渗流力学"课程中已经学习过,在此就不一一赘述了。

第一节 注水开发油田含水上升规律

一、含水上升规律

注水开发的油田,在生产一定时间之后必将产水,且油井含水率会不断上升。油井或油田产水会降低产油能力,想要提高产油能力,需要认识产水规律,找出减缓含水上升速度的方法。

1. 含水上升一般规律

根据大量注水开发油田的生产资料统计,油田含水规律一般分为 3 种基本模式:凸型、s 型和凹型(图 1-1)。

凸型曲线反映了油田见水早、无水采油期短、早期含水上升快、晚期含水上升慢的特

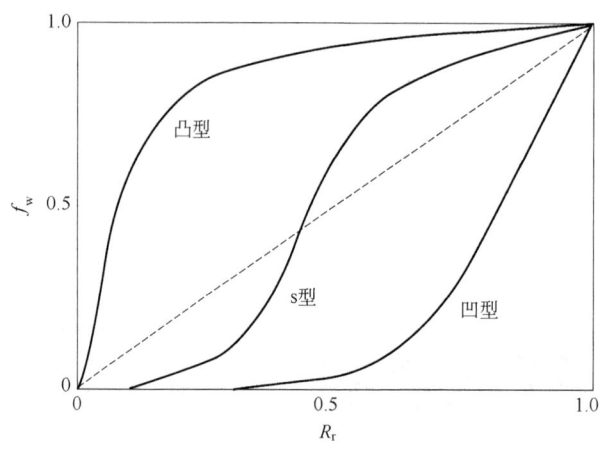

图 1-1　含水上升模式图

点,并且油田的主要产油量都集中在中—高含水阶段,因此,开发效益相对较差。

凹型曲线反映了油田见水晚、无水采油期长、早期含水上升慢、晚期含水上升快的特点,并且油田的主要产油量都集中在中—低含水阶段,因此,开发效益相对较好。

s 型曲线的情况,介于凸型和凹型两种情况之间。

凸型曲线可以用下面的方程进行描述:

$$R_r = a + b\ln(1-f_w) \tag{1-1}$$

式中　R_r——可采储量的采出程度,定义为采出油量占可采地质储量的比例;

　　　a、b——曲线常数;

　　　f_w——含水率,定义为日(月、年)产水量与日(月、年)产液量的比值。

s 型曲线可以用下面的方程进行描述:

$$R_r = a + b\ln\frac{f_w}{1-f_w} \tag{1-2}$$

凹型曲线可以用下面的方程进行描述:

$$\ln R_r = a + b\ln f_w \tag{1-3}$$

当然,油田实际的含水上升曲线可能位于凸型曲线和凹型曲线包围区域的任意位置。曲线越凸,表明开发效果越差;曲线越凹,表明开发效果越好。曲线的凸凹性质,除了与地层岩石和流体本身性质有关之外,还受到井网布置、完井方式和驱替剂的选择等人为因素的影响。

由于油田开发方案的不断调整,含水上升曲线可能不是一条光滑的曲线,也可能不是单调递增的曲线,但总的趋势是不断上升的。

油田上一般把 $f_w = 0\% \sim 20\%$ 称作低含水阶段,把 $f_w = 20\% \sim 60\%$ 称作中含水阶段,把 $f_w = 60\% \sim 90\%$ 称作高含水阶段,把 $f_w = 90\% \sim 98\%$ 称作特高含水阶段。当 $f_w = 98\%$ 时,油田的开发效益极差,油井关井或油田废弃。因此,矿场上一般把 $f_w = 98\%$ 称作油田开发的极限含水率。

2. 含水上升统计规律

油田生产过程中记录了大量的油、气、水产量及压力、温度等直接性的测试资料,从这些资料中可以整理出含水率、气油比等间接性资料，将这些资料绘制到时间尺度的坐标里，就是所谓的综合生产曲线。

在这些综合生产数据中，求出油田的累积产水量（W_p）和累积产油量（N_p）之后，把它们绘制到半对数坐标中，W_p 和 N_p 在油田生产一段时间之后会呈现出一定的线性关系，用方程表示如下：

$$\lg W_p = a + bN_p \tag{1-4}$$

式中，a、b 为水驱常数，可以用来评价油田的水驱效果，显然，a、b 的值越小，水驱油的效果就越好。

式（1-4）就是由马克西莫夫于1959年提出、童宪章于1978年命名的甲型水驱曲线方程。

除此之外，研究水驱曲线的数学方程还有很多，实际应用时可以根据实际情况进行选择，甚至可以设计出一些新的数学关系式。下面是几种常见的统计关系曲线方程。

方程1：

$$\frac{L_p}{N_p} = a + bL_p \tag{1-5}$$

其中

$$L_p = W_p + N_p$$

式中　L_p——累积产液量，m^3。

方程2：

$$\lg L_p = a + bN_p \tag{1-6}$$

方程3：

$$\frac{L_p}{N_p} = a + bW_p \tag{1-7}$$

方程4：

$$\ln R_{wo} = a + bN_p \tag{1-8}$$

式中　R_{wo}——（瞬时）生产水油比。

方程5：

$$\ln R_{Lo} = a + bN_p \tag{1-9}$$

式中　R_{Lo}——生产液油比，即产液量与产油量的比值。

方程6：

$$\ln f_w = a + bN_p \tag{1-10}$$

方程7：

$$\ln f_w = a + b\ln N_p \tag{1-11}$$

反映油田累积产油量、累积产水量、累积产液量及累积注水量之间统计关系的曲线称为水驱特征曲线。水驱特征曲线都有其对应的 f_w—N_p 关系，这些关系是独立的，并不是由水驱特征曲线推导出来的，但它们和水驱特征曲线一样，同样代表着油田的含水变化规律。下面介绍几种 f_w—N_p 关系的方程：

方程1，与式（1-5）相对应的 f_w—N_p 关系：

$$N_p = \frac{1}{b}\left[1 - \sqrt{a(1-f_w)}\right] \tag{1-12}$$

方程 2，与式(1-6) 相对应的 f_w—N_p 关系：

$$N_p = \frac{1}{b}\left[\lg\left(\frac{0.4343}{b}\frac{1}{1-f_w}\right)-a\right] \quad (1-13)$$

方程 3，与式(1-4) 相对应的 f_w—N_p 关系：

$$N_p = \frac{1}{b}\left[\lg\left(\frac{0.4343}{b}\frac{f_w}{1-f_w}\right)-a\right] \quad (1-14)$$

方程 4，与式(1-7) 相对应的 f_w—N_p 关系：

$$N_p = \frac{1}{b}\left[1-\sqrt{(a-1)\frac{1-f_w}{f_w}}\right] \quad (1-15)$$

二、含水上升影响因素

含水上升影响因素包括地层非均质性、平面驱替方式、油藏类型与井身结构、流体性质、渗流物理性质等。

1. 地层非均质性

为了分析地层非均质性对含水上升规律的影响，假定驱替皆为活塞式驱替。图 1-2 为只有一个小层且均质的活塞式驱替图。在采出端见水之前，油井的含水率为 0%；在采出端见水之后，油井的含水率为 100%（图 1-3）。

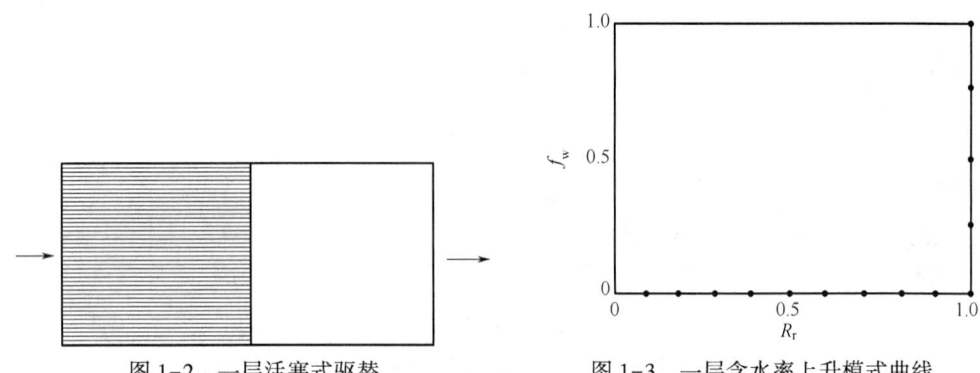

图 1-2　一层活塞式驱替　　图 1-3　一层含水率上升模式曲线

图 1-4 为两个等厚小层的活塞式驱替图，每个小层都是均质地层，两小层的渗透率之比为 1:2，则其渗流速度之比也为 1:2，在油井见水时，高渗小层的采出程度为 100%，低渗小层的采出程度为 50%，整个地层的总采出程度为 75%，油井刚见水时的含水率从 0% 跃升到 50%。待低渗小层见水时，油井含水率从 50% 再次跃升至 100%。图 1-5 为地层含水率上升模式曲线，曲线只有两个台阶。

图 1-6 为 4 个等厚小层的活塞式驱替图，每个小层都是均质地层，4 个小层的渗透率之比为 1:2:4:8，则其渗流速度之比也为 1:2:4:8，与两个小层的情况相比，油井的见水时间大大提前，且含水率上升模式曲线呈 4 个台阶变化（图 1-7）。

通过以上三种地层情况的对比可以看出，地层的非均质性越强，油井的见水时间就越早，含水率曲线的台阶就越小。实际油田的地层非均质性都很强，并且都不是活塞式驱替，因此，含水率曲线的变化也就不是台阶状，而是光滑的曲线。

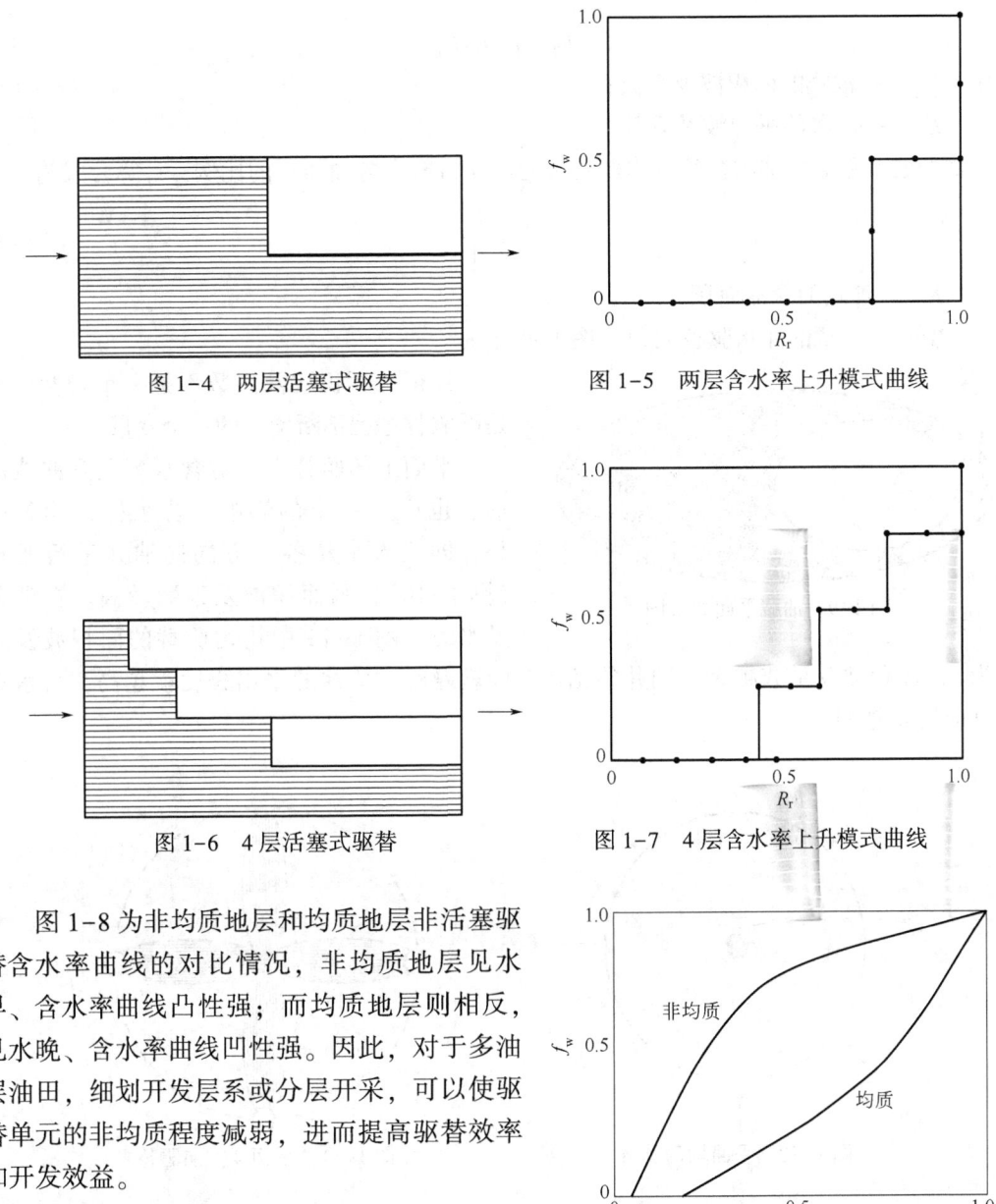

图1-4　两层活塞式驱替

图1-5　两层含水率上升模式曲线

图1-6　4层活塞式驱替

图1-7　4层含水率上升模式曲线

图1-8为非均质地层和均质地层非活塞驱替含水率曲线的对比情况，非均质地层见水早、含水率曲线凸性强；而均质地层则相反，见水晚、含水率曲线凹性强。因此，对于多油层油田，细划开发层系或分层开采，可以使驱替单元的非均质程度减弱，进而提高驱替效率和开发效益。

2. 平面驱替方式

油田开发的根本目的就是从地下采出尽可能多的原油，或者说使地层原油的采收率达到最大。地层原油的采收率为油藏体积波及系数和驱油效率的乘积，即：

图1-8　均质和非均质地层含水率曲线对比

$$E_R = E_V E_D \tag{1-16}$$

式中　E_R——原油采收率；

　　　E_V——油藏体积波及系数；

　　　E_D——油藏驱油效率。

油藏体积波及系数为油藏面积波及系数和垂向波及系数的乘积，因此，式(1-16)又可以写成：

$$E_R = E_A E_Z E_D \tag{1-17}$$

式中　E_A——油藏的面积波及系数；

　　　E_Z——油藏的垂向波及系数。

面积波及系数为油藏被注入水驱替过的面积占整个含油面积的比例，计算公式为：

$$E_A = \frac{A_s}{A} \tag{1-18}$$

式中　A——油藏的含油面积，m^2；

　　　A_s——油藏的注水驱替面积（图1-9），m^2。

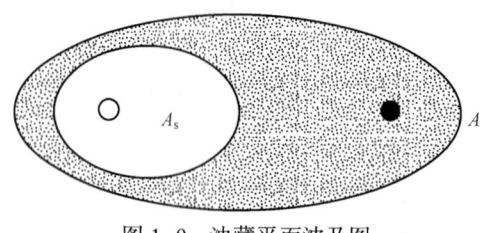

图1-9　油藏平面波及图

油藏的面积波及系数不是一个常数，而是随驱替进程不断增大的一个变量。

平面上的驱替方式对含水率上升曲线的形态也产生一定的影响。若驱替为均匀驱替，即注入水从各个方向向油井进行驱替（图1-10），则面积波及系数较高。在油井见水时，图1-11中均匀驱替的面积波及系数为1。面积波及系数越大，油井的见水时间就越晚，原油的采出程度就越高，含水率上升曲线就越凹。

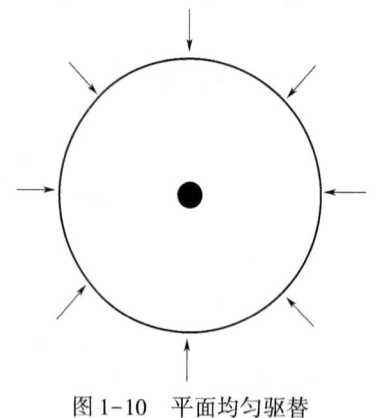

图1-10　平面均匀驱替

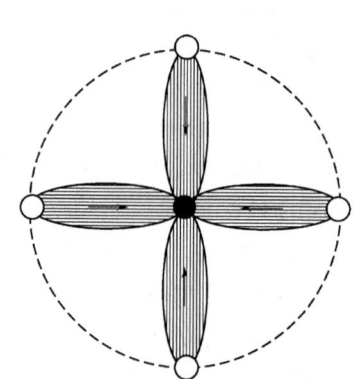

图1-11　平面4方向驱替

图1-11、图1-12和图1-13分别为平面4方向、2方向和1方向驱替的情形。在所有这些驱替方式中，均匀驱替的面积波及系数最高，其次是4方向驱替，1方向驱替的面积波及系数最低。对于1方向和2方向驱替，由于地层的大部分含油面积没有被注入水波及，因而油层的采出程度较低；从注水井注入的水，又直接从采油井采出，因而含水率较高，含水率曲线较凸。之所以出现这种情况，是因为注入水沿压力梯度方向优先驱替，这种现象一般称作舌进。图1-14为各种平面驱替方式的含水率上升模式曲线的对比，从图中曲线可以看出，驱替越均匀，油井的见水时间就越晚，含水率上升曲线就越凹；相反，驱替越不均匀，油井的见水时间就越早，含水率上升曲线就越凸。因此，在进行注水开发

油田的注采井网设计时，应考虑平面驱替的均匀特性。就平面驱替的均匀性而言，天然的边水驱替显然优于人工注采井网的驱替。

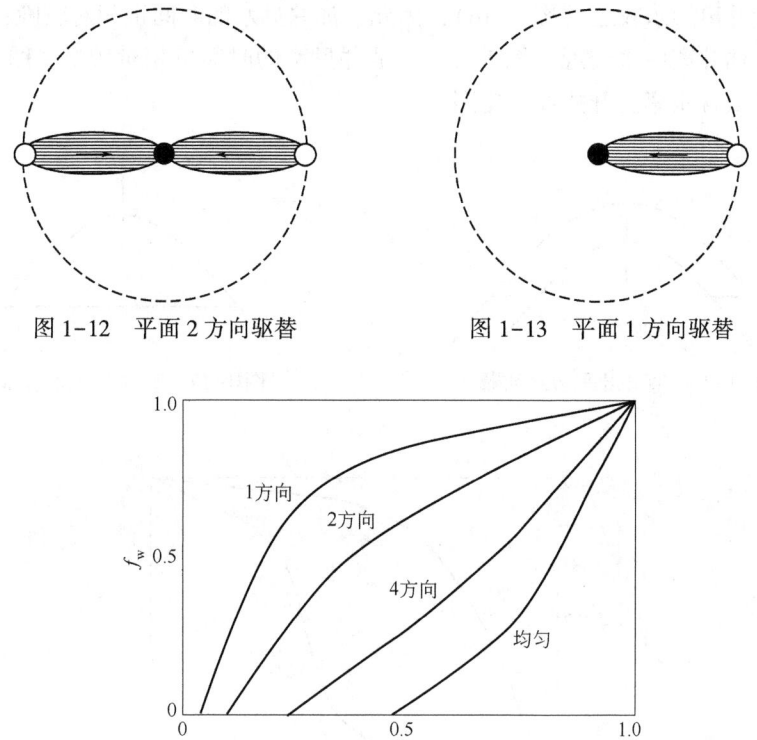

图 1-12 平面 2 方向驱替　　　　图 1-13 平面 1 方向驱替

图 1-14 平面均匀和非均匀驱替含水率曲线

油藏的垂向波及系数为油藏被水驱替过的厚度占油层总厚度的比例，计算公式为：

$$E_Z = \frac{h_s}{h} \tag{1-19}$$

式中　h——油层的总厚度，m；

　　　h_s——油层的注水驱替厚度（图 1-15），m。

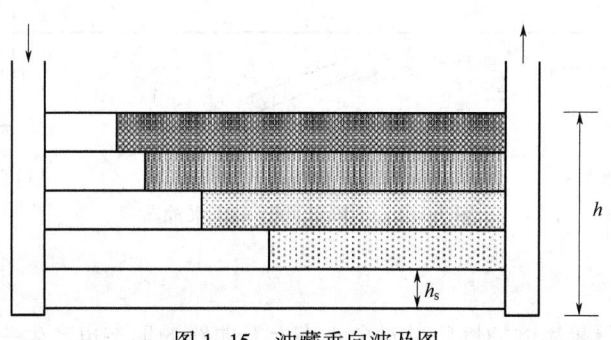

图 1-15 油藏垂向波及图

由图 1-15 可以看出，地层中每一点的垂向波及系数不尽相同，某一点的垂向波及系数也不是一个常数，而是随驱替进程不断增大的一个变量。

3. 油藏类型与井身结构

用直井开发边水油藏与用直井开发底水油藏相比，其含水率上升规律是完全不同的。边水油藏因油井离边水较远（图1-16），因此，油井见水的时间也相对较晚；而底水油藏则不同，由于油井离底水较近（图1-17），油井见水的时间也相对较早。图1-18为边水油藏与底水油藏含水率上升曲线对比图。

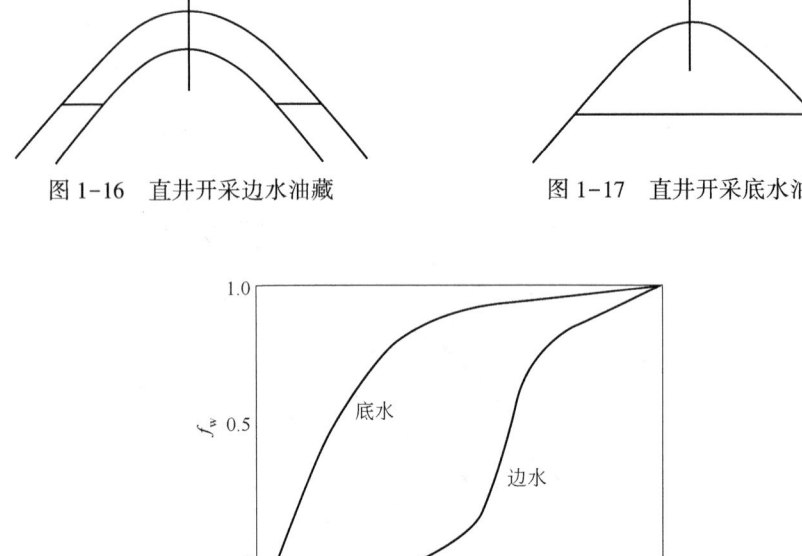

图1-16　直井开采边水油藏　　　　图1-17　直井开采底水油藏

图1-18　直井开采边水油藏与底水油藏含水率模式曲线

一些底水油藏的开采，采用了水平井技术。一般情况下，若水平井与油水界面平行，如图1-19(a)所示，则底水的驱替效果较好；如果水平井与油水界面存在一定的角度，如图1-19(b)所示，则驱替效果变差；用直井开采底水油藏的效果一般都较差，如图1-19(c)所示。图1-20为不同油井开采底水油藏的含水率上升模式曲线。

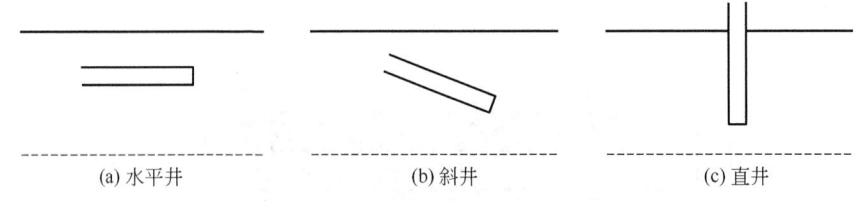

(a) 水平井　　　　(b) 斜井　　　　(c) 直井

图1-19　不同油井开采底水油藏

4. 流体性质

驱替流体和被驱替流体的性质，对含水率上升曲线的形态也产生一定的影响。水驱替原油的分流率（水流量与总流量之比）公式为：

$$f_w = \frac{1}{1+\mu_R \dfrac{K_{ro}}{K_{rw}}} \quad (1-20)$$

式中 μ_R——水油黏度比；

K_{ro}、K_{rw}——油、水的相对渗透率。

由式（1-20）可以看出，水油黏度比越高，分流率就越低（图1-21），即水在地层中的流动能力就越低，油的流动能力就越强，也即水驱替原油的能力就越强，反映在含水率的变化曲线上，出现水油黏度比越高，见水时间就越晚、含水上升速度就越慢的特点（图1-22）。通过加入增黏剂，提高注入水的黏度，进而达到提高水驱替原油的能力，是常用的 EOR 方法之一。通过热力学方法，降低原油的黏度，进而提高原油的流动能力，是常用的热采方法。

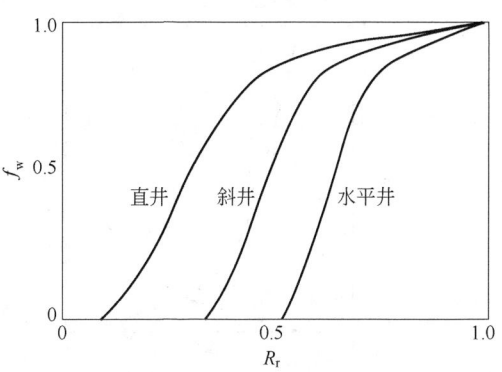

图1-20 不同油井开采底水油藏含水率模式曲线

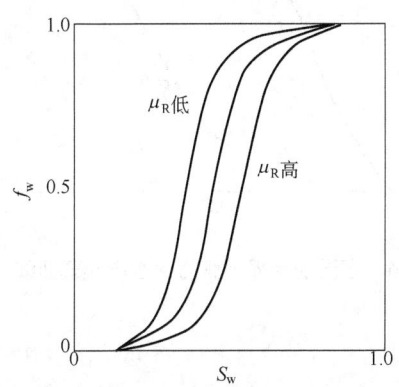

图1-21 不同水油黏度比分流率曲线

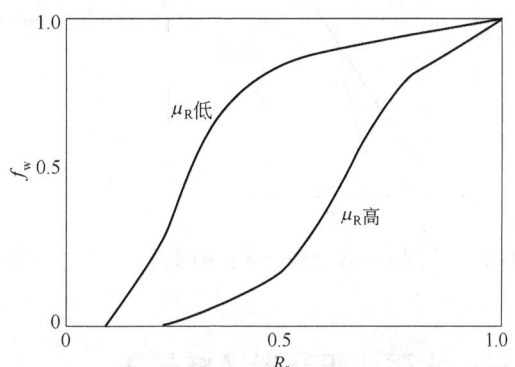

图1-22 不同水油黏度比含水率上升模式曲线

5. 渗流物理性质

根据式（1-20）可知，分流率的大小还受到相对渗透率（K_r）的影响，而相渗曲线的形态又主要受油水界面张力的影响。图1-23为油水界面张力较高的相渗曲线，曲线显示油水两相共渗区较窄，而且水的流动能力远低于油的流动能力。若降低油水界面张力，相渗曲线的两相共渗区则变宽（图1-24），束缚水和残余油饱和度都变小，而且水的流动能力趋近于油的流动能力。

由不同油水界面张力（σ）的相渗曲线绘制的分流率曲线如图1-25所示。油水界面张力变化，导致相渗曲线变化，进而导致分流率曲线变化。油水界面张力越高，分流率曲线的凸性就越强；相反，油水界面张力越低，分流率曲线就越凹。反映在含水率的上升模式曲线上，则出现油水界面张力越低、见水时间就越晚、含水上升速度就越慢的特点（图1-26），通过加入表面活性剂，降低油水界面张力，进而达到提高水驱替原油的能力，是另一种常用的 EOR 方法之一。

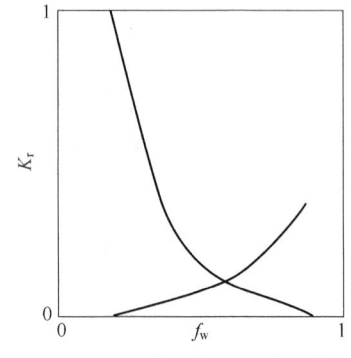
图 1-23 高界面张力相渗曲线

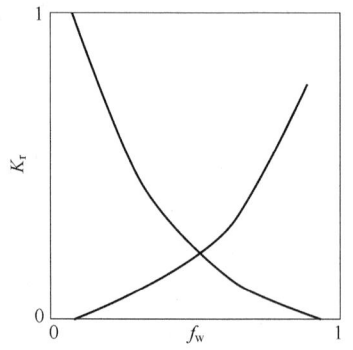
图 1-24 低界面张力相渗曲线

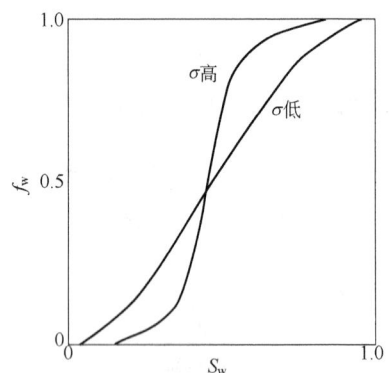
图 1-25 不同油水界面张力分流率曲线

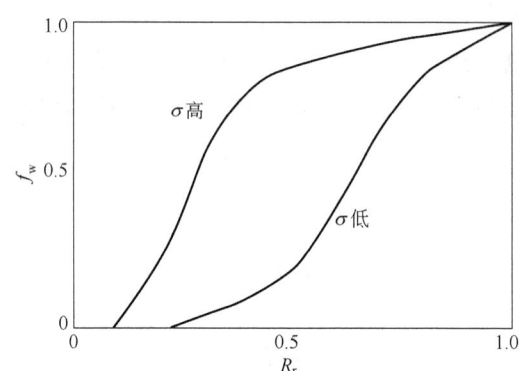
图 1-26 不同油水界面张力含水率模式曲线

三、水驱油田产量递减规律

水驱油田在开发后期将进入产量递减阶段。掌握产量递减的规律，对于预测油田可采储量、预测产量变化及评价调整效果有重要意义。

目前我国各油田描述产量递减规律都是采用 Arps 双曲递减曲线。自 Arps 双曲递减曲线提出以来，国内外都对它进行了极为深入的研究，特别是对 Arps 双曲递减曲线的递减参数确定方法的研究，而且对 Arps 双曲递减曲线在具体油田中的递减指数 n 值的变化范围也进行了讨论。李传亮的《油藏工程原理（第三版）》一书中对 Arps 双曲递减曲线有相关阐述，但是很少有人讨论 Arps 双曲递减曲线在水驱油田中的适用性问题。俞启泰首先提出了 Arps 双曲递减曲线的适应性问题，水驱油田是否遵循 Arps 双曲递减曲线？水驱油田递减曲线又和 Arps 双曲递减曲线有什么关系？俞启泰根据水驱特征曲线及其含水率—累积产油量关系进行了水驱油田产量递减公式的推导。

由水驱特征曲线公式(1-5) 与含水率与累积产油量关系式(1-13) 推导水驱油田递减曲线公式的过程如下：

含水率可由下式表示：

$$f_w = \frac{Q_w}{Q_w + Q_o} \tag{1-21}$$

式中 Q_w——t 时刻的产水量，t/a 或 t/mon；
Q_o——t 时刻的产油量，t/a 或 t/mon；
t——生产时间，a 或 mon。

令油田产液量（$Q_w + Q_o$）为常数 c，即：

$$c = Q_w + Q_o \tag{1-22}$$

将式(1-21)、式(1-22)代入式(1-12)得：

$$N_p = \frac{1}{b}\left(1 - \sqrt{\frac{a}{c}Q_o}\right) \tag{1-23}$$

将上式两端对时间 t 微分得：

$$\frac{dN_p}{dt} = \frac{d\left(\frac{1}{b} - \frac{1}{b}\sqrt{\frac{a}{c}}Q_o^{0.5}\right)}{dQ_o} \frac{dQ_o}{dt} \tag{1-24}$$

又知：

$$\frac{dN_p}{dt} = Q_o \tag{1-25}$$

则式(1-24)微分后可得：

$$Q_o = -\frac{1}{2b}\sqrt{\frac{a}{c}} \frac{1}{Q_o^{0.5}} \frac{dQ_o}{dt} \tag{1-26}$$

对式(1-26)变换后并使 t 由 0 到 t，Q_o 由 Q_i 到 Q_o 积分得：

$$\int_0^t dt = \int_{Q_i}^{Q_o} -\frac{1}{2b}\sqrt{\frac{a}{c}} \frac{1}{Q_o^{1.5}} dQ_o \tag{1-27}$$

式中 Q_i——t 为 0 时刻的产油量，t/a 或 t/mon。

式(1-27)运算后得：

$$t = \frac{1}{b}\sqrt{\frac{a}{c}}\left(\frac{1}{Q_o^{0.5}} - \frac{1}{Q_i^{0.5}}\right) \tag{1-28}$$

变换式(1-28)得 Q_o 计算公式，即为递减曲线公式：

$$Q_o = \left(\frac{1}{b\sqrt{\frac{c}{a}}t + \frac{1}{Q_i^{0.5}}}\right)^2 \tag{1-29}$$

或

$$\frac{1}{Q_o^{0.5}} = \frac{1}{Q_i^{0.5}} + b\sqrt{\frac{c}{a}}t \tag{1-30}$$

将式(1-25) Q_o 代入式(1-29)变换后,并对 N_p 由 0 到 N_p、t 由 0 到 t 积分得:

$$\int_0^{N_p} dN_p = \int_0^t \left(\frac{1}{b\sqrt{\frac{c}{a}}t + \frac{1}{Q_i^{0.5}}} \right)^2 dt \tag{1-31}$$

运算上式即得累积产油量公式:

$$N_p = \frac{1}{b\sqrt{\frac{c}{a}}} \left(Q_i^{0.5} - \frac{1}{b\sqrt{\frac{c}{a}}t + \frac{1}{Q_i^{0.5}}} \right) \tag{1-32}$$

通过上述推导可以得出递减曲线公式(1-29)、累积产油量公式(1-32)。

对任何水驱油田,在开发后期,当产液量不变时,其 Arps 双曲递减指数都应该等于 0.5,而式(1-29)和该曲线重合。由于 Arps 双曲递减公式有三个待定参数,对油田实际数据更加敏感,不容易求得准确的递减方程。而用式(1-29)可以避免求得的 n 值过于离谱,反而能更好地反映油田实际递减规律。因此,递减曲线式(1-29)符合水驱油田后期递减规律,求解容易,可避免较大误差,结果可用于预测开发指标。

关于产量递减规律的详细讨论,还可参考李传亮的《油藏工程原理(第三版)》。

第二节 水驱油藏采收率的测算

采收率是指累积采油量占原始地质储量的百分数。它是衡量油田开发效果和开发水平的重要综合指标,也是改善注水开发效果的综合指标。因为影响最终采收率的因素很多,它取决于油藏驱动类型,储油层岩性、物性及含油饱和度,储层非均质性及其分布,流体的物理化学性质,油层压力等自然条件;又与人为因素,如层系组合、注水方式、井网密度、管理措施、采油工艺技术等有关。这样复杂的问题,不可能用一种方法准确地预测出最终采收率,而必须用不同的方法,通过计算分析、综合考虑、对比、选择适合于不同油田的方法,用以确定其恰当的最终采收率值。随着油田的开发,对油藏认识越深入,计算的采收率也越准确。目前计算油田采收率总体趋向于利用油田实际资料,进行综合分析。

一、经验公式法

经验公式法是根据油藏实际生产资料进行统计,并加以适当的数学处理获得某一相关经验公式,来估算油藏采收率的一种方法。这种方法包含了各种地质因素和开发过程中各种人为因素的影响,运用得好往往可以得到比较满意的结果,而且方法比较简单,所以应用十分普遍。在使用经验公式时,需了解经验公式所依据的油田地质和开发特性、参数的确定方法、应用范围、量纲单位,选择有代表性的参数值进行计算。

1. 经验公式 1

经验公式 1 是 1956 年在美国 API 刊物上发表的、对 65 个水驱砂岩油藏的实际资料利用复相关分析方法进行研究之后用最小二乘法回归出的一个经验公式：

$$E_R = 0.11403 + 0.2719 \lg K + 0.25569 S_{wr} - 0.01355 \lg \mu_{oi} - 1.538\phi - 0.00115h \quad (1-33)$$

式中 E_R——采收率；

K——地层平均绝对渗透率，$10^{-3} \mu m^2$；

S_{wr}——束缚水饱和度；

μ_{oi}——原始地层压力下的原油黏度，$mPa \cdot s$；

ϕ——油层有效孔隙度；

h——油层有效厚度，m。

2. 经验公式2

美国石油学会采收率委员会收集了美国、加拿大等产油国的312个油藏的资料，对其中72个水驱砂岩油田的地质和实际开发资料进行了复相关的统计分析，于1967年公布了相关经验公式，称为经验公式2。该公式主要适用于油层物性好、原油性质好的油藏，但对于油稠、低渗油藏的计算会引起较大的误差。

$$E_R = 0.54898 \times \left[\frac{\phi(1-S_{wr})}{B_{oi}}\right]^{0.0422} \times \left(\frac{K}{\mu_R}\right)^{0.077} \times S_{wr}^{-0.1903} \times \left(\frac{p_i}{p_a}\right)^{-0.2159} \quad (1-34)$$

式中 B_{oi}——原始条件下原油的体积系数；

K——地层平均绝对渗透率，$10^{-3} \mu m^2$；

μ_R——原始条件下的油水黏度比；

p_i——原始地层压力，MPa；

p_a——油田开发结束时的废弃压力，MPa。

3. 经验公式3

我国现行的行业标准中水驱砂岩油藏采收率的经验公式是式(1-35)和式(1-36)：

$$E_R = 0.274 - 0.1116 \lg \mu_R + 0.09746 \lg K - 0.0001802 h_s - 0.06741 V_K + 0.0001675 T_R \quad (1-35)$$

式(1-35)应用的参数变化范围见表1-1。

表1-1 公式(1-35)中各项参数的分布范围

参数	油水黏度比	平均绝对渗透率 $10^{-3} \mu m^2$	油层平均有效厚度 m	井控面积 hm^2/口	渗透率变异系数	油层温度 ℃
变化范围	1.9~162.5	69~3000	5.2~35	2.3~24	0.26~0.92	30~99.5
平均值	36.7	883	16.7	9.4	0.677	63

4. 经验公式4

$$E_R = 0.05842 + 0.08461 \lg \frac{K}{\mu_o} + 0.3464\phi + 0.003871 f \quad (1-36)$$

式中 μ_o——地层原油黏度，$mPa \cdot s$；

f——井网密度，口/km^2。

式(1-36)应用的参数变化范围见表1-2。

表 1-2 式 (1-36) 中各参数的分布范围

参数	地层原油黏度 mPa·s	平均绝对渗透率 $10^{-3}\mu m^2$	有效孔隙度	井网密度 口/km²
变化范围	0.5~154	4.8~8900	0.15~0.33	3.1~28.3
平均值	18.4	1269	0.25	9.6

5. 水驱砾岩油藏采收率经验公式

行业标准中的水驱砾岩油藏采收率经验公式如下：

$$E_R = 0.9356 - 0.1089\lg\mu_o - 0.0059p_i + 0.0637\left(\frac{\overline{K}_e}{\mu_o}\right)^{0.3409} + 0.001696f + 0.003288L -$$
$$0.9087V_K - 0.01833n_{ow} \tag{1-37}$$

对于有明显过渡带的油藏：

$$E_{RT} = E_R(1 - 0.225N_{ow}/N) \tag{1-38}$$

式中 $\overline{K}_e$——油层平均有效渗透率，$10^{-3}\mu m^2$；

L——油层连通率，%；

V_K——渗透率变异系数；

n_{ow}——注采井数比；

N_{ow}——油水过渡带地质储量，$10^4 t$；

N——地质储量，$10^4 t$。

式 (1-37)、式 (1-38) 应用的参数变化范围见表 1-3。

表 1-3 式 (1-37)、式 (1-38) 中各项参数的分布范围

参数	地层原油黏度 mPa·s	原始地层压力 MPa	平均有效渗透率 $10^{-3}\mu m^2$	井网密度 口/km²	地层连通率 %	渗透率变异系数	注采井数比	过渡带地质储量/地质储量
变化范围	2.0~215.0	4.45~31.0	30~540	3.75~30.42	42.0~100.0	0.8~1.0	1.89~6.00	0.000~0.408
平均值	21.6	13.3	142	12.4	73.1	0.9	2.94	0.021

二、理论公式法

1. 水驱油藏驱油效率—波及系数法

水驱油藏采收率由下式表达：

$$E_R = E_D E_A E_Z \tag{1-39}$$

上式中各参数计算方法如下：

1) E_D 与 f_w 关系计算

根据分流量方程：

$$f_w = \frac{1}{1 + \frac{\mu_w}{\mu_o} \cdot \frac{K_{ro}}{K_{rw}}} \tag{1-40}$$

式中　μ_o——地层原油黏度，mPa·s；
　　　μ_w——地层水黏度，mPa·s；
　　　K_{ro}——油相相对渗透率；
　　　K_{rw}——水相相对渗透率。

根据威尔吉方程：

$$\bar{S}_w = S_w + \frac{1-f_w}{f'_w} \tag{1-41}$$

式中　$\bar{S}_w$——平均含水饱和度。

油藏驱油效率 E_D 用下式表示：

$$E_D = \frac{\bar{S}_w - S_{wi}}{1 - S_{wi}} \tag{1-42}$$

式中　S_{wi}——原始含水饱和度。

E_D 也可由水驱油实验取得。

2）E_A 与 f_w 关系计算

根据以下经验公式计算：

$$E_A = \frac{1}{[a_1 \ln(M+a_2)+a_3]f_w + a_4 \ln(M+a_5) + a_6 + 1} \tag{1-43}$$

式中　a_1、a_2、a_3、a_4、a_5、a_6——常量系数；
　　　M——水油流度比。

表 1-4 提供了式（1-43）中的系数值。

表 1-4　式（1-43）中的系数值

系数	井网型式		
	五点	直线	交错
a_1	-0.2062	-0.3014	-0.2077
a_2	-0.0712	-0.1568	-0.1059
a_3	-0.511	-0.9402	-0.3256
a_4	0.3048	0.3714	0.2608
a_5	0.123	-0.0865	0.2444
a_6	0.4394	0.8805	0.3158

M 按下式计算：

$$M = \frac{K_{rw} S_{or}/\mu_w}{K_{ro} S_{wi}/\mu_o} \tag{1-44}$$

式中　S_{or}——原始含油饱和度。

3）E_Z 与 f_w 关系计算

对于 $0 \leq M \leq 10$ 和 $0.3 \leq V_K \leq 0.8$，由下列公式通过迭代法计算 E_Z：

$$Y = b_1 E_Z^{b_2} (1-E_Z)^{b_3} \tag{1-45}$$

式中 b_1、b_2、b_3——常量系数。

式(1-45)中 Y 由下式计算：

$$Y=\frac{(F_{ow}+0.4)\times(18.948-2.499V_K)}{(M+1.137-0.8094V_K)10^{f(V_K)}} \quad (1-46)$$

式(1-46)中 $f(V_K)$ 由下式计算：

$$f(V_K)=-0.6891+0.8735V_K+1.6453V_K^2$$

式中，F_{ow} 为油水比，$b_1=3.334088568$；$b_2=0.7737$；$b_3=-1.225859406$。

将以上 E_D、E_A、E_Z 和 f_w 关系的计算结果代入式(1-39)，得到 E_R 与 f_w 关系，取 $f_w=0.98$ 时的 E_R 为最终采收率。

2. 分流量曲线法

根据油水相对渗透率曲线，用下式计算采收率：

$$E_R=1-\frac{B_{oi}(1-\bar{S}_w)}{B_o(1-S_{wr})} \quad (1-47)$$

式中 $\bar{S}_w$——在预定的极限含水率（$f_w=98\%$）下，水淹区的平均含水饱和度；

S_{wr}——束缚水饱和度；

B_{oi}、B_o——原始压力和任一压力条件下的原油体积系数。

式(1-47)中的 S_{wr} 可由岩心分析或测井解释结果得到，而 $\bar{S}_w$ 可根据含水率曲线求出。考虑到地层的垂向非均质性，应乘以经验校正系数。于是最终采收率为：

$$E_R=C\left[1-\frac{B_{oi}(1-\bar{S}_w)}{B_o(1-S_{wr})}\right] \quad (1-48)$$

C 值可由下式求得：

$$C=\frac{1-V_K^2}{M} \quad (1-49)$$

三、油田动态资料分析法

在这种方法中以水驱规律曲线法为例来预测油藏的最终采收率。这种方法主要是利用注采动态数据（累积采油量、累积采水量、采出程度、含水率等），通过直线回归得出经验公式，给定某一最终含水率，从而计算出最终采收率。

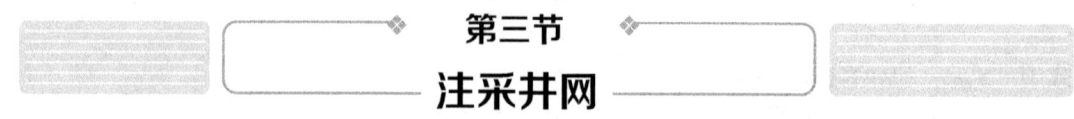

第三节 注采井网

对于注水开发油田，若干口注采井在油藏上的排列或分布方式称为注水开发井网或注采井网。注采井网的选择要以有利于提高驱油效率为目的，常见的注采井网有以下几种。

一、排状内部切割注采井网

对于大型油田，可以通过直线注水井排把整个含油面积切割成若干个小的区域，每一个区域称作一个切割区。图1-27就是一种排状内部切割注采井网，它通过两个注水井排把油藏切割成了3个开发单元。

对于含油面积较大、构造完整、渗透性和油层连通性都较好的油田，采用排状注水容易形成均匀驱替的水线，以提高驱替效率，但排状注水的缺点是内部采油井排不容易受效。

二、环状内部切割注采井网

对于大型油田，也可以通过环状注水井排把整个含油面积切割成若干个小的环形区域，对每个切割区可以进行单独设计和单独开发。图1-28就是一种环状内部切割注采井网，它通过一个环状注水井排，把油藏切割成了两个开发单元。

对于一些复杂油藏（尤其是穹窿背斜油藏），可以采用环状注水井排，把油气藏的复杂部分暂时封闭起来，先开发油气藏的简单部分，待条件成熟之后再开发油气藏的复杂部分。例如气顶油藏，为了防止气窜，就可以首先布置一个环状注水井排，通过注水保持地层压力，而暂时把气顶与油藏含油部分隔开，这样就可以方便地开采油藏含油部分的原油（图1-29）。

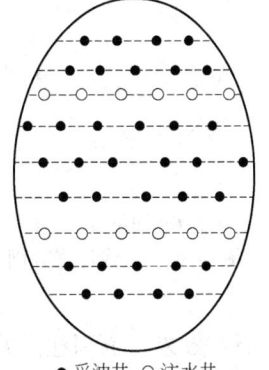

●采油井 ○注水井

图1-27 排状内部切割注采井网

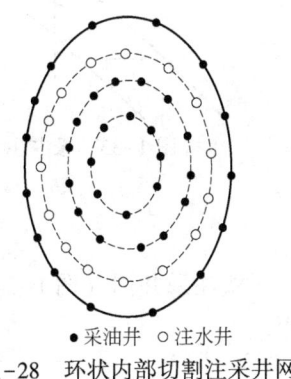

●采油井 ○注水井

图1-28 环状内部切割注采井网

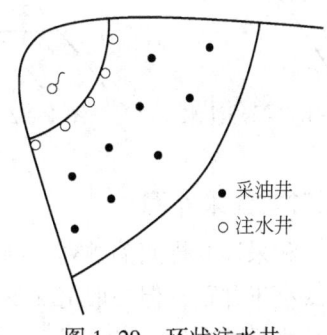

●采油井
○注水井

图1-29 环状注水井

三、边缘注采井网

如果一个油藏的注水井排打在油藏的含油边界之上，这样的井网称作边缘注采井网（图1-30）。边缘注采井网一般适用于含油面积中等或较小的油藏。

根据注水井排位置的不同，可将边缘注采井网分成缘外注水、缘上注水和缘内注水三种井网形式。若把注水井排打在外含油边界之外，则为缘外注水（图1-31）。如果边水与油藏的连通性较差，注到地下的水很难驱替到油藏中去，而是散失到油藏之外的水域之中，则注水效果很难发挥。此时，应把注水井位置内移，打到油水过渡带，即内、外含油

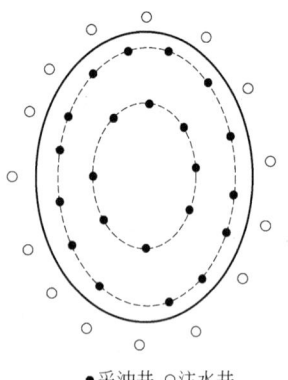

●采油井　○注水井

图1-30　边缘注采井网

边界之间的区域内,这种注水方式称为缘上注水(图1-32)。

有些油藏的过渡带因与边水长时间接触形成了氧化稠油带,致使注水效果变差;而另外一些油藏的过渡带很长,注到过渡带上的水很难让内部的采油井收到效果,此时,注水井的位置还必须进一步内移,打到内含油边界以内的地方,这种注水方式称作缘内注水(图1-33)。缘内注水井网往往损失一部分地质储量。

四、面积注采井网

面积注采井网适用于含油面积不规则或渗透性不好或油层连通性较差的中小型油田,可有效提高这类油田油井产能和注水驱替效果。面积注采井网的实质是把油藏划分成更小的开发单元。面积注水开发油田的油藏工程研究,一般都以注水井为中心。通常把一口注水井与周围油井组成的井网单元称为注采井网的注采单元;把按照注采井数比划分的井网单元称作注采比单元或渗流单元。显然,注采比单元是注水开发油田最小的开发单元。

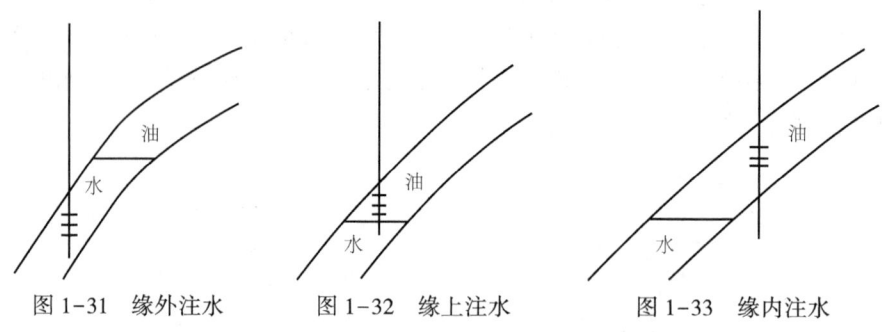

图1-31　缘外注水　　　图1-32　缘上注水　　　图1-33　缘内注水

1. 排状正对式注采井网

若注水井排和采油井排间隔排列,则形成排状正对式注采井网(图1-34),其排距可以大于、等于或小于井距,但一般情况下都大于井距。

注采井网的注采井数比 m 定义为:

$$\frac{n_w}{n_o} = \frac{1}{m} \tag{1-50}$$

式中　n_w——注水井井数,口;

n_o——采油井井数,口。

显然,排状正对式注采井网的注采井数比 $m=1$。

排状正对式注采井网的注采单元如图1-35所示,注采比单元(或渗流单元)如图1-36所示。油田每一个注采单元或注采比单元的生产情况基本上都一样,因此,只要了解了一个注采单元或注采比单元的生产情况,就能够了解到油田的全貌。从注采比单元可以看出,排状正对式注采井网一口注水井的注入量与一口采油井的采液量(包括采油量)相当。

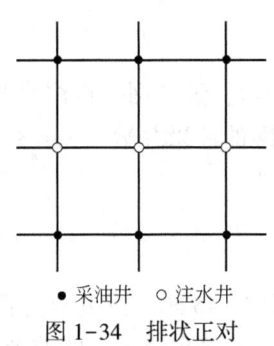
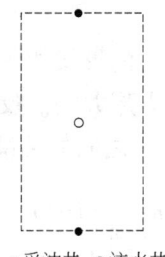
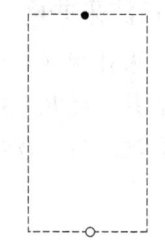

图 1-34　排状正对式注采井网　　图 1-35　排状正对式注采井网的注采单元　　图 1-36　排状正对式注采井网的注采比单元

2. 排状交错式注采井网

若把图 1-34 中的注水井和采油井交错排列，则形成排状交错式注采井网（图 1-37），其排距可以大于、等于或小于井距。排状交错式注采井网的注采井数比 $m=1$。

排状交错式注采井网的注采单元如图 1-38 所示，注采比单元如图 1-39 所示。从注采比单元可以看出，排状交错式注采井网一口注水井的注入量与一口采油井的采液量相当。

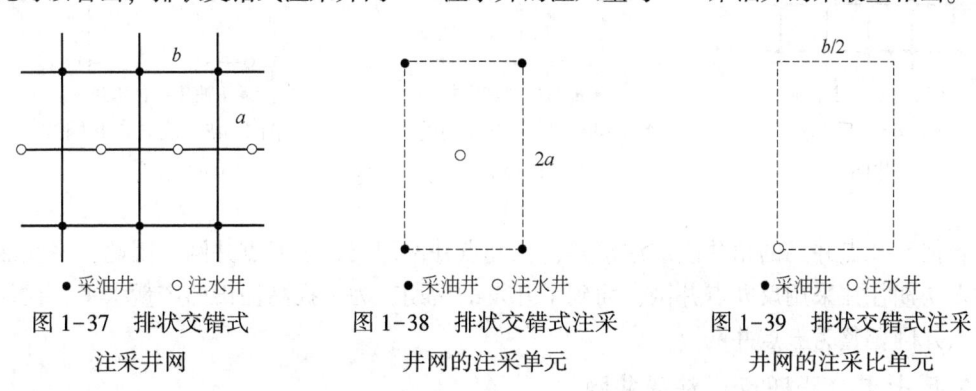

图 1-37　排状交错式注采井网　　图 1-38　排状交错式注采井网的注采单元　　图 1-39　排状交错式注采井网的注采比单元

3. 五点注采井网

若在正方形井网的每一个井网单元中再钻一口注水井，则形成了所谓的五点注采井网，简称五点井网（图 1-40），实际上，五点井网就是排距为井距一半的排状交错式注采井网。五点井网的注采井数比 $m=1$，五点井网的注采单元如图 1-41 所示，注采比单元如图 1-42 所示。从注采比单元可以看出，五点井网一口注水井的注入量与一口采油井的采液量相当。

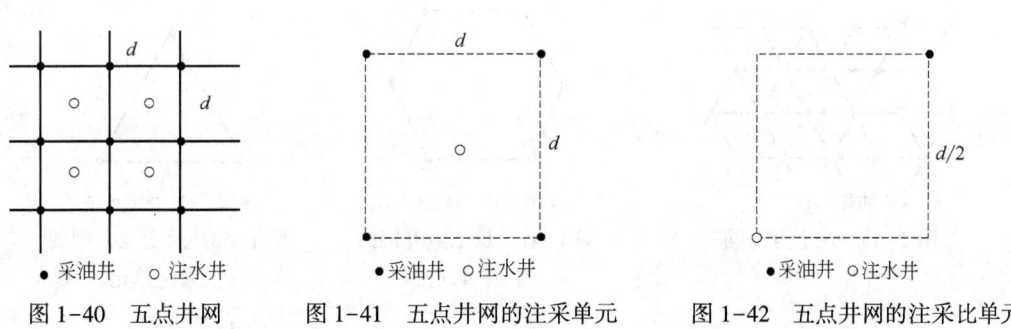

图 1-40　五点井网　　图 1-41　五点井网的注采单元　　图 1-42　五点井网的注采比单元

4. 反九点注采井网

反九点注采井网（简称反九点井网）的形式如图 1-43 所示，该井网一口注水井的周围有 8 口采油井。反九点井网仍属于正方形井网。反九点井网的注采井数比 $m=3$，注水开发井网的井数（i）与注采井数比（m）之间的关系满足下式：

$$m=\frac{1}{2}(i-3) \tag{1-51}$$

反九点井网的注采单元如图 1-44 所示，注采比单元如图 1-45 示。反九点井网的油井存在边井和角井之分，角井离注水井的距离稍大于边井，为了提高注入水的波及系数，可以适当提高角井的产量。从注采比单元可以看出，反九点井网一口注水井的注入量与三口采油井的采液量相当，因此，反九点井网适用于吸水能力强的地层。

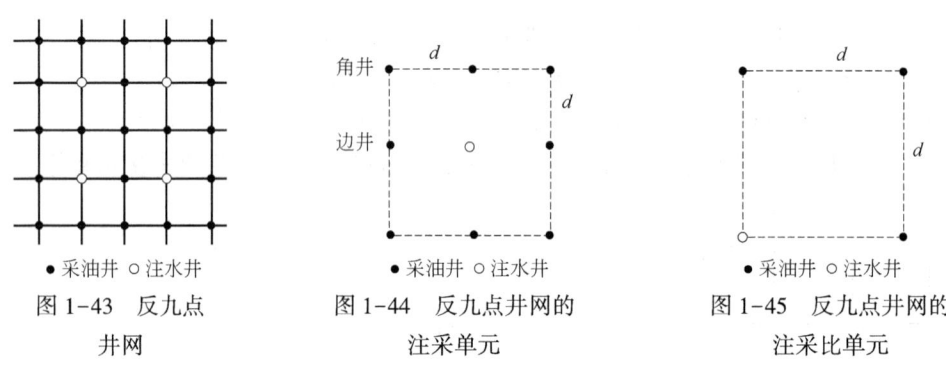

图 1-43　反九点井网　　　图 1-44　反九点井网的注采单元　　　图 1-45　反九点井网的注采比单元

若把反九点井网的角井改成注水井，反九点井网即变成了五点井网，因此，一些油田的开发初期往往采用反九点井网，而到了开发的后期，为了提高油田的产量水平，往往把反九点井网调整为五点井网。

5. 反七点（正四点）注采井网

反七点注采井网（简称反七点井网）属三角形井网，形式如图 1-46 所示，该井网一口注水井的周围有 6 口采油井。反七点井网的注采井数比 $m=2$，反七点井网的注采单元如图 1-47 所示，注采比单元如图 1-48 所示。从注采比单元可以看出，反七点井网一口注水井的注入量与两口采油井的采液量相当，因此，反七点井网适用于吸水能力相对较强的地层。

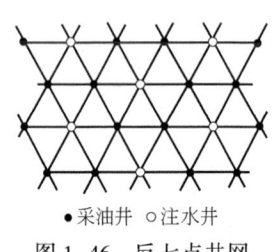 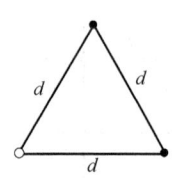

图 1-46　反七点井网　　　图 1-47　反七点井网的注采单元　　　图 1-48　反七点井网的注采比单元

6. 反四点（正七点）注采井网

反四点注采井网（简称反四点井网）属于三角形井网，形式如图 1-49 所示，该井网一口注水井的周围有 3 口采油井。

反四点井网的注采井数比 $m=0.5$，反四点井网的注采单元如图 1-50 所示，注采比单元如图 1-51 所示。从注采比单元可以看出，反四点井网两口注水井的注入量与一口采油井的采液量相当，因此，反四点井网适用于吸水能力相对较弱或强注强采的地层。

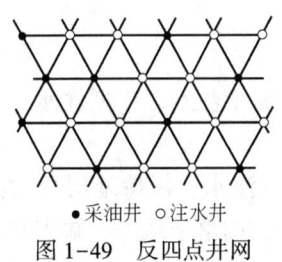

● 采油井　　○ 注水井

图 1-49　反四点井网

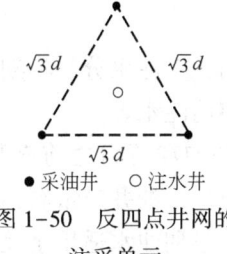

● 采油井　　○ 注水井

图 1-50　反四点井网的注采单元

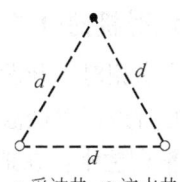

● 采油井　　○ 注水井

图 1-51　反四点井网的注采比单元

7. 点状注采井网

一些油田的平面非均质性很强，在渗透率相对较低的区域，油井产能也较低。为了提高低产能区的油井产能，可以实行点状注水，形成的井网称为二点和三点注采井网（图 1-52、图 1-53）。

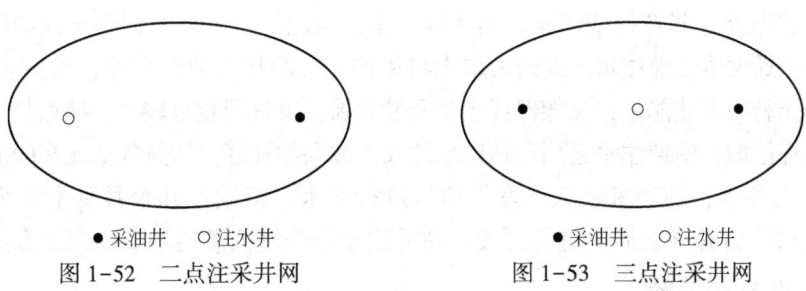

● 采油井　　○ 注水井　　　　　　　　● 采油井　　○ 注水井

图 1-52　二点注采井网　　　　　　　　图 1-53　三点注采井网

除了前面介绍的以外，还有水平井注采井网及直井、水平井混合注采井网等形式。

五、注采井网选择

确定合理的注采井网一直是油田开发中一个重要的问题。合理的注采井网要满足以下条件：

（1）要有较高的水驱控制程度；

（2）要适应差油层的渗流特点，达到一定的采油速度；

（3）要保证有一定的单井控制储量；

（4）要有较高的经济效益。

第四节 注水时机和注水方式

一、注水时机

1. 注水时机的分类

根据注水相对于开发的具体时间，将注水分为早期注水、晚期注水、中期注水，以及后来提出的有效开发低渗透油藏的超前注水。

（1）早期注水：在地层压力降到饱和压力之前就及时进行注水，保持地层压力处于饱和压力之上。其优点是地层能量充足，油井产量高，不产气，调整余地大；缺点是初期投资大，风险大，投资回收期较长。早期注水适用于地饱压差小、黏度大、要求高速开发的油藏。

（2）晚期注水：油田开发初期依靠天然能量开采，在没有能量补给的情况下，地层压力逐渐降到饱和压力以下，原油中的溶解气析出，油藏驱动方式转为溶解气驱，在溶解气驱之后注水。注水后，地层压力回升，但一般只是在低水平上保持稳定。其优点为初期投资小，天然能量利用比较充分；缺点是在地层原油脱气后黏度增大，难以流动，降低水驱开发效果。晚期注水适用于天然能量较好、溶解气油比高、面积小、水驱受到限制的油藏。

（3）中期注水：投产初期依靠天然能量开采，当地层压力下降到低于饱和压力后，在气油比上升至最大值之前注水。此时油层中将由油、气两相流动变为油、气、水三相流动。其优点是既能利用天然能量，又能保证水驱开发效果，投资回收也较早；缺点是气油比最大值的界限不好把握。中期注水适用于地饱压差大、油层物性好、溶解气油比高的油藏。

（4）超前注水：在油藏还未开发之前就进行注水，持续注几个月到十几个月不等的时间，将地层压力升高之后再进行开发。超前注水是开发低渗透油藏的有效方法。

2. 注水时机的选择

在选择注水时机时需要考虑以下因素：

（1）油田天然能量的大小。不同油田由于各自的自然地质条件不同，其天然能量的类型和大小也不一样。总的原则是在满足油田开发要求的前提下，尽量利用油田的天然能量，尽可能减少人工能量的补充。

（2）油田的大小和对油田产量的要求。不同油田由于自然条件和所处位置不同，对油田开发的方针和对产量也是不同的。小油田，由于储量少，产量不高，一般要求高速开采，不一定追求稳产期，因此也就没有必要强调早期注水；大油田，对国家原油产量的增长起着很大的作用，对国民经济及其他部门的布局和发展有着很大的影响，因此要求大油田投入开发后，产油量逐步稳定上升，在油田达到最高产量后，还要尽可能地保持较长时间的稳产，不允许油田产量出现较大的波动。

（3）油田的开采特点和开采方式。自喷开采的油田，就要求注水时间相对早一些，压力保持水平相对高一些。对原油黏度高、油层非均质性严重、自喷很困难、只能采用机械方式采油的油田，其地层压力就没有必要保持在原始地层压力附近，不一定采用早期注水开发。对原始油层压力与静水柱压力之比高于 1.3 的油田，即使自喷开采，保持压力的界限也可以比原始压力低，因此注水时间也可以推迟。

二、注水方式

1. 注水方式的分类

注水方式是指注水井在油藏中所处的位置及注水井与生产井的排列关系。注水方式可以分为边缘注水、切割注水、面积注水三种。

1）边缘注水

边缘注水的条件是：油田面积不大，构造比较完整；边部和内部连通性能好，油层流动系数（有效渗透率×有效厚度/原油黏度）较高；特别是钻注水井的边缘地区要有较高的吸水能力，能保证压力的有效传递，使油田内部能收到良好的注水效果。边缘注水根据油水过渡带的油层情况又可分为缘外注水、缘上注水和缘内注水三种。

（1）缘外注水，又称边外注水。这种注水方式要求含水区内渗透率较高，注水井一般与等高线平行，分布在外油水边界以外（图1-54）。

（2）缘上注水。当油田在油水外缘以外的区域渗透性差时，不宜缘外注水，而将注水井部署在油水外缘上或在油藏以内距油水外缘不远的地方，即缘上注水（图1-55）。

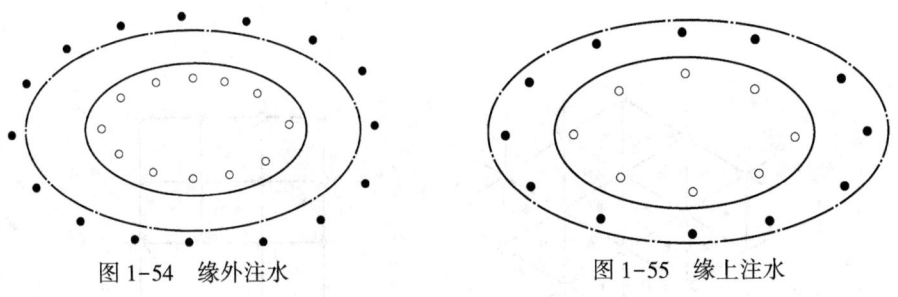

图1-54 缘外注水　　　　　　　图1-55 缘上注水

（3）缘内注水。如果油层渗透率在油水过渡带很差，在过渡带不适宜注水，而应将注水井部署在含油内缘以内，以保持油井充分见效和减少注水的外逸量（图1-56）。若是较大的油田，则应该采用缘外注水加切割注水（图1-57）。

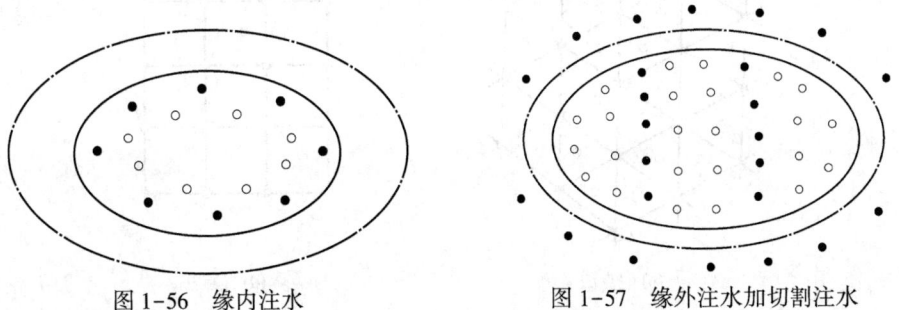

图1-56 缘内注水　　　　　　　图1-57 缘外注水加切割注水

2) 切割注水

对于面积大、储量丰富、油层性质稳定的油田，一般采用切割注水方式。这种注水方式利用注水井排将油藏分成较小的单元切割区，可以根据油藏不同类型形态、物性、开发要求因地制宜地采用横切、纵切或环状切割等不同形式(图 1-58)。

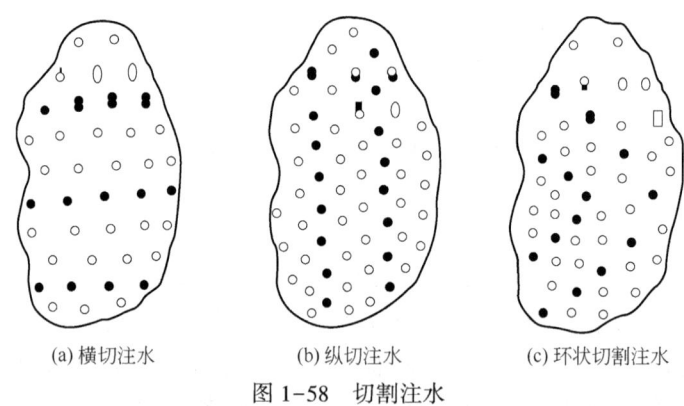

(a) 横切注水　　(b) 纵切注水　　(c) 环状切割注水

图 1-58　切割注水

3) 面积注水

面积注水（图 1-59）实质上是把油层分割成许多更小的单元，即一口注水井控制其中之一，并同时影响邻近的几口油井，而每口油井又同时受邻近的几口注水井不同方向上的注水影响。显然这种注水方式有较高的采油速度，生产井容易受到注水井的影响。

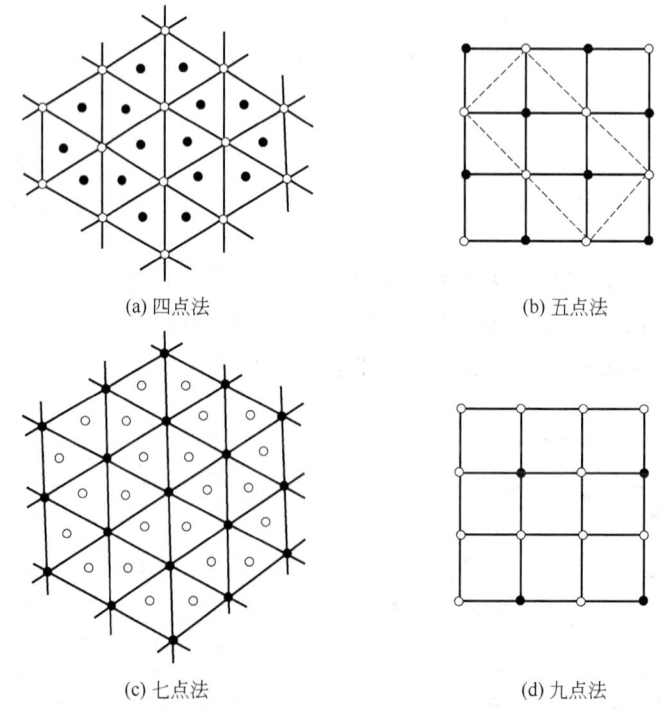

(a) 四点法　　　　　　　　　(b) 五点法

(c) 七点法　　　　　　　　　(d) 九点法

图 1-59　面积注水

2. 注水方式的选择原则及影响因素

实际生产过程中，由于受到油藏类型、油水过渡带大小、地层原油黏度、地层水黏度、储层类型、储层物性（尤其是岩石渗透率）、地层非均质性、油水过渡带和断层的展布、注入水的水质与配伍性、敏感性等各种各样的地质因素及其他因素的影响，使得人们对注水方式的选择，要做到慎之又慎。在实际的应用中，必须考虑方方面面的影响，每一种注水方式只有在一定的地质条件下才是有效的。

在选择注水方式时首先应遵循以下原则：

（1）与油田注水方式相适应，能获得较高的水驱控制程度；

（2）波及体积大和驱替效果好，不仅连通层数和厚度要大，而且多项连通的井层要多；

（3）要满足油田实际开发过程中的采油速度要求；

（4）要有合理的压力体系，能够较好地保持原始地层压力和井底流压。

在选择注水方式时，需要考虑诸多因素，主要包括：

（1）油层分布情况；

（2）油田构造大小及裂缝的发育情况；

（3）油层及注入水、地层液体的特点；

（4）油田注入水的能力及油层的开发情况。

注水开发作为油田开采的重要补充地层能力方式，一直扮演着重要的角色，只有清楚地了解油田实际情况，选择合适的注水方式，才能使油井稳产，甚至高产。

思考题

1. 注水开发油田含水上升的规律是什么？
2. 水驱油田产量递减规律是什么？
3. 水驱油藏采收率如何计算？
4. 注采井网主要分为哪几种？选择井网需要考虑哪些因素？
5. 注水时机和注水方式分别有哪些？

参考文献

[1] 李传亮.油藏工程原理［M］.3版.北京：石油工业出版社，2019.
[2] 廉庆存.油藏工程［M］.北京：石油工业出版社，2006.
[3] 俞启泰.水驱油田产量递减规律［J］.石油勘探与开发，1993，4：72-80.
[4] 俞启泰.水驱特征曲线研究（五）［J］.新疆石油地质，1998，3：49-52，76.
[5] 魏军会，张楠，李金线，等.油田注水方式的研究［J］.中国石油和化工标准与质量，2014，1：88，84.

第二章

油田注水水质及水处理技术

油田注水是提高驱油效率、保持油层产量、稳定油井生产能力的重要措施。随着油田注水开采的日益发展,建立完善的水质标准和配套的快速测试方法、使用经济有效的化学处理剂改善水质、提高水处理工艺技术尤为重要。另外,在油田水处理过程中,正确选择及应用水处理技术和工艺也是稳定注水、保护油层的一项重要工作。

随着油田开发规模扩大和开发时间的延长,油田产出污水量不断增加。从油田水资源现状和环境保护的需求考虑,经济有效而又合理地处理和利用污水资源,也是油田发展过程中必须解决的问题。我国各油田早期普遍采用了注水开发模式,并建立了较为完善的污水处理工艺理论与技术标准体系。近年来,在除去污水中含油方面就越来越多地采用高效气浮除油工艺、旋流除油设备;污水过滤设备以多种新型过滤分离技术组合,朝着精细化、智能化方向发展。视频2-1为全国首个页岩气产出水处理工程。

视频2-1 全国首个页岩气产出水处理工程

第一节 油田注水水质指标

注水开发是提高油田最终采收率和开发效益的最主要方式,注水开发的技术与管理水平直接影响油田开发的最终效益。而油田注水实践证明,作为注水源头的注水水质是实现油田高效开发的关键。注水水质不但对水驱油藏的开发效果有着重要的影响,而且影响着水处理和注水系统的运行效率及使用寿命,这些都将最终体现在注水开发效益上。油田开发要获取更高的采收率和更大的经济效益,要抓好注水工作,而水质是重中之重。

外来水注入油层,油层原始的平衡被打破,不可避免出现因油层伤害而堵塞的问题。注水水质就是指注水过程中,为了避免或减轻系统腐蚀和油层堵塞,满足开发方案配注要求而提出的注入水质量指标要求。

水质指标(water quality specifications)设计必须根据油层配伍性要求,从注入水油层防堵、注水系统防腐和防垢的机理出发，根据大量的试验评价结果，提出配伍性注水水质方案。

一、指标制定依据

1. 注水水质基本要求

油田注水开发首先关心的两个问题是：（1）避免堵塞地层、管道和地面设备；（2）防止井底和地面设备的腐蚀。

因此，注水水质必须根据注入层物性进行优选确定。通常要求：在运行条件下注入水不应结垢；注入水对水处理设备、注水设备和输水管线腐蚀性要小；注入水不应携带超标悬浮物、有机淤泥和油；注入水注入油层后不使黏土发生膨胀和移动，与油层流体配伍性良好。

油田含油污水与其他供给水（如浅层地下水、地面净化污水和地面江河湖泊水等）混注时，必须确保混合之后的水满足混注水要求。考虑到油藏孔隙结构和喉道直径，必须严格限制水中固体颗粒的粒径。

2. 注水水质指标设计

注水水质指标具有较强的针对性，不同的油藏有不同的要求，它必须是在对具体的水源、具体的油藏全面分析以后，提出的不伤害油层、经济上可行、易于操作的注水水质规范。石油工业行业水质标准不具有普遍适应性，只是总体的、全局概念上的约束与规范。

1）水质指标体系的构成

完善的水质指标体系必须能有效控制注水系统的腐蚀问题和注水井的堵塞问题，因而水质指标体系可大致分为三类，即腐蚀类控制指标、堵塞类控制指标及检验腐蚀和堵塞控制效果的综合评价指标。引起系统腐蚀和油层堵塞的因素很多，有些因素既可引起腐蚀，又可能带来堵塞问题，只要将主要的诱发因素加以控制，其他问题就会迎刃而解。表2-1概括了水质指标体系构成及分类。

表2-1 水质指标体系构成及分类

类别	指标项目	内容要点
堵塞类控制指标	悬浮固相	粒径、含量
	含油量	粒径、含量
	相溶性	与油层岩石相溶、与油层流体相溶
腐蚀类控制指标	溶解气	H_2S、O_2、CO_2
	细菌	SRB、TGB
	pH值	6~8
综合评价指标	铁	Fe^{3+}
	膜滤系数	根据油层渗透率确定
	腐蚀速率	小于0.076mm/a

2）注水水质行业标准

由于各油田或区块油藏孔隙结构和喉道直径不同，相应的渗透率也不相同，因此注水水质标准也不相同，目前全国主要油田都制定了本油田的注水水质标准，尽管各油田标准差异较大，但都要符合注水水质基本要求。现将石油天然气行业标准《碎屑岩油藏注水水质指标及分析方法》（SY/T 5329—2012）推荐水质主要控制指标列于表2-2。由于净化水主要用于回注油层，所以污水处理工艺必须设法使净化水达到有关注水水质标准。

表2-2 推荐水质主要控制指标

	注入层平均空气渗透率 K_a，μm^2	≤0.01	0.01<K_a≤0.05	0.05<K_a≤0.5	0.5<K_a≤1.5	K_a>1.5
控制指标	悬浮固体含量，mg/L	≤1.0	≤2.0	≤5.0	≤10.0	≤30.0
	悬浮物颗粒直径中值，μm	≤1.0	≤1.5	≤3.0	≤4.0	≤5.0
	含油量，mg/L	≤5.0	≤6.0	≤15.0	≤30.0	≤50.0
	平均腐蚀速率，mm/a	≤0.076				
	SRB，个/mL	≤10	≤10	≤25	≤25	≤25
	IB，个/mL	$n\times10^2$	$n\times10^2$	$n\times10^3$	$n\times10^4$	$n\times10^4$
	TGB，个/mL	$n\times10^2$	$n\times10^2$	$n\times10^3$	$n\times10^4$	$n\times10^4$

注：（1）1<n<10；（2）清水水质指标中去掉含油量。

水质的主要控制指标已达到注水要求，可以不考虑辅助性指标；如果达不到要求，为查其原因可以进一步检测辅助性指标。注水水质辅助性检测项目包括溶解氧、硫化氢、侵蚀性二氧化碳、铁、pH值等（表2-3）。

表2-3 辅助性检测项目及指标

辅助性检测项目	控制指标	
	清水	污水或油层采出水
溶解氧含量，mg/L	≤0.05	≤0.10
硫化氢含量，mg/L	0	≤2.0
侵蚀性二氧化碳含量，mg/L	$-1.0\leq\rho_{CO_2}\leq1.0$	

注：（1）侵蚀性二氧化碳含量等于零时此水稳定；大于零时此水可溶解碳酸钙并对注水设施有腐蚀作用；小于零时有碳酸钙沉淀出现。
（2）水中含亚铁时，由于铁细菌作用可将二价铁转化为三价铁而生成氢氧化铁沉淀。当水中含硫化物（S^{2-}）时，可生成FeS沉淀，使水中悬浮物增加。

执行上述标准应遵循以下基本原则：

（1）控制指标优先原则。水质主要控制指标首先应达到要求。在主要控制指标已达到注水要求的前提下，若注水又较顺利，可以不考虑辅助性指标，否则应查其原因，并进一步检测辅助性指标。

（2）标准分级原则。三类油层指标各自分级，先严后松，逐级放宽。

（3）具体油田标准原则。各油田应借鉴而不是照搬行业标准，应根据油层的具体特性和生产实际情况，科学制定切合实际的水质标准，各油田的水质标准是不完全一致的。

必须指出：行业标准推荐的水质控制指标，具有全局意义的约束，对于改善油田注水开发现状具有重要意义。但是，如果在编制注水方案时，仅参照行业标准，机械地根据油藏条件套用其相应水质标准的做法是不可取的。大量现场实践表明，注水水质标准具有较强的针对性，不同的油藏有不同的要求。合理的水质指标方案应根据油藏孔隙结构、渗透性分级、流体性质和水源特征，通过大量的实验评价来综合设计。

二、影响水质的主要因素

1. 油田水主要杂质的组分和性质

在注水过程中，首先应从防止堵塞和腐蚀的角度来分析水中的杂质组分。表2-4列出了油田水主要的杂质组分和性质指标。

表2-4 油田水主要杂质组分和性质指标

杂质组分		性质指标
阳离子	阴离子	
钙（Ca^{2+}）、镁（Mg^{2+}）、铁（Fe^{2+}、Fe^{3+}）、钡（Ba^{2+}）	氯离子（Cl^-）、碳酸根（CO_3^{2-}）、碳酸氢根（HCO_3^-）、硫酸根（SO_4^{2-}）	pH值、悬浮固体含量、相对密度、细菌总数、硫化物（主要是H_2S）、溶解氧、浊度、温度

下面分别讨论这些组分的性质对注水的影响。

1) 阳离子组分

（1）Ca^{2+}。钙离子是油田水的主要成分之一，有时它的浓度比较低，但有时它的含量可高达30000mg/L。钙离子能很快地与碳酸根或硫酸根结合，并沉淀生成附着的垢或悬浮固体，因而通常是造成堵塞的主要原因之一。

（2）Mg^{2+}。通常镁离子浓度比钙离子低得多，但镁离子与碳酸根结合也会引起结垢和堵塞问题。不同的是通常碳酸镁引起的结垢和堵塞不如碳酸钙那样严重，此外，硫酸镁是可溶解的而硫酸钙则不溶解。

（3）Fe^{2+}、Fe^{3+}。地层水中天然铁的含量很低，因此在水系统中铁的存在并达到一定含量通常标志存在着金属腐蚀。在水中的铁可能以高铁（Fe^{3+}）或低铁（Fe^{2+}）的离子形式存在，也可能作为沉淀出来的铁化合物悬浮在水中，故通常可用铁的含量来检验或监视腐蚀情况。应当注意，沉淀出来的铁化合物还会引起地层的堵塞。

（4）Ba^{2+}。钡离子在油田水中之所以重要，主要是由于它能和硫酸根结合生成硫酸钡（$BaSO_4$），而硫酸钡是极其难溶解的，甚至少量硫酸钡的存在也能引起严重的堵塞。与此类似，油田水中的锶离子（Sr^{2+}），也会导致严重结垢和堵塞。

2) 阴离子组分

（1）Cl^-。在采出盐水中氯离子是主要的阴离子，在通常的淡水中也是主要组分。氯离子的主要来源是氯化钠等盐类，因此有时水中氯离子浓度被用来作为水中含盐量的度量。此外，由于氯离子是一个稳定成分，因此它的含量也是鉴定水质的较容易的方法之一。氯离子可能造成的影响，主要是随着水中含盐量的增加，水的腐蚀性也增加。因此，在其他条件相同的情况下，水中氯离子浓度增加就更容易引起腐蚀，尤其是点蚀。

(2) CO_3^{2-}、HCO_3^-。由于这类离子能生成不溶解的水垢，因此它们在油田水中也是重要的阴离子。在水的碱度测定中，以碳酸根浓度表示的碱度称为酚酞碱度，而以碳酸氢根浓度表示的碱度则称为甲基橙碱度。

(3) SO_4^{2-}。由于硫酸根能与钙，尤其是与钡和锶等生成不溶解的水垢，因此硫酸根的含量在油田水中也是值得注意的一个问题。

3）性质指标

(1) pH值。油田水的pH值是判断腐蚀与结垢趋势的重要因素之一。因为某些水垢的溶解度与水的pH值有密切的关系，一般，水的pH值越高，结垢的趋势就越大，若pH值较低，则结垢趋势减小。但结垢与腐蚀往往是一对矛盾，因此结垢趋势减小的同时，水的腐蚀性往往会增加。大多数油田水的pH值在4~8之间，但当H_2S和CO_2溶于水中后，能使水的pH值降低，因为H_2S和CO_2都是酸性气体。

(2) 悬浮固体含量。在已知体积的油田水中，用薄膜过滤器过滤出来的固体数量是估计水的结垢堵塞趋势的一个重要依据。常用的是滤膜孔径为$0.45\mu m$的过滤器。

(3) 相对密度。相对密度为实际水的密度与纯水密度之比。由于油田水中含有溶解的杂质（离子、气体等），因此它总是比纯水更致密，一般油田水相对密度均大于1.0。它也是水中溶解固体总量的直接标志，即比较几种水，就能估计出溶解于这些水中的固体的相对量。

(4) 细菌总数。由于油田水中细菌的存在，既可能引起腐蚀，又可能引起堵塞，因此需要测定和监视细菌生长的情况，除测定油田水中危害较大的硫酸盐还原菌（SRB）的数目外，还需测定细菌点数（TGB）等。

(5) 硫化物。油田水中的硫化物（主要是H_2S）可能是自然存在于水中的，也可能是由水中存在的硫酸盐还原菌（SRB）产生的。H_2S的存在将促进腐蚀。如果在正常情况下的"甜水"，即无H_2S的水，在运行过程中开始显出有H_2S的痕迹，则表明可能有硫酸盐还原菌在系统中的某些地方（如管道或罐壁上）产生了腐蚀。此外，硫化物也可能对堵塞产生一定的影响，这是因为硫化亚铁（FeS）既是一种腐蚀产物，也是一种潜在的地层堵塞物。

(6) 溶解氧。溶解氧对油田水的腐蚀和堵塞都有明显的影响，它不仅直接影响水对金属的腐蚀，而且如果水中存在溶解的铁，氧气进入系统就会使不溶的铁的氧化物沉淀，从而造成堵塞。

(7) 浊度。浊度是水的混浊程度的一个量度，浊度高意味着水中含有较多的悬浮固体，水的浊度高也标志着地层堵塞的可能性大，因而浊度也是应当控制的一个重要水质指标，而且可通过水中浊度的测定监视过滤器的性能。

(8) 温度。水温将影响水的结垢趋势、pH值及各有关气体在水中的溶解度。当然，水温对腐蚀也会有一定的影响，一般情况下，水温增高，腐蚀将加剧。

2. 水处理中的结垢

某些化合物在水中的溶解度是有限的，一旦超过这个限度，这些化合物就会成为固体而沉淀。因此，在下列情况下就可能引起结垢：

(1) 水中含有形成溶解度很小的化合物的离子；

（2）物理条件发生变化，或者水的组成改变，使得溶解度降低到现有浓度以下。

固体沉淀或悬浮于水中，或附在设备表面和管壁上。储油层可能由于水中析出悬浮颗粒而发生堵塞，也可能在储油层表面结成固体的垢，这两种情况都是有害的。堵塞的类型不同，清除堵塞的困难程度也不一样。

结垢往往会降低供水、注水管道和油管的流量，还会引起泵的磨损或堵塞。抽油杆结垢时，还会增加抽油杆的负荷。对于各种类型加热炉的辐射管，结垢会造成过热，从而降低加热炉的使用寿命。结垢的地方往往腐蚀更加严重。总之，生产中的许多问题都是由水垢引起的，因而有效地控制结垢，对任何一个高效注水设施来讲都是首要课题。

水垢种类很多，但通常油田水中只含其中少数几种。现将这些水垢及影响其溶解度的主要因素列于表2-5。

表 2-5 常见水垢及其成因

名称	化学式	结垢的主要原因
碳酸钙（碳酸盐）	$CaCO_3$	二氧化碳的分压、温度、含盐量
硫酸钙	$CaSO_4 \cdot 2H_2O$（石膏）	温度、含盐量
	$CaSO_4$（无水石膏）	压力
硫酸钡	$BaSO_4$	温度、含盐量
硫酸锶	$SrSO_4$	
碳酸亚铁	$FeCO_3$	腐蚀、溶解气体、pH 值
硫化亚铁	FeS	
氢氧化亚铁	$Fe(OH)_2$	
氢氧化铁	$Fe(OH)_3$	
氧化铁	Fe_2O_3	

1）碳酸钙

碳酸钙垢是由钙离子与碳酸根或碳酸氢根结合而生成的，反应式如下：

$$Ca^{2+} + CO_3^{2-} \longrightarrow CaCO_3 \downarrow \qquad (2-1)$$

$$Ca^{2+} + 2HCO_3^- \longrightarrow CaCO_3 \downarrow + CO_2 \uparrow + H_2O \qquad (2-2)$$

（1）二氧化碳的影响。

有二氧化碳存在时，碳酸钙在水中的溶解度增大，二氧化碳溶解在水中时，生成碳酸，其解离反应式如下：

$$CO_2 + H_2O \longleftrightarrow H_2CO_3 \qquad (2-3)$$

$$H_2CO_3 \longleftrightarrow H^+ + HCO_3^- \qquad (2-4)$$

$$HCO_3^- \longleftrightarrow H^+ + CO_3^{2-} \qquad (2-5)$$

只有少量碳酸氢根按反应式（2-5）解离成 H^+ 和 CO_3^{2-}。在一般条件下，碳酸氢根在数量上大大超过碳酸根。因而可以认为，作为表示碳酸钙沉淀的反应式，式（2-2）比式（2-1）更确切。

溶液中二氧化碳浓度增加，抑制了碳酸钙沉淀的产生。能溶在水中的二氧化碳量与水面上气体中的二氧化碳的分压成正比。水面上二氧化碳的分压减小时,溶解在水中的二氧化碳也随之减小。这是碳酸钙垢沉积的主要原因之一。在系统中任何有压降的地方,气相中二氧化碳的分压都会减小,二氧化碳从溶液中逸出,水的pH值升高。这就使反应式(2-2)向右移动,导致碳酸钙沉淀。

(2) pH值的影响。

水中的二氧化碳量影响水的pH值和碳酸钙的溶解度。然而,这对水的酸性和碱性并没有实际影响。pH值较低,碳酸钙沉淀就少;反之,pH值较高就会产生更多的沉淀。

(3) 温度的影响。

与大多数物质的性质相反,当温度增高时,碳酸钙的溶解度降低,即水温较高时就会产生更多的碳酸钙垢。因此,一种在地面上不结垢的水,如果井底温度足够高,那么这种水在注水井中也会生成垢。这也就是在加热设备的火管处常常发生碳酸钙结垢的原因。

(4) 水中所溶盐类的影响。

水中含盐量增加时,碳酸钙溶解度也增加。例如,将200000mg/L NaCl加入蒸馏水中,碳酸钙的溶解度从100mg/L增加到250mg/L。实际上,水中溶解固体的总量越高(最高约为200000mg/L,不包括钙离子和碳酸根),碳酸钙在水中溶解度就越大,而结垢趋势也就越小。

总体来说,生成碳酸钙垢的趋势如下:随温度升高而增加,随CO_2分压减小而增加,随pH值增加而增加,随溶解的总盐量减少而增加。

2) 硫酸钙

硫酸钙从水中沉淀的反应式如下:

$$Ca^{2+} + SO_4^{2-} \longrightarrow CaSO_4 \downarrow \tag{2-6}$$

(1) 硫酸钙的类型。

油田上最常见的硫酸钙沉积物是石膏。在38℃及以下时,主要是$CaSO_4 \cdot 2H_2O$,超过这个温度就可能出现无水石膏($CaSO_4$)。

(2) 温度的影响。

约在38℃以下时,石膏的溶解度随温度的升高而增加;约在38℃以上时,石膏的溶解度则随温度的增高而减小。这和碳酸钙的温度—溶解度特性完全不同。首先,在常用温度范围内石膏的溶解度比碳酸钙的溶解度大得多;其次,温度增加,可能使石膏的溶解度增加,也可能使其减小,这取决于选用的温度范围。这点与碳酸钙是完全不同的,温度升高时,碳酸钙的溶解度总是减小的。

由于在大约38℃以上,无水石膏的溶解度变得比石膏更小,因而可以合理地认为在较深和较热的井中,硫酸钙主要以无水石膏的形式存在。实际上,垢从石膏变为无水石膏的温度,是压力和含盐量的函数。

(3) 水中溶解盐类的影响。

当水中有NaCl或除钙离子和硫酸根以外的其他溶解的盐类存在,浓度在150000mg/L以下时,会使石膏或无水石膏的溶解度增大,这和对碳酸钙的作用一样。盐的含量进一步增加,硫酸钙的溶解度又减小。把150000mg/L的盐加到蒸馏水中,就会使石膏的溶解度增加到原来的三倍。

(4) 压力的影响。

压力降低会引起硫酸钙沉积。压力降低硫酸钙溶解度变小的原因与碳酸钙完全不同。溶液中有无二氧化碳对硫酸钙影响很小。

增大压力对硫酸钙溶解度的影响是物理作用，它使硫酸钙分子体积减小。然而要使分子体积发生重大改变，就需要大大增加压力。例如，无水石膏在100℃和1atm下，在蒸馏水中的溶解度约为0.075%（质量分数），压力增至100atm时，溶解度约增至0.09%。

如果说注水工作中压力降的影响也许并不十分重要的话，那么，对正常生产的水源井和采油井却是一个关键问题，井筒周围压力下降会引起地层和油管中结垢。

3）硫酸钡

到目前为止，就前面所讨论过的垢来说，硫酸钡是最难溶的垢。其反应式如下：

$$Ba^{2+} + SO_4^{2-} \longrightarrow BaSO_4 \downarrow \tag{2-7}$$

表2-6中列出了前面提到的三种垢在25℃蒸馏水中的溶解度。

表2-6 溶解度比较

垢	石膏	碳酸钙	硫酸钡
溶解度，mg/L	2080.0	53.0	2.3

由于硫酸钡极难溶解，只要水中有Ba^{2+}和SO_4^{2-}这两种离子就会结垢。

(1) 温度的影响。

硫酸钡的溶解度随温度升高而增大。在蒸馏水中其溶解度如下：25℃时为2.3mg/L，95℃时增加到3.9mg/L。

由于硫酸钡的溶解度随温度升高而增大，所以如果注水井在地面条件没有结垢的话，通常在井底也不存在结垢问题。

(2) 溶解的盐类的影响。

硫酸钡在水中的溶解度和碳酸钙、硫酸钙一样，由于溶解有硫酸钡以外的盐类而升高。在25℃温度时，把100000mg/L NaCl加到蒸馏水中，就会使硫酸钡的溶解度由2.3mg/L增高到30.0mg/L。使NaCl保持在100000mg/L，而把温度升高到95℃，就会使硫酸钡的溶解提高到约65mg/L。

4）铁化合物

(1) 水中铁的来源。

水中的铁离子可以是天然存在的，也可以是腐蚀产生的。地层水中天然铁含量通常仅几毫克/升，很少达到100mg/L。高含铁量往往是腐蚀的结果。沉淀的铁化合物相当容易堵塞地层，同时，也能根据它的含量来判断腐蚀的严重程度。

(2) 溶解气体。

腐蚀通常是由CO_2、H_2S或溶解于水中的氧所引起的。大多数含铁的垢都是腐蚀的产物。但是，即使腐蚀较轻，这些溶解气体与地层中天然的铁反应也可能生成铁化合物。

二氧化碳与铁反应生成碳酸铁垢。实际上会不会生成垢取决于系统中的pH值。pH值在7以上时最易生成垢。

硫化氢与铁反应生成腐蚀产物——硫化铁，其溶解度极小，通常形成薄薄一层附着紧密的垢。所谓"黑水"就是悬浮的硫化铁。

（3）氧气的作用。

氢氧化亚铁、氢氧化铁和氧化铁，都是铁与空气接触而产生的常见的垢。在有空气存在的条件下由于生活在水中的某些细菌的作用，也能生成铁化合物。这些细菌从水中吸收Fe^{2+}，排出氢氧化铁。

总之，铁化合物的性质比前面讨论过的各种化合物都要复杂得多，这主要是因为铁通常以两种氧化状态存在于水中：Fe^{2+}（低铁）和Fe^{3+}（高铁）。这两种离子与相同的阴离子结合形成溶解度相差很大的化合物。很难定量地预测各种铁化合物的特性。更重要的是防止铁化合物的生成。

3. 水处理中的系统腐蚀

1）腐蚀原理

金属材料与电解质溶液接触时，在界面上将发生有自由电子参与的广义氧化和还原反应，导致接触面处的金属变为离子、络离子而溶解，或者生成氢氧化物、氧化物等稳定化合物，从而破坏了金属材料的特性，这个过程称为电化学腐蚀，是以金属为阳极的腐蚀原电池过程。

腐蚀原电池实质上是一个短路原电池，即电子回路短接，电流不对外做功（如发光等），而自消耗于腐蚀电池内阴极的还原反应中。不论是何种类型的腐蚀电池，它必须包括阳极、阴极、电解质溶液和电路这四个不可分割的组成部分，缺一不可。这四个部分就构成了腐蚀原电池的基本过程，即：

（1）阳极过程：金属溶解，以离子形式进入溶液，并把等量电子留在金属上；

（2）电子转移过程：电子通过电路从阳极转移到阴极；

（3）阴极过程：溶液中氧化剂接受从阳极流过来的电子后本身被还原。

由此可见，一个遭受腐蚀的金属表面上至少要同时进行两个电极反应，其中一个是金属阳极溶解的氧化反应，另一个是氧化剂的还原反应。

如果将铁片放入盐酸溶液中，会发现有气体逸出，铁溶解并形成氯化亚铁，化学反应方程式为：

$$Fe+2HCl \longrightarrow FeCl_2+H_2 \uparrow \qquad (2-8)$$

离子方程式为：

$$Fe+2H^+ \longrightarrow Fe^{2+}+H_2 \uparrow \qquad (2-9)$$

即铁被氧化成二价铁离子，而氢离子被还原成氢气。

氧化（阳极）反应：

$$Fe \longrightarrow Fe^{2+}+2e^- \qquad (2-10)$$

还原（阴极）反应：

$$2H^++2e^- \longrightarrow H_2 \uparrow \qquad (2-11)$$

上述两个反应在金属表面同时发生，且速度相同，保持着电荷守恒。凡能分成两个或更多氧化、还原分反应的腐蚀过程，都可以叫作电化学反应。

如果有氧气存在，也可能发生其他两种反应：

$$O_2+4H^++4e^- \longrightarrow 2H_2O \tag{2-12}$$

$$O_2+2H_2O+4e^- \longrightarrow 4OH^- \tag{2-13}$$

总之，阴极反应是消耗电子的还原反应。

2）水组成对腐蚀的影响

影响注入水腐蚀的因素众多，其中主要有 Cl^-、溶解气、导电性、pH 值、温度、压力、水流流速及微生物等。

（1） Cl^- 的影响。

一般来讲，Cl^- 对缝隙腐蚀具有催化作用。腐蚀开始时，铁在阳极失去电子。随着反应的不断进行，铁不断失去电子，缝隙内 Fe^{2+} 大量聚积，缝隙外的氧不易进入，迁移性强的 Cl^- 即进入缝隙内与 Fe^{2+} 形成高浓度、高导电的 $FeCl_2$，$FeCl_2$ 水解产生 H^+，使缝隙内的 pH 值下降到 3~4，从而加剧腐蚀。

（2）溶解气的影响。

氧、二氧化碳或硫化氢溶解于水中后，其腐蚀性大大增强。事实上，溶解气是大部分腐蚀问题的主要原因。如能把它们排除掉，并使水的 pH 值保持为中性或稍高，那么，在大部分水系统中，将很少出现腐蚀问题。

① 溶解氧。

溶解氧是之前提到的三种溶解气中最有害的一种，在浓度非常低的情况下（低于 1mg/L），它也能引起严重腐蚀。而且，如果在水中还溶解有其他两种气体中的一种或两种（如 H_2S、CO_2），氧气将使它们的腐蚀性急剧增高。

在采出水中本来不含有氧，但水采出地面后，就常常与氧接触而含氧。湖泊或河流的水，是被氧气饱和的。浅井中的水可能含有一定数量的氧气。只要有可能的话，就应严格将其除掉。

在大多数情况下，氧能急剧加速腐蚀，原因有两个：第一，由于氧气很容易与阴极上的氢离子结合，因而腐蚀反应的速度就主要由氧气扩散到阴极的速度来决定。没有氧气时，阴极的反应速度会变得很慢；当有氧气时，氧能耗掉阴极表面的电子而使反应速度加快。第二，如果 pH 值大于 4，亚铁离子（Fe^{2+}）将会很快被氧化成铁离子（Fe^{3+}）。这是由于氢氧化铁不溶解，从溶液中沉淀出来。为了使反应保持平衡状态，则需要往水溶液中补充更多的 Fe^{2+}，腐蚀速度就会加快。氧腐蚀常常表现为点蚀。

② 溶解二氧化碳。

二氧化碳溶解于水生成碳酸，使水的 pH 值降低而腐蚀性增大。二氧化碳的腐蚀性不像氧那样强，但通常造成点蚀。

和所有的气体一样，二氧化碳在水中的溶解度是水上大气中二氧化碳分压的函数。分压越大，溶解度越大。因此，腐蚀速度随二氧化碳分压的增大而加快。

在含有碳酸氢根碱度的水系统中，能引起腐蚀的二氧化碳量是 pH 值的函数。二氧化碳—碳酸氢根—碳酸根的平衡式如下：

$$CO_2+H_2O \longleftrightarrow H_2CO_3 \tag{2-14}$$

$$H_2CO_3 \longleftrightarrow H^+ + HCO_3^- \tag{2-15}$$

$$HCO_3^- \longleftrightarrow H^+ + CO_3^{2-} \tag{2-16}$$

当 pH 值降低时（氢离子数量增加），碳酸氢根转变成碳酸，生成较多的 CO_2 而使腐蚀加剧；反之，当 pH 值升高时，水趋向于结垢而腐蚀则减轻。减小系统的压力会使 CO_2 从溶液中逸出，可以使 pH 值升高。

如上所述，只要有一点氧气，就能使 CO_2 的腐蚀性增大。

③ 溶解硫化氢。

硫化氢极易溶解于水，溶解以后成为弱酸，通常造成点蚀。H_2S 和 CO_2 结合起来比单一的 H_2S 腐蚀性更大。在油田环境中，经常出现这类情况。

关于 H_2S 的另一个问题是，阴极上的某些氢离子会进入钢内而不成为气体从阴极表面逸出。这会导致低强度钢的氢腐蚀、高强度钢的氢脆。

（3）导电性的影响。

水的腐蚀性随其导电性的升高而增大。蒸馏水导电能力小，腐蚀性就小；盐水导电性很大，腐蚀性也很大。因此水的含盐量越大，腐蚀性越大。

（4）pH 值的影响。

水的腐蚀性通常随 pH 值的降低（酸性增高）而升高。在较高的 pH 值下，钢的表面上可能形成保护性垢（氢氧化铁或碳酸盐垢）防止或减轻进一步腐蚀。

（5）温度的影响。

腐蚀速度通常随温度升高而加快，因为温度升高一切反应的速度都将加快。在与大气相通的系统内，温度开始升高时，腐蚀速度将随温度的升高而加快，但是，如果温度进一步升高，由于溶解气从溶液中逸出，腐蚀速度可能下降。如果系统是密闭的，由于溶解气不能及时溢出，腐蚀速度将随温度升高而不断加快。当水内含有碳酸氢盐时，温度升高将加速垢的形成，结垢会使腐蚀反应放慢；但是，这也可能导致碳酸氢盐分解而产生更多的二氧化碳。

（6）压力的影响。

压力对化学反应也有影响。对水系统，压力的主要作用是影响溶解气的溶解度，压力升高则有更多的气体进入溶液。

（7）水流流速的影响。

静止或低速水流引起的腐蚀一般较小，通常多半是点蚀；腐蚀速度通常随水流流速的加快而变大，但也有例外情形。高速度和有悬浮固体或气泡的水能导致冲蚀腐蚀。所有保护膜会不断地被除掉或冲蚀掉，留下极易受到腐蚀的裸露金属表面。

在系统内，可能包括水流流速不同的两个邻接区域。如果没有氧气存在，对于低速区域来说，高速区域就成为阳极而发生腐蚀。如果有氧气存在，低速区域接受的氧气较少，起阳极作用，遭受腐蚀。在含氧的系统内水流流速加快时，最初可能会使腐蚀速度变大（供给较多的氧），然后，当水流流速进一步增大时，由于金属表面生成 $Fe(OH)_3$，实际会使反应放慢，水流流速再进一步增大时，金属表面的保护膜就会被冲掉。

高速能形成空穴，形成瞬间存在的气泡（由于压力降低），然后立即消失（由于压力升高）。气泡消失时，会从金属表面上剥下一些微小碎片来，在泵内经常发生这种情况。

(8) 微生物的影响。

① 硫酸盐还原菌。

在油田注水系统中,硫酸盐还原菌(脱硫弧菌)所引起的腐蚀可能比其他任何细菌都更严重。它们能把水中硫酸根的硫还原成负二价硫离子,进而生成硫化氢。硫化氢能引起腐蚀,在腐蚀反应中,产生的硫化铁是极易造成堵塞的物质。

硫酸盐还原菌成群或成菌落式地附在管壁上,它们附着的地方会出现坑穴。这类细菌极易在管壁上成为菌落,而不易在流动的液流中找到。一旦发现水里有硫酸盐还原菌,就意味着在管壁和罐壁上已经牢固地附着很多这类细菌。

硫酸盐还原菌是厌氧菌。但是,如果有垢或淤泥能使细菌藏在下面,那么,它们在含氧系统中也完全能繁殖。细菌若被垢或碎片盖住,就很难将它们杀死。

② 铁细菌。

铁细菌在生长过程中,能在其周围形成氢氧化铁保护层。铁来自水溶液中的铁离子。铁细菌的例子有加氏铁柄杆菌、嗜氧球菌和芽状细菌。铁细菌虽然在含微量氧气条件下能长得很好,但是,它们被划为好氧菌。

铁细菌虽然不直接参加腐蚀反应,但是,能造成腐蚀和堵塞。通过氢氧化铁保层下的硫酸盐还原菌的活动,或者形成的氧浓差电池也能引起腐蚀。

铁细菌沉淀出大量的氢氧化铁,会造成严重的堵塞问题。

③ 腐生菌。

腐生菌作为单独的一种微生物进行描述是困难的,通常在设备和管道上有着黏稠的一层,也称为黏液形成菌,它是好氧异养菌的一种,常见的有气杆菌、黄杆菌、巨大芽孢杆菌、荧光假单孢菌、枯草芽孢杆菌等,它们是一个混合菌体。

许多油田水都有能满足腐生菌生长的物理条件和营养物质。因此腐生菌的存在极其普遍,它们产生的黏液与铁细菌、藻类、原生动物等一起附着在管线和设备上,造成生物垢,堵塞注水井和过滤器,同时也产生氧浓差电池而引起腐蚀。由于黏液形成菌包括的种类很多,其腐蚀和危害也基本相似,所以不再进行单一菌的研究。

通过细菌总数的测定,即由总菌量(总数包括全部好氧异养菌,主要是黏液形成菌,但不包括铁细菌)能够方便地表示形成黏液或产生堵塞的程度。所以在油田水处理中,往往要对注入水进行细菌的监测。这是决定水处理方案的重要数据之一。在未处理的水中,如果细菌总数小于10000 个/mL,一般不需要处理;如果细菌总数大于10000 个/mL,则应该引起注意,因为其在油田注水中将会引起注水量减少、井口压力增加或者滤池堵塞。

④ 其他生物。

a. 藻类。

藻类生长需要阳光,藻类繁殖在开式淡水系统中(水坑和开口储罐)可能带来问题。在盐水里,藻类繁殖不会造成大问题。藻类生在水表面,能被抽到系统里而造成堵塞。池或坑若全被藻类覆盖,在水里就会造成硫酸盐还原菌生长的缺氧条件。

b. 硫细菌。

硫细菌主要包括能氧化元素硫、硫代硫酸盐、亚硫酸盐和若干连多硫酸盐产生强酸的微生物。这种菌绝大多数是严格自养菌，从二氧化碳中获得碳，个别菌兼性自养。除脱氮硫杆菌厌氧生长外，其他都是严格好氧菌。其最适温度为28~30℃，有的菌株喜欢酸性条件，有的在微碱性下也能生活。因此它们在土壤、淡水、海水、酸矿水、污水、矿泉、海洋污泥、含硫沉积物中都能找到。

c. 真菌。

真菌是属于无叶绿素的植物，因此不需要阳光。真菌从形状结构来看都比细菌更复杂，也是一种异养菌。

真菌的种类很多，主要形成丝状菌丝体的真菌称为霉菌。霉菌是一种有很长分枝状、像头发的菌丝，在生长中形成肉眼可见的所谓菌体。水中常见的藻状菌纲，如水霉菌、绵霉菌、毛霉菌，其外形似棉纱的白色丝状，用手去摸感到非常黏，它们可挂于任何附着物上形成软泥，堵塞管道；属半知菌纲的，如镰乃霉、地霉等也是形成软泥的原因之一。

真菌和藻类一样，在注水系统中是形成生物黏泥的一部分。同时在冷却水系统，某些真菌可以分解木质纤维素，使得木质结构的冷却塔遭受破坏。

三、油田水分析方法及水质指标设计

1. 油田水分析方法

现行企业标准《油田水分析方法》（SY/T 5523—2016）规定了油田水（产出水、注入水、修井液和增产液）中溶解和分散状组分含量的测定，表述了其分析方法。但该标准并不适用于油田水中细菌分析、生物测试（对海洋生物的毒性测试）和天然放射性物质测定及膜滤器测试法。

细菌种群和浓度的生物学测试标准在美国腐蚀工程师国际协会标准 NACE TM 0194—2014《油田系统中细菌生长的现场监测》中有相关表述。膜滤器测试在美国腐蚀工程师估计协会标准 NACE TM 0173—2015《用膜滤器确定注水水质的测试方法》或 SY/T 5329—2012《碎屑岩油藏注水水质指标及分析方法》中有相关表述。有兴趣的读者可自行查阅相关资料。

2. 水质指标设计

水质指标设计就是量化水质控制参数。它应根据油田具体情况，通过注入水对油层的伤害机理分析，从有效控制系统堵塞和腐蚀的观点出发，在对水源和油层充分认识的基础上，提出合理的水质指标方案，为水质达标处理和注水系统设计奠定基础，基本步骤如下。

1) 静态资料录取

静态资料是了解、认识和研究对象的基本信息，包括以下数据：

（1）水源水数据。严格来讲应对水源水进行水质全分析，通常包括水的总矿化度、阴离子含量、阳离子含量、硬度、碱度、pH 值、水型、溶解气（CO_2、O_2、H_2S）含量、细菌（SRB、TGB 及铁细菌）含量、含油量、悬浮固相总量与粒径分布、温度和相对密度。

（2）油层岩石特征参数，主要包括敏感性矿物的含量和产状数据、岩石孔隙结构特征与孔喉分布数据及油层的孔渗特征，并重点考察岩心的阳离子交换量和水敏指数。

（3）油层流体数据，主要包括油层水、原油和天然气的基本数据，是进行流体配伍性评价的基础参数。

（4）温度及压力分布数据。油层压力和温度分布数据是进行实验评价和分析必需的基础数据。一般的实验及其相关模型分析都应该以此数据为准。

2）注水系统调查分析

对现有注水系统，在确定水质标准的适应性时，必须进行全面的调查分析，包括：

（1）注水系统水质调查。明确现有注水系统采用的水质标准及其确定依据、水质处理流程和药剂配方及是否按要求执行、目前水质是否达标、现有注水系统沿程水质指标的变化、各样点水质随时间的变化、水质监测是否正常、出现问题的原因等。

（2）注水井吸水能力调查。分析注水井吸水能力变化情况、注水井试井资料、注水井解堵增注情况及目前注水方式(注水压力是否大于油层破裂压力)。

根据调查结果，确定现有水质标准及其水处理措施是否合理，注水能否正常进行，如水质合理并能满足配注要求则合格；反之，应该初步判定水质标准是否适合，如果不适合就应该进行调整和修正。如果现有水质标准适合油层则应弄清造成注水困难的原因，是水质入井前达标进入井筒后恶化，还是水质处理本身的问题使处理后的水不达标，都应该通过分析确定真实原因。

3）控制指标的量化及其评价实验

如何量化水质控制指标一直是人们比较关心的问题，目前的方法主要是通过室内实验进行评价。原则上讲，要求在模拟实际油藏的条件下进行以下实验：

（1）敏感性评价实验。敏感性评价实验包括常规五敏实验（速敏、水敏、盐敏、酸敏、碱敏）和应力敏感实验。常规五敏实验的具体做法参见行业标准。

（2）悬浮固相指标评价实验。该实验是确定适合于具体油层注水水质指标中固相含量和粒径的主要依据。应根据油层孔喉大小配制系列不同粒径和含量的悬浮液体，最好采用正交实验原理获得悬浮物含量、粒径与油层伤害的规律。

（3）乳化油指标评价实验。该实验用于确定适合于具体油层注水水质指标中乳化油含量。应根据油层孔喉大小配制系列不同粒径和含量的乳化油液体，采用正交实验原理获得乳化油含量、粒径与油层伤害的规律。

（4）腐蚀控制指标评价实验。腐蚀控制评价已标准化，主要采用静态挂片和动态挂片实验评价方法，结合油田水具体性质和腐蚀性气体的含量，评价 H_2S、CO_2 和 O_2 对系统腐蚀的危害性。

（5）细菌控制指标评价实验。细菌的控制应使细菌杀灭或不致繁殖为最终目标，主要根据注入水中监测到的细菌类型和数量，通过培养繁殖后进行腐蚀、堵塞评价实验。

（6）注入水及其与油层水的配伍性评价。评价的方法有两种，一是室内动静态实验评价，二是溶度积模型预测。重点考查沉淀与结垢问题。

（7）其他评价实验，主要指确定化学处理剂配方（药剂类型、含量及其相容性）的相关试验。

在上述分析和试验的基础上对注水水质指标进行概念设计，并尽可能向行业标准靠近，概念设计可提供 2~3 个方案。再结合油层伤害程度的定量关系、吸水能力随时间的变化规律等预测注水井的吸水能力，讨论不同方案的配注指标实现程度和水质处理的可行性。最后结合开发方案、注水工艺技术现状、水处理费用等优选出一套水质指标的试注方案。

4）配伍性水质指标的合理性检验

通过配伍性水质指标设计可以获得适合于油层的注水水质理想指标，具体效果如何还必须通过实验和现场试验对配伍性水质指标的合理性进行检验。

室内实验一般是采用流动实验法，对水质控制指标（即悬浮颗粒和乳化油）进行复合因素评价，以检验配伍性水质指标在各主要因素同时存在的情况下，水质对油层的伤害程度有多大，以及时调整这些主要控制指标。

现场试验一般是采用试注方法，通过注水系统腐蚀检查和注水井吸水能力检测，检验水质指标的可行性，若不可行就要修改水质指标。

第二节 油田水处理技术

一、水源选择

油田注水要求的水源不仅量大，而且希望水源的水量和水质较为稳定。这样，在水源充足的地方，有个水源选择问题；水源缺乏的地方，需要寻找水源并进行选择。陆地水源包括地面的江、湖、泉水和地层水；海上水源包括海水和通过海底浅井抽取的海水。水源选择时水处理工艺要简便，还要满足油田注水设计的最大注水量。水源水量的估计以设计水量为依据，如果采出的污水大部分回注的话，最终所需要的水量，大致为注水油层孔隙体积的 150%~170%。

目前作为注水用的水源有两大类：一是淡水源，二是盐水源。

1. 地面水源（淡水）

河、湖、泉水已广泛用于注水。随着国家建设的发展，工农业对这种水源的使用也越来越广，还可能遇到自然干旱，对注水用水可能供不应求，所以使用这种水源一般要得到有关部门的批准。

另外，这种地面水源，特别是小溪、泉的水量常是随着季节变化的，并且常常高含氧、携带很多悬浮物和各种微生物。不同季节水质成分变化很大，从而给水质处理带来许多麻烦。

以胜利油田为例，注水所用的黄河水就属这种水源，其特点是：有大量的泥沙和杂质，其含量在 200mg/L 以上，并随季节变化；矿化度不高，一般在 500~600mg/L；属于硫酸水型；含铁在 0.5mg/L 左右。因此，黄河水要经过沉淀、过滤、杀菌和脱氧处理才能使用。

2. 来自河床等冲积层水源（淡水）

这种水是通过在河床打一些浅井到冲积层的顶部获得的，可以使水质得到一定的改善。其特点是水量稳定，水质变化不大，通常无腐蚀性；由于自然过滤，混浊度不受季节影响；水中含氧稳定便于处理，但由于硫酸还原菌深埋地下，这种水仍可能受到它的污染。因此，可以把井钻深一些，以便排除或减少这种细菌的影响。

3. 地层水水源（淡水或盐水）

地层水水源是根据地质资料通过钻专门的水井而找到的来自地下的水源。找到高压、高产量的淡水层最好，盐水层也行，若找不到单一水层，多层水层也可以，但应注意，不同水层的水彼此不要产生化学反应而结垢。盐水也有它的好处，可以防止注水所引起的黏土膨胀。

还有一类地层水就是常用的油田污水，需处理后再回注。

4. 海水水源（盐水）

近海和海上油田注水，一般用海水。因为它既多又方便，但它高含氧和盐、腐蚀性强且悬浮的固体颗粒随季节变化较大，为改善这一点，通常钻一些浅井到海底，使其过滤从而减少水的机械杂质。

二、水处理工艺流程

水处理工艺流程是用于某种污水处理的工艺方法的组合。通常根据污水的水质和水量、回收的经济价值、排放标准及其他社会条件、经济条件，经过分析和比较，同时，还需要进行试验研究，决定所采用的处理流程。水处理一般原则是：改革工艺，减少污染，回收利用，综合防治，技术先进，经济合理等。在流程选择时应注重整体最优，而不只是追求某一环节的最优。

1. 注入水处理工艺流程

1）沉淀

来自地面水源的水总含有一定数量的机械杂质，因此在处理上首先是沉淀。沉淀是让水在沉淀池（罐）内有一定的停留时间，使其中所悬浮的固体颗粒借助自身的重力而沉淀下来。沉淀池如图 2-1 所示。

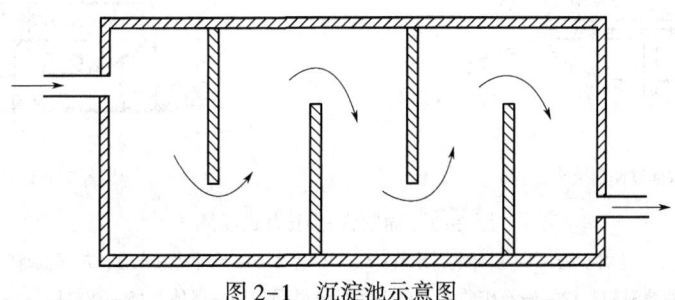

图 2-1 沉淀池示意图

通常对沉淀池、沉淀罐的要求是要有足够的沉降时间，以便使悬浮固体凝聚并沉淀下来。一般在池或罐内装有迂回挡板，利于颗粒凝聚与沉淀。

为了加速水中的悬浮物和非溶性化合物的沉淀，一般在沉淀过程中加入聚凝剂。常用的聚凝剂为硫酸铝，它和碱性盐如碳酸氢钙作用形成絮状沉淀物，其化学反应式如下：

$$Al_2(SO_4)_3 + 3Ca(HCO_3)_2 \longrightarrow 2Al(OH)_3 + 3CaSO_4 + 6CO_2 \uparrow \qquad (2-17)$$

聚凝剂能聚凝很细的颗粒而逐渐变大，絮状沉淀物带着浮悬物一起下沉，使得沉降速度加快。当水的 pH=5~8 时，硫酸铝 [$Al_2(SO_4)_3$] 的聚凝效果好；当 pH=8~9 时，硫酸亚铁 [$FeSO_4 \cdot 7H_2O$] 对形成非溶性的氢氧化铁的聚凝效果好。其他化学聚凝剂还有硫酸铁 [$Fe_2(SO_4)_3$]、三氯化铁（$FeCl_3$）和偏铝酸钠（$NaAlO_2$）等，有时需要加碱（如石灰）来提高水的 pH 值，以便加速聚凝过程。由于石灰和二氧化碳、碳酸氢钙等起化学反应生成碳酸钙（$CaCO_3$），而碳酸钙可经过聚凝沉淀和过滤除去。

2) 过滤

来自沉淀池的水往往还含有少量最细的悬浮物和细菌，为了除去这类物质必须进行过滤处理。即使来自无须沉淀的地下水，一般也需要过滤。

过滤设备常用滤池或过滤器，内装石英砂、大理石屑、无烟煤屑及硅藻土等。水从上向下经砂层、砾石支撑层，然后从池底出水管流入澄清池，得以澄清。

滤池的工作强度用过滤速度来表示，过滤速度就是在单位时间内，从单位面积滤池通过的水量，一般用 m^2/h 来表示。按滤速来分，滤池可分为慢速滤池，滤速为 0.1~0.3m^2/h；快速滤池，滤速可达 15m^2/h。滤池中的水面与大气接触，利用滤池与底部水管出口，或水管相连的清水池水位标高差，来进行过滤的叫重力式滤池；滤池完全密封，水在一定压力下通过滤池叫压力式滤池。油田常用压力式滤罐如图 2-2 所示。

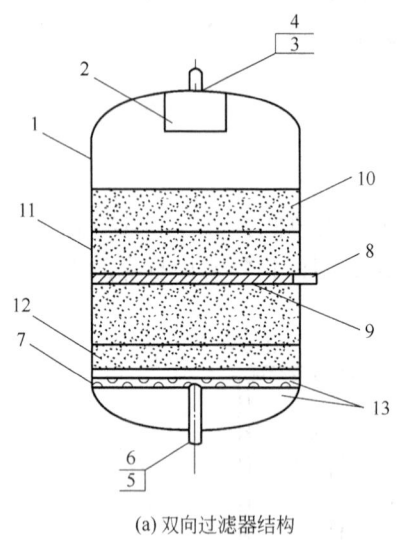 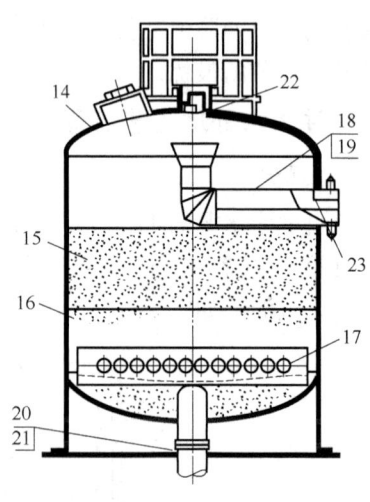

(a) 双向过滤器结构　　　　　　　(b) 压力式锰砂除铁滤罐

图 2-2　油田常用压力式滤罐

1—罐体；2—防砂器；3—上井水管；4—反冲洗排水管；5—出水管；6—反冲洗进水管；7—配水管；8—出水管；9—集水筛管；10—石英砂滤料层；12—磁石矿砂层；13—卵石垫料层；14—罐体；15—滤料层；16—垫料层；17—集配水管；18—进水管；19—反冲洗进水管；20—出水管；21—反冲洗进水管；22—自动排气阀；23—排气管

为了除去滤料层过滤的污物，要定时进行反冲洗，在反冲洗时滤料层要完全浮起来，而支撑介质（垫料层）则不动，一般反冲速度在 $30\sim70\text{m}^2/\text{h}$。

还需指出，过滤池的来水悬浮物含量应小于 50mg/L，否则应先进行沉淀。过滤后的水中杂质含量应小于 2mg/L 才算合格。

3）杀菌

地面水中多数含有藻类、粪土、铁菌或硫酸还原菌，在注水时必须将这些物质除掉以防堵塞地层和腐蚀管柱。因此，要进行杀菌。考虑到细菌适应性强，一种杀菌剂使用一段时间后细菌会产生抗药性，一般选用两种以上杀菌剂交替使用。

常用的杀菌剂有氯或其他化合物，如次氯酸、次氯酸盐及氯酸钙，甲醛既有杀菌又有防腐作用。氯气杀菌时，原理如下：

$$Cl_2 + H_2O \longrightarrow HCl + HOCl$$
$$\longrightarrow HCl + [O] \qquad (2-18)$$

其中，[O] 是强氧化剂，可以杀菌。

为了使氯能有效杀菌，氯与水接触时间应大于 30min，氯气用量一般为 $1\sim2\text{mg/L}$，对过滤后的水或地下水一般用 $0.5\sim1\text{mg/L}$。除了杀菌以外，根据注水要求还可加入其他化学处理剂，为了防腐可加防腐剂，为了增加洗油能力可加表面活性剂，为了除去乳化油可加破乳剂。

4）脱氧

地面水和海水由于和空气接触，总是溶有一定量的氧，有的水源水中还含有二氧化碳和硫化氢气体，在一定条件下，这些气体对金属和混凝土有腐蚀性，应设法除去。下面就脱氧问题作简单介绍。至于除去二氧化碳和硫化氢气体在原理上和脱氧有相似之处。

化学除氧剂有 Na_2SO_3 和 N_2H_4 等，最常用的是亚硫酸钠（Na_2SO_3），它价格低廉处理方便，反应式如下：

$$2Na_2SO_3 + O_2 \longrightarrow 2Na_2SO_4 \qquad (2-19)$$

每除去 1mg/L 的氧需加 7.88mg/L 无结晶水的亚硫酸钠，投加时可适当有余量。水温低含氧少时，上述反应慢，可加催化剂 $CoSO_4$ 促进反应。

利用天然气对水进行逆流冲刷，来除去水中的氧，也是一项有效措施，其原理是：脱氧前水表面空气压力为 100kPa，空气中的氧约占 $4/5$，故氧在空气中的分压约为 20kPa，当天然气逆流冲刷时，它冲淡了空气中的氧，从而使得水表面氧的分压降低，水中的氧便从水中分离出来，被天然气带走，随后又冲淡又带走，最后把水中的氧除掉。把 1m^3 水中的氧气从 10mg/L 降到 1mg/L，大约用 0.5m^3 的天然气，脱氧后的天然气可以回收更新并可作为燃料。

真空脱氧，其原理是用抽空设备（蒸汽喷射器）把脱氧塔抽成真空，从而把塔内水中的氧气分离出来并被抽掉，如图 2-3(a) 所示。通过喷嘴的高速空气在喷射器内造成低压，使塔内水中的氧分离出来被蒸汽带走。为了使水中的氧气易于脱出，塔内装有许多小瓷环。真空脱氧的流程如图 2-3(b) 所示。

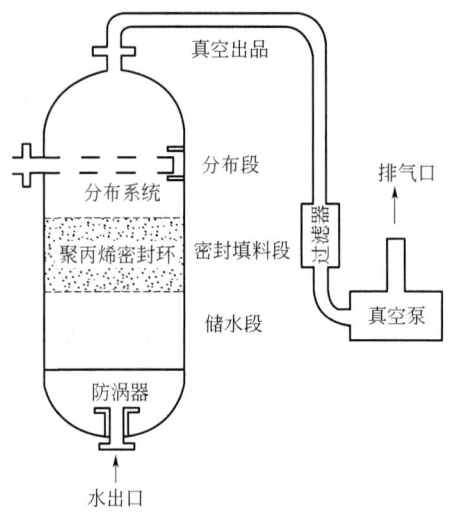

(a) 真空脱氧示意图

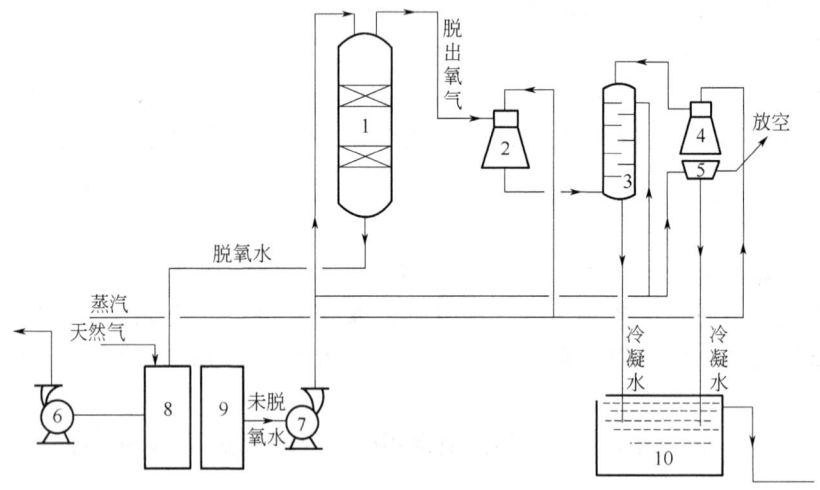

(b) 真空脱氧流程图

图 2-3 真空脱氧

1—脱氧塔；2——级喷射器；3—中间冷却；4—二级喷射器；5—消声器；6—外输泵；
7—脱氧泵；8—脱氧后储水池；9—原水储水池；10—水封槽

5）曝晒

当水源含有大量的过饱和碳酸氢盐（如碳酸氢钙、碳酸氢镁和碳酸氢亚铁等）时，因为它们的化学性质都不稳定，注入地层后由于温度升高便可能产生碳酸盐沉淀而堵塞地层。因此需预先进行曝晒处理，这样可以使碳酸盐沉淀下来。

2. 产出水处理工艺流程

伴随原油采出的油田污水，其成分非常复杂，有原始地层水的各种离子、地层岩石、黏土矿物颗粒及原油和沥青质等有机不溶物，还有大量的人工有害物质，如钻井液、修井液、压裂液、酸化液、调剖堵水、微生物、原油破乳剂、降黏剂、阻垢剂、杀菌剂等。这些可溶的和不可溶的、有机的和无机的、液体的和固体的、沉淀的和悬浮的物质与水构成了最为复杂的集合体——油田污水。其处理十分困难，成为当今污水处理研究的一个热门课题。

综观国内外油田污水处理技术发展状况，水处理方法按处理原理分物理法、化学法及物理化学处理法。其发展的趋势和方向主要是研制处理效率高、处理精度高、投资效益好的技术设备与化学药剂。

由于各油田或区块原水物理化学性质及油珠粒径分布不同，注水水质标准也不同，因此必须合理地对处理工艺进行选择，其原则及方法为：

(1) 对原水应进行物理化学性质分析、油珠粒径分布测试、小型试验及模拟试验；
(2) 污水处理工艺在满足注水水质标准的前提下应力求简单、管理方便、运行可靠；
(3) 对所采用的工艺必须进行经济技术比较，合理选定。

目前，由于油水水质差异较大，国内油田产出水处理工艺流程种类较多，现针对不同原水水质特点、净化处理要求，按照主要处理工艺过程，大致划分为三种：(1) 重力式除油、沉降、过滤流程；(2) 压力式聚结沉降分离、过滤流程；(3) 浮选式除油净化、过滤流程；另有开式生化流程用于排放处理。

1) 产出水基本处理流程

(1) 重力式流程。

自然（或斜板）除油—混凝沉降—压力（或重力）过滤流程如图2-4所示，20世纪七八十年代在国内各陆上油田较普遍采用。从脱水转油站送来的原水经自然收油初步沉降后，投加混凝剂进行混凝沉降，再经过缓冲、提升、压力过滤，滤后水再加杀菌剂，得到合格的净化水，外输用于回注。滤罐反冲洗排水用回收水泵均匀地加入原水中再进行处理。回收的油送回原油集输系统或者用作燃料。

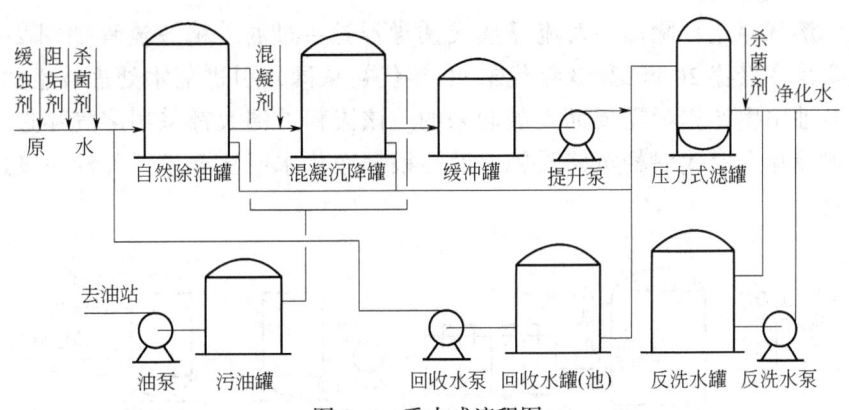

图2-4 重力式流程图

重力式流程处理效果良好，对原水含油量、水量变化波动适应性强，自然除油回收油品好，投加净化剂混凝沉降后净化效果好。但当处理规模较大时，压力滤罐数量较多、操作量大，处理工艺自动化程度稍低。当对净化水质要求较低，且处理规模较大时，可采用重力式单阀油罐提高处理能力。

(2) 压力式流程。

旋流（或立式除油罐）除油—聚结分离—压力沉降—压力过滤流程如图2-5所示，

该流程是20世纪80年代后期和90年代初才发展起来的,它加强了流程前段除油和后段过滤净化,脱水站送来的原水,若压力较高,可进旋流除油器;若压力适中,可进接收罐除油。为了提高沉降净化效果,在压力沉降之前增加一级聚结(也称粗粒化),使油珠粒径变大,易于沉降分离,或采用旋流除油后直接进入压力沉降。根据对净化水质的要求可设置一级过滤和二级过滤装置。

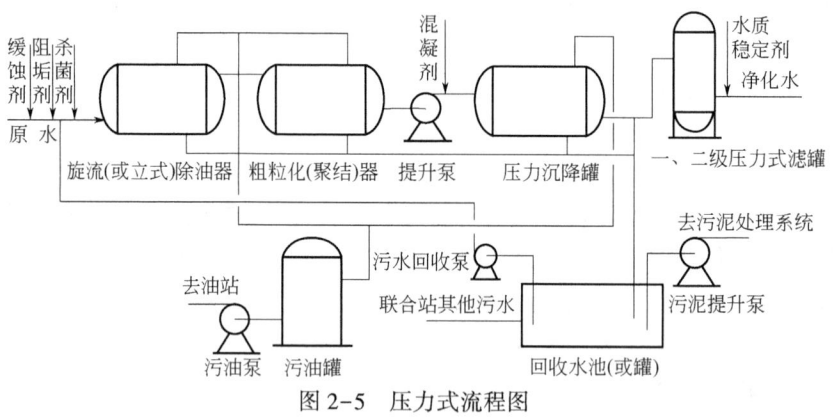

图 2-5 压力式流程图

压力式流程处理净化效率较高,效果好,污水在处理流程内停留时间较短,但适应水质、水量波动的能力稍低于重力式流程。旋流防油装置可高效去除原水所含小油珠,聚结分离可使原水中微细油珠聚结变大,缩短分离时间,提高处理效率。该流程系统机械化、自动化水平稍高于重力式流程,现场预制工作量大大降低,且可充分利用原水来水水压,减少系统二次提升。

(3) 浮选式流程。

接收(溶气浮选)除油—射流浮选或诱导浮选—过滤、精滤流程如图2-6所示,该流程主要是在借鉴20世纪80年代末90年代初从国外引进漏水处理技术的基础上,结合国内各油田生产实际需要而发展起来的。该流程首端大都采用溶气浮选,再用诱导浮选或射流浮选取代混凝沉降设施,后端根据净化水回注要求,可设一级过滤和精细过滤装置。

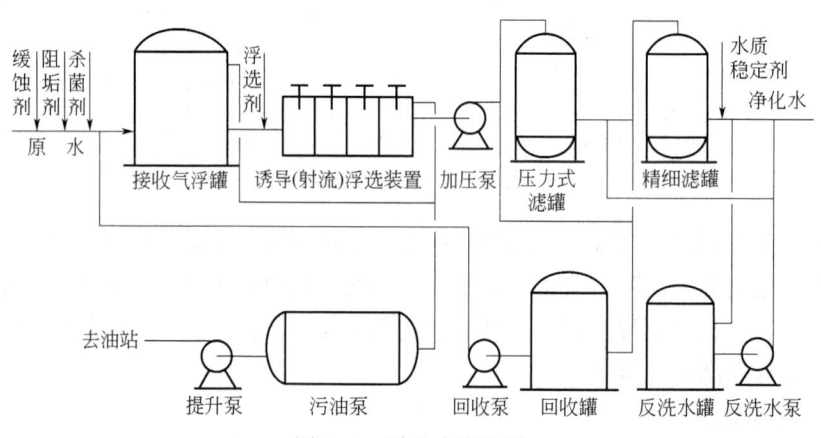

图 2-6 浮选式流程图

浮选式流程处理效率高，设备组装化、自动化程度高，现场预制工作量小，因此，广泛应用于海上采油平台，在陆上油田，尤其是稠油污水处理中也被较多应用。但该流程动力消耗大，维护工作量稍大。

(4) 开式生化流程。

隔油—浮选—生化降解—沉降—吸附过滤流程如图 2-7 所示，该流程是针对部分油田污水采出量较大、回用量不够大、必须处理达标外排而设计的。原水经过平流隔油池除油沉降，再经过溶气浮选池净化，然后进入曝气池、一级生物降解池、二级生物降解池和沉降池，最后经提升泵砂滤或吸附过滤达标外排。

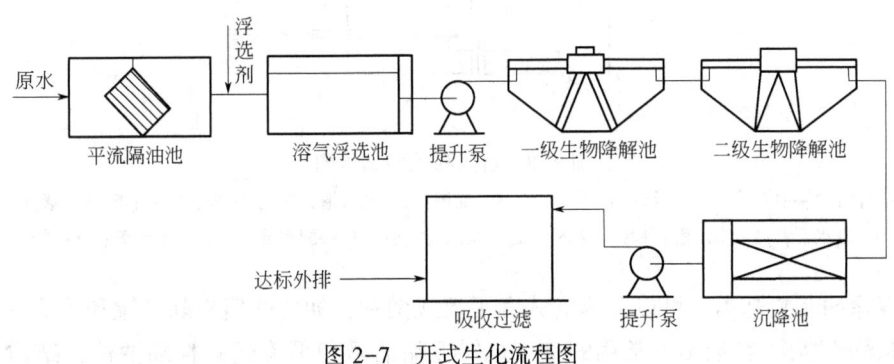

图 2-7　开式生化流程图

一般情况，通过上述开式生化流程净化，排放水质可以达到排放标准要求。对于少部分油田污水水温过高，若直接外排，将引起生态平衡的破坏。因此，尚需排放前进行淋水降温处理；对于少部分矿化度高的油田污水，有必要进行除盐软化，适当降低含盐量，以免引起水体盐碱化。

2) 除油

(1) 自然除油。

自然除油属于物理法除油范畴，是一种重力分离技术。重力分离法处理含油污水利用油和水的密度差使油上浮，达到油水分离的目的。这种理论忽略了进出配水口水流的不均匀性、油珠颗粒上浮中的絮凝等影响因素，认为油珠颗粒是在理想的状态下进行重力分离的，即假定过水断面上各点的水流速度相等，且油珠颗粒上浮时的水平分速度等于水流速度，油珠颗粒以等速上浮，油珠颗粒上浮到水面即被去除。

自然除油设施一般兼有调储功能，其油水分离效率不够高，通常工艺结构采用下向流设置。如图 2-8 所示，立式容器上部设收油构件，中上部设配水构件，中下部设集水构件，底部设排污构件。

(2) 斜板（管）除油。

斜板（管）除油是目前最常用的高效除油方法之一，它同样属于物理法除油范畴。斜板（管）除油的基本原理是"栈层沉淀"，又称"浅池理论"，通俗来讲，若将水深为 H 的除油设备分隔为 n 个水深为 H/n 的分离池，而当分离池的长度为原除油分离区长度的 $1/n$ 时，便可处理与原来的分离区同样的水量，并达到完全相同的效果。为了让浮升到斜板（管）上部的油珠便于流动和排除，把这些浅的分离池倾斜一定角度（通常为 45°~

60°），超过污油流动的休止角。这就形成了所谓的斜板（管）除油罐。

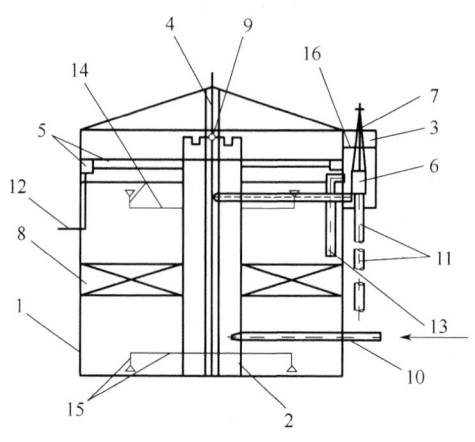

图 2-8　自然除油罐结构图

1—罐体；2—中心筒；3—水箱；4—中心柱；5—油槽；6—调节堰；7—调节杆；8—斜板；9—通气孔；
10—进水管；11—出水管；12—出油管；13—集水总干管；14—配水管；15—集水干管；16—挡板

斜板除油装置基本上可以分为立式和平流式两种，如立式斜板除油罐和平流式斜板除（隔）油罐（池）。在油田上常用的是立式斜板除油罐和平流式斜板隔油池，结构分别如图 2-9、图 2-10 所示。

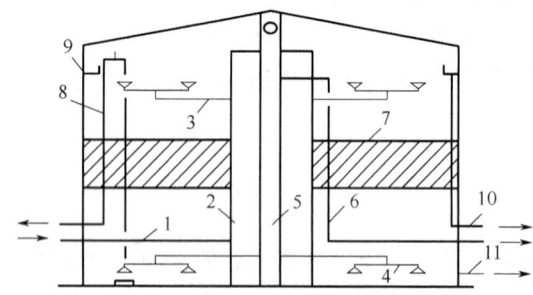

图 2-9　立式斜板除油罐结构图

1—进水管；2—中心反应管；3—配水管；4—集水管；
5—中心柱管；6—出水管；7—波纹斜板组；8—溢流
管；9—集油槽；10—出油管；11—排污管

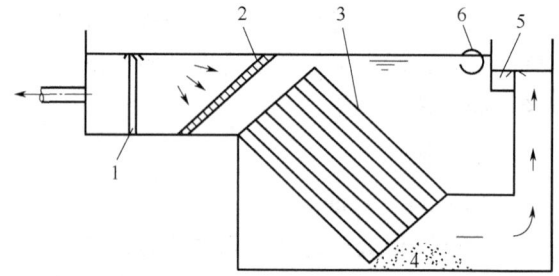

图 2-10　平流式斜板隔油池构造图

1—配水堰；2—布水棚；3—斜板；4—集泥区；
5—出水槽；6—集油管

(3) 粗粒化（聚结）除油。

所谓粗粒化，就是使含油污水通过一个装有填充物（也叫粗粒化材料）的装置，在污水流经填充物时，使油珠由小变大的过程。经过粗粒化后的污水，其含油量及油的性质并不变化，只是更容易用重力分离法将油除去。粗粒化的处理对象主要是水中的分散油，粗粒化除油是粗粒化及相应的沉降过程的总称。

单一的粗粒化除油装置一般为立式结构，下部配水，中部装填粗粒化材料，上部出水。组合式粗粒化除油装置一般为卧式，装置首端为配水部分，中部为粗粒化部分，中后部为斜板（管）分离部分，后部为集水部分。粗粒化除油装置工艺结构如图 2-11 所示。

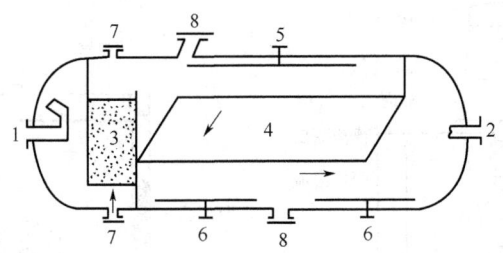

图 2-11 粗粒化除油装置工艺原理图

1—进水口；2—出水口；3—粗粒化段；4—蜂窝斜管；5—排油口；6—排污口；7—维修人孔；8—拆装斜管人孔

聚结分离器采用卧式压力聚结方式与斜板（管）除油装置结合除油。原水进入装置首端，通过多喇叭口均匀布水，水流横向流经三组斜交错聚结板，使油珠聚结，悬浮物颗粒增大，然后再横向上移，自斜板组上部均布，经斜板分离，油珠上浮集聚，固体悬浮物下沉集聚排除，净化水由斜板下方横向流入集水腔。高效聚结分离器工艺原理如图 2-12 所示。

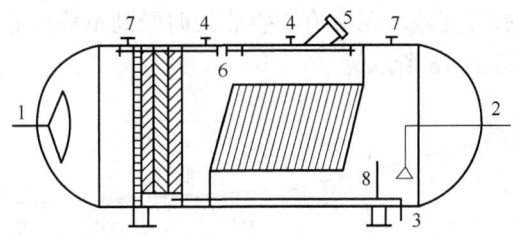

图 2-12 高效聚结分离器工艺原理图

1—进水口；2—出水口；3—排污口；4—污油口；5—进料口；6—蒸汽回水口；7—安全阀；8—出水挡板

（4）气浮除油（除悬浮物）。

气浮除油就是在含油污水中通入空气（或天然气）设法使水中产生微细气泡，有时还需加入浮选剂或混凝剂，使污水中颗粒为 $0.25 \sim 25 \mu m$ 的乳化油和分散油或水中悬浮颗粒黏附在气泡上，随气体一起上浮到水面并加以回收，从而达到含油污水除油除悬浮物的目的。

气浮除油（除悬浮物）装置，按照气体被引入的方式分为两大类，一种是溶解气浮选装置；另一种是分散气浮选装置，分别如图 2-13 至图 2-15 所示。

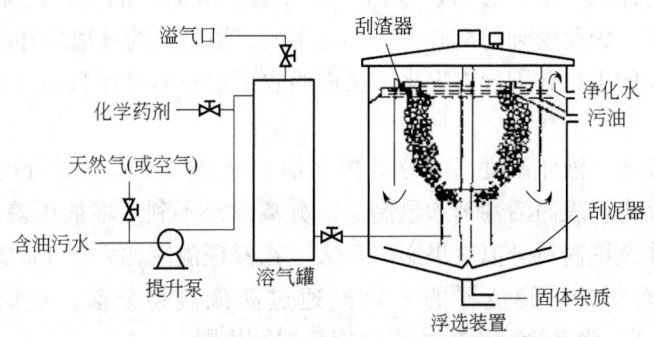

图 2-13 溶解气浮选装置工艺示意图

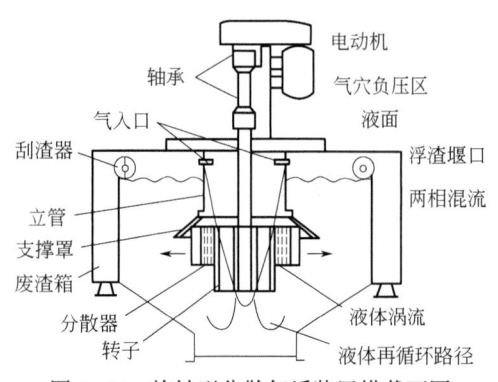
图 2-14 旋转型分散气浮装置横截面图

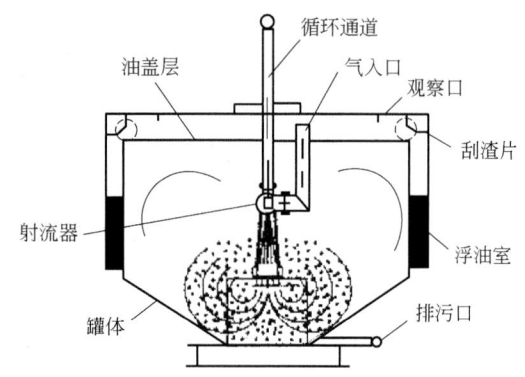
图 2-15 喷射型分散气浮选装置横截面图

生产实践证明，旋转型分散气浮选装置比喷射型分散气浮选装置能耗稍高，气耗也稍大。

（5）旋流除油。

水力旋流器利用油水密度差、在液流调整旋转时受到不等离心力的作用而实现油水分离，其基本工艺结构如图 2-16 所示。

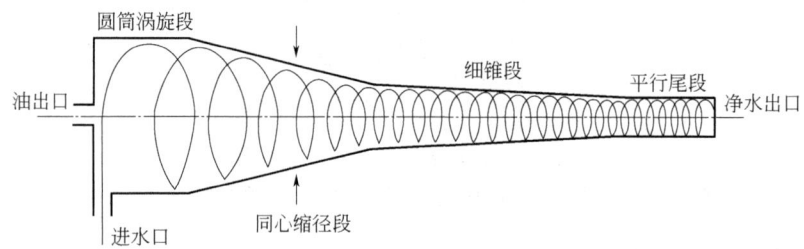
图 2-16 水力旋流器工作原理示意图

含油污水切向或螺旋向进入圆筒涡旋段，并沿旋流管轴向螺旋态流动。在同心缩径段，圆锥截面收缩，使流体增速，并促使已形成的螺旋流态向前流动，由于油、水的密度差，水沿着管壁旋流，而油珠移向中心。流体进入细锥段，截面不断缩小，流速继续增大，小油珠继续移到中心汇成油芯。流体进入平行尾段，由于流体恒速流动，对上段产生一定的回压，使低压油芯向溢流口排出。

高速旋转的物体能产生离心力。含悬浮物（或分散油）的水在高速旋转时，由于颗粒和水的质量不同，因此受到的离心力大小也不同，质量大的被甩到外围，质量小的则留在内围，通过不同的出口分别导引出来，从而回收了水中的悬浮颗粒（或分散油），并净化了水质。

水的相对密度大、液体温度高、分散相（油）液滴尺寸大、对分离效果有利；油的相对密度大、黏度高、表面活性剂含量高，对分离效果不利。增加压差，可提高处理量，便于调节，在操作范围内对分离效果影响不大。在保证溢液比大于1%情况下。增加溢流量对分离效果没有影响。旋流器的入口流速过高液滴易分裂，过低则离心力不足。图 2-17（彩图 2-1）为多管污水除油水力旋流器结构图。

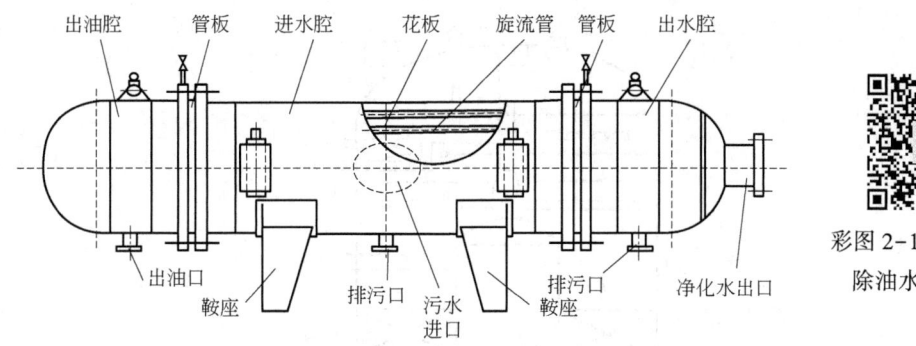

图 2-17 多管污水除油水力旋流器结构图

彩图 2-1 多管污水除油水力旋流器

3）混凝沉降

混凝含凝聚和絮凝过程。一般认为水中胶体失去稳定性，即脱稳的过程称为凝聚；而脱稳胶体中粒子及微小悬浮物聚集的过程称为絮凝。在实际生产应用中很难将凝聚和絮凝两者截然分开，只是在概念上可以这样理解。

油田含油污水处理中的混凝现象比较复杂，室内试验研究证实，不同的凝聚剂、絮凝剂组合，不同的水质条件，混凝作用机理也有所不同。一般说来，混凝剂对水中胶体颗粒的混凝作用有三种：电性中和、吸附桥架和卷扫作用。这三种作用以哪种为主，取决于混凝剂的种类和投加量、水中胶体粒子的性质和含量、水的 pH 值等因素。

经重力除油或其他除油设备初步净化后的污水加入混凝剂，通过进水管道混合后分别进入两种型式的中心反应筒。反应后形成矾花的污水经布水管进入混凝沉降罐沉降分离部分，对下向流沉降罐，采用上配水式，污水经多点配水喇叭口均匀分配至配水断面，污水在自上而下流动过程中，污油携带大部分悬浮物上浮至油层，经出油管流出。部分相对密度比较大的悬浮物下沉至罐底。因此，混凝沉降包括上浮除去油和悬浮物及下沉除去悬浮物，一般认为若污水中油是主要污染指标，固体悬浮物为次要污染指标，多采用下向流模式，这种罐也称混凝除油罐；若污水中主要污染指标是固体悬浮物，而油是次要污染指标，常采用上向流（也称逆向流）模式，通常称混凝沉降罐，其意义是以除固体悬浮物为主。

下向流混凝沉降罐与混凝除油罐的工艺构造基本一致。图 2-18 为上向流混凝沉降罐工艺结构示意图，图 2-19 为压力式混凝逆流沉降罐工艺结构示意图。

4）过滤

过滤是指水体流经有一定厚度（一般为 700mm 左右）且多孔的粒状物质的过滤床，这些粒状物过滤床通常由石英砂、无烟煤、磁铁矿、石榴石、铝矾土等组成，并由垫层支撑，杂质被截留在这些介质的孔隙里和介质上，从而使水得到进一步净化。过滤床不但能去除水中的悬浮物和胶体物质，而且还可以去除细菌、藻类、病毒、油类、铁和锰的氧化物、放射性颗粒、在预处理中加入的化学药品、重金属及很多其他物质。

采用过滤方式去除水中杂质，所包括的机理是很多的。国内外很多学者都做过这方面的研究，但由于出发角度不同，解释程度也就各有所异。从过滤性质来说，一般可以分为物理作用和化学作用。过滤机理可分为吸附、絮凝、沉淀和截留等几个方面。

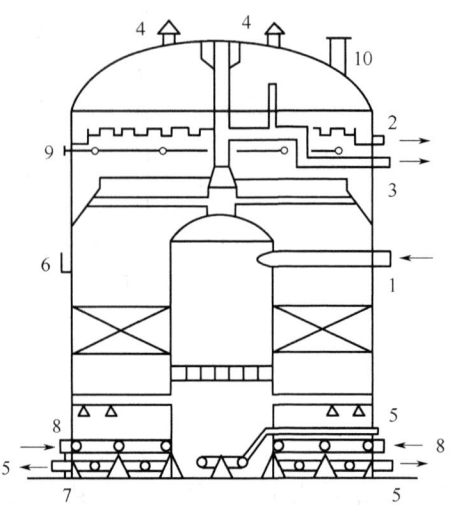

图 2-18 上向流混凝沉降罐工艺结构图

1—进水口；2—收油口；3—出水口；4—呼吸口；5—排污口；6—进料口；
7—人孔；8—冲洗口；9—蒸汽回水口；10—密封口

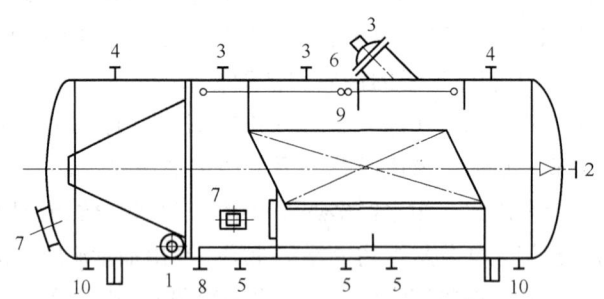

图 2-19 压力式混凝逆流沉降罐工艺结构图

1—进水口；2—出水口；3—收油口；4—安全口；5—排污口；6—进料口；
7—人孔；8—冲洗水口；9—蒸汽回水口；10—放空口

凡满足下列要求的固体颗粒，都可以作为滤料：（1）有足够的机械强度；（2）具有足够的化学稳定性；（3）能就地取材，货源充足，价格合理；（4）具有一定的颗粒级配和适当的孔隙度；（5）外形接近于球状，表面比较粗糙而有棱角。

垫层也称为承托层，一般只是配合管式大阻力配水系统使用的，但在油田污水处理中小阻力配水系统中也广泛采用。其作用有两个：（1）防止过滤时滤料从配水系统中流失；（2）冲洗过程中保证均匀布水。

在油田污水处理系统中，压力式滤罐被广泛采用，压力式滤罐和重力式滤池不同。重力式滤池水面和大气相通，是依靠滤层上的水深，以重力方式进行过滤的。压力式滤罐是密闭式圆柱形钢制容器，内部装滤料及进水和排水系统，罐外设置各种必要的管道和阀门等。它是在压力下工作的。进水直接用泵打入，滤后水压力较高，可送到用水装置或水塔中。在油田污水处理中，滤后水一般进入净化水罐，再用泵提升至离污水站距离较远的注水站。如果污水站与注水站合建，则滤后水可直接进入注水站储水罐中，这样可减少一次提升次数，可节省电力和降低造价。

压力式滤罐结构如图2-20所示。

压力式滤罐的内部，石英砂滤料粒径一般采用0.5~1.2mm，滤层厚度一般为0.7~0.8m，滤速为8~12m/h甚至更大。压力储罐的进、出水管上都装有压力表，两表的压力差值即过滤时的水头损失，终期允许水头损失值一般可达5~6m，有时可达10m。为提高冲洗效果和节省冲洗水量，可考虑用压缩空气助冲。压力式滤罐的上部应安装放气阀，底部应安装放空阀。压力式滤罐分为立式和卧式

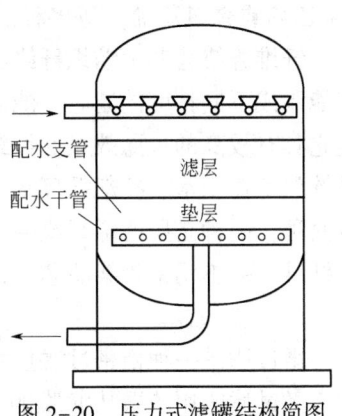

图2-20 压力式滤罐结构简图

两种，直径一般都不超过3m。卧式滤罐由于过滤断面不均匀，远没有立式滤罐应用广泛。在油田，压力式滤罐上部布水一般采用多点喇叭口上向布水，下部配水一般采用大阻力配水方式。压力式滤罐耗费钢材多，投资大，滤料进出不方便；但压力式滤罐可在工厂预制，现场安装方便、占地少，生产中运转管理方便，工业中采用较广。

5）深度净化

对于采取注水方式开发的低渗透、特低渗透油藏而言，为了满足注水水质要求，必须在常规污水处理工艺的基础上，对水质进行深度处理净化。水处理中常用的深度处理净化工艺有二级深度过滤、吸附、精细过滤、微过滤、超滤、电渗析、反渗透等；油田污水处理深度净化多采用二级深度过滤、吸附、精细过滤、微过滤、超滤等。这里只对吸附、精细过滤和微过滤作简要介绍。

（1）吸附。

吸附是用含有多孔的固体物质，使水中污染物被吸附在固体孔隙内而去除的方法，如除去水中余氯、胶体微粒、有机构、微生物等。常用的吸附剂有活性炭和大孔吸附树脂等。

活性炭是用木质、煤质、果壳（核）等含碳物质通过化学法活化或物理法活化制成的。它有非常多的微孔和巨大的比表面积，因而具有很强的物理吸附能力，能有效吸附水中的有机污染物。此外，在活化过程中活性炭表面的非结晶部位上形成一些含氧官能团，如羧基（—COOH）、羟基（—OH），这些基团使活性炭具有化学吸附和催化、氧化、还原的性能，能有效地去除水中的一些金属离子。

市售的活性炭有粉末活性炭、不定形颗粒活性炭、圆柱形活性炭、球形活性炭四种，工业常用的有木质不定形颗粒活性炭、果壳（核）、不定形颗粒活性炭或煤质颗粒活性炭。

（2）精细过滤。

精细过滤采用成型材料（如烧结滤芯、纤维缠绕滤芯等）来实现净化目的。精细过滤器可去除水中直径为1~5μm的颗粒，通常设置于污水处理站压力过滤器之后，对整个污水处理系统净化水质起把关作用。

烧结滤芯是由粉末材料通过烧结形成的微孔滤元，其滤芯材料有陶瓷、玻璃砂、塑料

（聚乙烯或聚氯乙烯）等多种。

纤维缠绕滤芯由纺织纤维粗砂精密缠绕在多孔管骨架上而制成，控制滤芯的缠绕密度就能制成不同精度的滤芯。滤芯的孔径外层大，越往中心越小，滤芯的这种深层网孔结构使它具有较高的过滤效果。纤维缠绕滤芯的用途非常广泛，在水处理中适用于自来水、食品饮料工业用水、冷却循环水、蒸汽冷凝水和油田注入水等的过滤。常用的纤维缠绕滤芯有两种，一种是聚丙烯纤维——聚丙烯骨架滤芯，最高使用温度为60℃；另一种是脱脂棉纤维——不锈钢骨架滤芯，最高使用温度为120℃。

（3）微过滤。

微过滤是一种精密过滤技术，其孔径范围一般为0.1~10μm，介于常规过滤和超滤之间。微过滤所用的微孔滤膜的孔结构属于筛型，所截留的微粒直径为0.1~10μm，如病毒、细菌、腺体等，操作压力一般小于0.3MPa。

微过滤所用的滤膜由天然或合成高分子材料所形成。它具有形态较整齐的多孔结构，孔径分布均匀。过滤时近似过筛的机理，使所有大直径的粒子全部拦截在滤膜表面上。压力的波动不会影响它的过滤效果。由于过滤只限于表面，因此便于观察、分析和研究截留物。膜过滤的介质薄、颗粒容纳量小，因此在使用时宜设置预过滤装置。

在油田水处理深度净化过程中所采用的过滤器有管式过滤器和折叠式过滤器等。

管式过滤器滤芯制作方便，可以多滤芯组装，过滤面积较小，适用于中等量的过滤。由不同滤膜制成的滤芯适合不同的用途，如纤维素酯类滤膜一般用于水质净化过滤，聚四氟乙烯滤膜制成的滤芯可用于酸、碱、溶剂和各种气体的去除微粒和细菌。

折叠式过滤器的滤芯结构如图2-21、彩图2-2所示。折叠式过滤器体积小，过滤面积大，适用于大容量的过滤，它是工业用水处理中可以用于处理工序中的设备，如石油工业、电子工业、制药工业、食品工业等的水质深度净化过滤。

彩图2-2　折叠式过滤器的滤芯

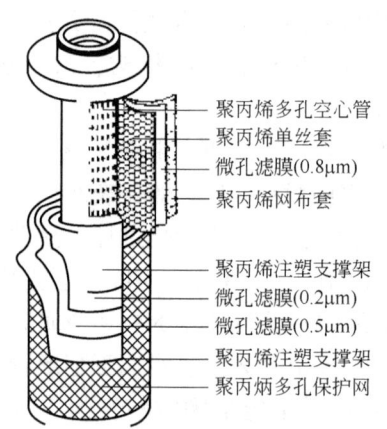

图2-21　折叠式过滤器的滤芯结构图

6）污水回收

污水处理站的污水回收设施主要承接站外作业废水、油站洗盐水、联合站自流排水和污水站内净化、过滤、污泥处理设施排水等。

污水回收工艺流程是整个含油污水处理工艺流程组成部分。图2-22为常用的工艺流程之一。污水处理站内站外各种污水自流或借助余压进入回收水池（罐）。废水在回收水池中停留一定时间，较大的泥沙颗粒沉入池底，然后用回收水泵将池中的污水抽送到污水处理流程首端，再进行除油沉降分离处理，从而达到回收的目的。池内的污油一般和污水一起被泵抽走，而池底的沉积物定时输送到污泥处理系统。

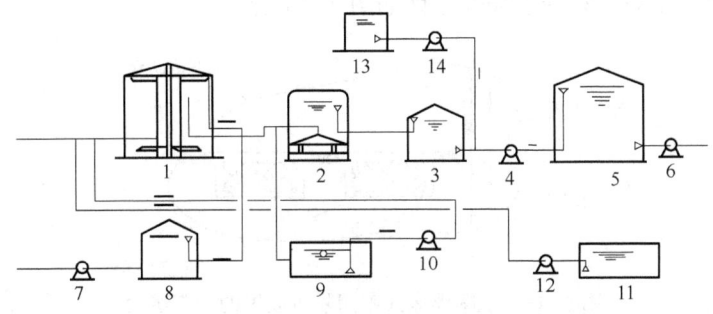

图 2-22 污水回收流程图

1—除油罐；2—单阀过滤罐；3—缓冲水罐；4—输水泵；5—注水罐；6—高压注水泵；7—输油泵；8—污油罐；
9—污水回收池；10—回收水泵；11—混凝剂溶药池；12—加药泵；13—杀菌剂溶药罐；14—加杀菌剂泵

7) 密闭隔氧

氧是含油污水处理系统中重要的腐蚀因素之一，特别是总矿化度大于 5000mg/L 且含有 H_2S 气体时，随着污水中含氧量的增加，腐蚀速度递增幅度更为惊人，水中有微量的溶解氧也会造成严重的腐蚀。

由于溶解氧的危害很大，国外规定注入高矿化度水时其含量为 0.02~0.05mg/L，我国 2012 年制订的《碎屑岩油藏注水水质指标及分析方法》(SY/T 5329—2012) 也规定总矿化度大于 5000mg/L 的注入水溶解氧含量最好是小于等于 0.05mg/L，不能超过 0.10mg/L。由于原水中溶解氧含量一般都可达标，因此污水站都采取密闭措施达到控制溶解氧的目的。

密闭隔氧的方式主要有天然气密闭隔氧、浮床式密闭隔氧、薄膜囊式密闭隔氧、氮气密闭隔氧、柴油密闭隔氧等，目前在技术上较成熟并且应用较多的是天然气密闭隔氧、浮床式密闭隔氧、薄膜囊式密闭隔氧。

(1) 天然气密闭隔氧。

天然气密闭隔氧是指污水处理站各种重力式常压钢罐罐顶密封，再通入一定压力的天然气并设排气口，随着液位的上下波动天然气进入或排出，从而防止空气进入系统。天然气密闭技术主要是合理选择、设计、计算调压方式，采取必要的安全措施。

天然气密闭隔氧不是简单地在容器内液面以上空间通入天然气，而要求在处理过程中天然气隔层压力在一定范围内变化，不致出现因负压过大时钢罐压扁、正压过大时钢罐压裂运行事故。这就要求有一套完善的天然气调压系统。目前调压系统有两类：一类是气源充足时用调压阀调压；另一类是用低压气柜调压。

(2) 浮床式密闭隔氧。

浮床式密闭隔氧装置是针对敞开式储水罐控制溶解氧上升的问题而发明的实用新型专利，专利号为 ZL972316760。

基本型浮床式水罐密闭隔氧装置采用两层具有长期防水性能的防水布制成条状密闭口

袋，在口袋内充填低密度浮板，并在水罐内液面上形成一个连续覆盖整个水面的圆形浮床。浮床边缘预留适量过盈量，并采用柔性材料搭接密封，使水面与空气全部隔绝。浮床随罐内水面的升降而同步波动，保证水中的溶解氧含量不再上升，从而达到在水罐中隔氧的目的。

水罐浮床式密闭隔氧装置的局部截面如图 2-23 所示。

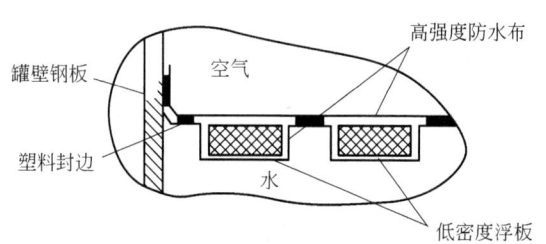

图 2-23　水罐浮床式密闭隔氧装置的局部截面

（3）薄膜囊式密闭隔氧。

薄膜囊式密闭隔氧技术也是近年来研制成功的一种密闭隔氧新技术，其基本原理就是在水罐内安装一个具有隔氧作用的高分子密闭隔氧膜，使水和大气隔开，阻止氧的溶入，从而达到密闭隔氧的目的。隔氧膜自罐壁中下部周边生根紧固，圆柱体直径略小于罐直径，膜顶近似罐顶结构，在圆柱体和罐壁之间充入适量清水，进行水封。膜顶设浮动引线，自膜顶引出送入控制柜。为防止停产检修时损坏隔膜，在罐壁周边生根高度下适当位置设置隔膜支撑网格。网格采用角钢和圆钢焊制，并进行防腐处理。薄膜囊式密闭隔氧装置示意图如图 2-24 所示。

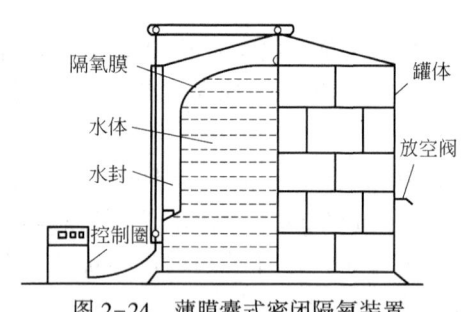

图 2-24　薄膜囊式密闭隔氧装置

薄膜囊式密闭隔氧装置的主要特点是：没有能源消耗；无损耗件和耗能介质；无易燃易爆材质和介质，运行安全平稳；设备简易，无需专人管理，可实现自动化操作；隔氧性能好，运行费用低；对隔氧膜要求严格，即隔氧膜必须具有良好的防水性，抗酸、碱、盐腐蚀，良好的韧性，较高的机械强度和均匀的加工厚度，耐油溶胀、耐温、抗老化，经济实用。

三、油田水处理剂

1. 阻垢剂

阻垢剂是一些化学药品的通称，把这些化学药品加入通常能结垢的水中就可以防止结垢。目前在油田水处理中常用的阻垢剂有无机聚磷酸盐、含磷有机缓蚀阻垢剂、低分子量聚合物和天然阻垢剂等，下面仅介绍后三种阻垢剂。

1）含磷有机缓蚀阻垢剂

含磷有机缓蚀阻垢剂和无机聚磷酸盐相比较，它们的化学稳定性好，不易水解和降解。另外，它们缓蚀阻垢的效果也比无机聚磷酸盐好，因此使用的剂量也比无机聚磷酸盐低。当它们和低分子量的聚电解质（如聚丙烯酸、聚磷酸盐等）复合使用时，会产生药剂的协同效应，从而使药剂的缓蚀阻垢效果有所提高。

水系统中经常使用的含磷有机缓蚀阻垢剂，一般有两大类，一类是有机磷酸酯，另一类是有机磷酸盐。

有机磷酸酯作为缓蚀阻垢剂的作用机理，目前还不十分清楚。有人认为有机磷酸酯对于铁金属是一种阳极腐蚀抑制剂，对铁金属的表面能产生一种化学吸附，它们所带的烷基覆盖在金属表面组成了一种化学吸附膜，从而阻止了水中的溶解氧向金属表面的扩散，保护了金属，起到了缓蚀作用。还有人认为主要是它们破坏钙垢晶体正常生长引起了晶格畸变所致。

除此之外，有机多元膦酸是一类20世纪60年代后期陆续被开发、70年代前后被确立的水处理药剂。它们的出现曾使水处理技术向前迈进了一大步，使得水处理工艺也有较大程度的发展。

在水处理方面和无机聚磷酸盐相比，有机多元膦酸具有良好的化学稳定性，不易水解和降解，能耐较高温度，药剂用量小，并兼具缓蚀和阻垢效果等特点。

从缓蚀机理来考虑，含磷有机缓蚀阻垢剂是一类阴极型缓蚀剂，但从阻垢机理来考虑，它们又是一类非化学当量阻垢剂，具有明显的溶限效应（threshold effect），当它们和其他水处理药剂复合使用时，又表现出理想的协同效应。

它们对许多金属离子（如 Ca^{2+}、Mg^{2+}、Cu^{2+}、Zn^{2+} 等）具有优异的螯合能力，甚至对这些金属的无机盐（如 $CuSO_4$、$CaCO_3$ 和 $MgSiO_3$ 等）也有较好的活化作用，因此至今在国内外仍被大量应用于水处理。

2）低分子量聚合物

这类低分子量的聚羧酸，分子量常小于 10^4，也有高达 10^7 的，但无论分子量高的还是低的聚羧酸，在现场使用时通常都只要几毫克/升就能使结垢情况得到较好的控制。当它们和其他的缓蚀剂（如 EDTMP 或 HEDP 等）复合使用时，缓蚀或阻垢效果都会因协同效应得到提高。同时它们能使热交换器壁的垢层从硬垢或极硬垢转变成软垢或极软垢，从而易于在水流的冲刷下离开热交换器表面，甚至它们能使热交换器表面上原有的垢层，在一定的周期内发生剥落。

这种阻垢剂阻垢性能良好，由于它们是具有溶限效应的药剂，用药剂量低，同时对哺乳动物和水生物毒性很低，加上它们本身是生物降解的，几乎没有排放的公害污染问题。由于它们具有以上优点，因此，我国各大化肥厂和石油化工厂几乎没有例外地都应用它们作为有效的阻垢手段。

目前这类阻垢剂，如聚丙烯酸、聚丙烯酰胺、水解聚马来酸酐，在我国都已能大量生产和供应。

3）天然阻垢剂

天然阻垢剂是加工后的天然产物，是较早被开发的一类阻垢剂。尽管在缓蚀或消垢效果方面可能不如目前国外大量应用的聚丙烯酸和有机磷酸盐等，但它们也有其特点，如来源方便、价格低廉、没有公害污染等，所以在一定的场合下还有一些工厂用天然阻垢剂作为水处理的阻垢缓蚀剂。

这类阻垢剂包括淀粉、丹宁、木质素等。

(1) 淀粉。

常用于水处理的淀粉有马铃薯和玉米淀粉等。从结构上分析，淀粉由葡萄糖结构组成，一般含有 200~10000 个葡萄糖单位，分子量可到百万。淀粉能水解为一系列中间产物，但最后都能得到葡萄糖。有人认为它们能起到阻垢作用的机理是它和钙离子的相互作用而干扰了碳酸钙晶格的正常生长，从而使碳酸钙垢以微粒状分散在水质中。

(2) 丹宁。

丹宁是存在于多种植物及果实中（可以从槲树、五倍子等植物中提取加工）的天然产物。丹宁的结构比较复杂，一般以分子式 $C_{17}H_{32}O_{46}$ 来表示，分子量在 1700 左右。它也是人们很早就开发用于水处理的缓蚀阻垢剂，它对碳酸钙的作用有较好的稳定性能，因此不仅用于冷却水处理，还用于蒸汽发生器的水处理。

丹宁为浅白色或淡棕色的无定形粉末，210~215℃分解，在 100g 水中的溶解度为 300g，对乙醇、丙酮等也能溶解，但不溶或微溶于苯、甲苯类非极性溶剂。

丹宁是一种多元酚，它的分子结构中含有大量羟基和羧基，因此它具有和多种金属离子螯合的作用，如与 Fe^{2+}、Ca^{2+}、Mg^{2+} 等离子发生螯合，生成这些离子的螯合物，从而减少了硫酸钙在热交换器的沉积，起到较好的分散作用。同时它还具有其他的理想性质，例如丹宁在钢材表面能与铁离子或氧化铁反应生成一种表面化合物——保护膜，该保护膜是由丹宁分子和三价铁离子构成的网状结构，并且还含有 $\gamma\text{-}Fe_2O_3$ 结构，因此能抑制铁离子的腐蚀。

此外丹宁对硫酸盐还原菌还有杀菌作用，从而减少钢材的阴极极化作用进而保护钢材。丹宁在一定意义上来讲，同时兼有阻垢、缓蚀、杀菌的作用，因此直到目前，国内外仍有推荐使用丹宁、糖质酸（如葡萄糖酸钠）及锌盐的混合抑制剂，用于密闭冷却水循环系统。

使用丹宁作为水处理药剂，推荐的 pH 值范围是 6~8，使用的浓度为 50mg/L 左右。

(3) 木质素。

木质素也是存在于植物纤维中的一种芳香族高分子化合物，其组成和性质都较复杂。有人推测它含有羟基、甲氧基、醛基及羧基等，这些基团都能和钙离子、镁离子和铁离子进行络合而生成较稳定的络合物，从而减少水中的钙离子、镁离子。仅这一点就能降低 $CaCO_3$ 在器壁的沉积，使原来要沉积在器壁上的 $CaCO_3$ 垢层分散在水中。这种对碳酸钙沉积的分散作用，尤以采用木质素磺酸钠为较好，它是造纸工业的副产物，它的溶解度更大，分散效果也较木质素好，还有结合三废利用的优点，因此目前也还有些工厂用木质素磺酸钠为循环冷却水系统的阻垢剂。

2. 缓蚀剂

缓蚀剂种类繁多，作用机理多样，制备方式复杂，国内外尚无对缓蚀剂统一的分类标准。通常可以从化学组成、电化学机理、作用机理等方面对缓蚀剂进行分类。

1）按照化学组成分类

（1）有机类缓蚀剂，可以凭借物理或化学吸附在金属表面上形成一层不渗透的保护膜，从而阻止腐蚀介质对金属的腐蚀，达到减缓腐蚀速率的目的。有机类缓蚀剂通常由 N、S、P 等元素组成，如胺类、肉桂醛类、氮杂环季胺类、松香类、咪唑啉及其衍生物等。

（2）无机类缓蚀剂，通过化学反应在金属表面形成一层保护性氧化层，通过氧化层隔绝腐蚀介质，减缓腐蚀速率。常见的无机类缓蚀剂有硅酸盐、铬酸盐、亚硝酸盐、钼酸盐、聚磷酸盐、硼酸盐等。

2）按照电化学机理分类

（1）阴极型缓蚀剂，又称安全缓蚀剂，通过对金属反应中的阴极反应进行有效抑制，使腐蚀电位向负方向发生移动。即使它的用量不足、缓释效果变差也不会使得金属腐蚀速率加剧。常见的阴极型缓蚀剂主要包括聚磷酸盐、酸式碳酸钙、砷离子类、硫酸锌类等。

（2）阳极型缓蚀剂，和阴极型缓蚀剂的作用机理相似，通过抑制金属反应中的阳极反应，使腐蚀电位向正方向发生移动。与阴极反应不同的是，如果它的用量不足，则会出现大阴极小阳极的现象，此现象会进一步提高金属腐蚀速率。常用的阳极缓蚀剂有硝酸盐、磷酸盐、铬酸盐、硅酸盐等。

（3）混合型缓蚀剂，顾名思义是指既可以对阴极反应又可以对阳极反应进行有效抑制的缓蚀剂，对阴阳两极同时的抑制作用导致电位不发生向任何一方的倾向。咪唑、吡啶、硫脲及其衍生物等是主要的混合型缓蚀剂。

3）按照缓蚀剂的作用机理分类

（1）吸附膜型缓蚀剂多为有机型缓蚀剂，化学组成中含有 N、S 等极性原子，以此类原子为中心形成的化学键能够在金属表面吸附，从而阻止腐蚀物质对金属的侵蚀，达到减缓腐蚀速率的目的。根据吸附机理又可将吸附膜型缓蚀剂细分为物理吸附和化学吸附两类。

（2）钝化膜型缓蚀剂，又称为氧化膜型缓蚀剂，通过在金属表面直接或间接地形成一层致密的金属氧化膜，从而隔绝腐蚀介质和金属以保护金属。氧化膜型缓蚀剂的作用范围有限，仅能对能够产生钝化的金属起保护作用。

（3）沉淀膜型缓蚀剂，主要是通过介质中的相关离子与缓蚀剂产生化学反应，在金属表面形成沉淀膜，通过该膜隔绝腐蚀介质，对腐蚀产生抑制作用。与钝化型缓蚀剂相比，虽然沉淀膜的厚度比钝化膜更厚，但是其吸附力与致密性远不如氧化型缓蚀剂，致使其缓释效果不佳。

3. 微生物化学药剂

防止细菌的化学药剂种类繁多，用途广泛，从功能上分有杀菌剂、抑菌剂、灭生剂、抑生剂等。面对细菌决定使用杀菌剂还是抑菌剂，细菌的抗药性、药剂的水溶性、杀菌时间和加药方法都是需要考虑的因素。下面重点介绍油田常用的氧化型杀菌剂和非氧化型杀菌剂。

1) 油田常用的氧化型杀菌剂

通过氧化机理杀菌的化学药剂称为氧化型杀菌剂。这类杀菌剂在水中能分解出新生态氧[O]，通过强烈的氧化作用，破坏细胞的原生质结构或氧化细胞结构中的一些活性基团而起到杀菌作用。一般用较强的氧化剂，利用它们所产生的次氯酸、原子态氧等，使微生物体内一些与代谢有密切关系的酶发生氧化作用而杀灭微生物，如氯、次氯酸盐、二氧化氯、臭氧、过氧化氢等，用得较广泛的是氯气、漂粉精和二氧化氯。

(1) 氯气。

在氧化型杀菌剂中，氯气是我国各油田早期注水常用的杀菌剂。这种杀菌剂通常具有来源丰富、价格便宜、使用方便、作用快、杀菌致死时间短、可清除管壁附着的菌落、防止垢下腐蚀、污染较小等优点。但药效维持时间短；在碱性和高pH值时，用量大，且易与水中的氨生成毒性很大的氯氨，造成严重的环境污染，目前已很少采用。

(2) 次氯酸钠。

次氯酸钠成熔融状态，是一种不稳定的化合物，其有效氯含量一般需在使用时测定。

次氯酸钠可用次氯酸钠电解发生装置在现场制取直接使用。次氯酸钠投加方式可根据处理水量及水处理工艺等情况选定。

(3) 二氧化氯。

二氧化氯是性能介于氯和臭氧之间的氧化剂、消毒剂。它的杀菌能力较氯气强，剩余量更稳定，并能有效地控制水的色度、臭味。此外，二氧化氯与水中有机物不产生或产生少量的氯化有机物。因此，二氧化氯杀菌消毒在欧洲、美国的水厂中的应用逐年提高，有取代氯气杀菌消毒的趋势。

二氧化氯是一种广谱型的消毒剂，它对水中的病原微生物，包括病毒、芽孢、配水管网中的异养菌、硫酸盐还原菌及真菌等均有很高的杀灭作用。

二氧化氯对水处理系统中的沉淀、澄清、过滤设备及配水管网中的藻类异养菌、铁细菌、硫酸盐及还原菌等，都有较好的去除杀灭效果，投加二氧化氯将有利于水处理设施的运行和维护。

(4) 臭氧。

臭氧具有不稳定性和很强的氧化能力。臭氧是由一个氧分子携带一个氧原子[O]组成的，是一种暂存的状态。臭氧与人们常用的几种消毒物质还原电位的比较如下：

① 臭氧易分解，不稳定参比状态下臭氧的半衰期为22~25min，1h的衰退率为61%，在1%的臭氧水溶液中半衰期为16min，且温度越高，湿度越大，半衰期越短。

② 臭氧灭菌的过程属于生物化学反应，臭氧灭菌有以下三种形式：

a. 氧化分解细菌内部氧化葡萄糖、氧化酶。

b. 直接与细菌、病毒发生作用，破坏其细胞壁DNA和RNA，分解蛋白质、脂质类和多糖等大分子聚合物，使细菌的物质代谢和繁殖过程遭到破坏。

c. 渗透细胞膜组织，侵入细胞膜内作用于外膜脂蛋白和内部的脂多糖，使细胞发生通透性畸变，导致细胞溶解死亡，并且使死亡菌体内的遗传基因、寄生菌种、寄生病毒粒子、噬菌体、支原体及热原（细菌病毒代谢产物、内毒素）等溶解变性灭亡。臭氧灭菌属于溶菌灭菌，是灭菌方式中最彻底的形式。既然臭氧能杀死病毒、细菌，那么会不会也把健康的细胞杀死呢？不会，因为健康细胞具有很强的平衡酶系统，因而臭氧对健康细胞无害。

③ 臭氧灭菌具有广谱性、高效性、环保性、操作方便、使用经济和性能稳定、寿命长等特点。

除此之外，还可以加入氯铵、溴及高铁酸钾等杀菌。

2) 油田常用的国产非氧化型杀菌剂

非氧化型杀菌剂种类繁多，下面只举例介绍十二烷基二甲基苄基氯化铵、D-560 油田专用杀菌剂、NL-4 杀菌剂、SQ 杀菌剂。

(1) 十二烷基二甲基苄基氯化铵。

别名：洁尔灭，1227。

物化性质：淡黄色蜡状物。微溶于乙醇，易溶于水，水溶液呈弱碱性。嗅芳香，味极苦，振摇时产生大量泡沫。长期暴露于空气中易吸潮。静止储存时，有鱼眼状结晶析出。其性质稳定、耐光、耐压、耐热、无挥发性。可用于杀死水系统控制积累污垢和垢下滋生硫酸盐还原菌。通常用量为 100mg/L（含量 44%）以上。

制法：取十二烷基二甲铵 213 份，在 100~110℃ 温度下投加氯化苄 126.5 份，在 120℃ 下加热 2h 可得到淡黄色黏稠液体，然后冷却成固体。

毒性：毒性小，无积累性毒性，对皮肤和黏膜的刺激性很小，有轻微脱脂作用。在水处理范围内对人体无害。

(2) D-560 油田专用杀菌剂。

主要成分：聚烯烃基卡巴嘧啶。

物化性质：聚烯烃基卡巴嘧啶是一种高分子聚合物，是无色无味的透明液体，是目前国际上最安全的杀菌剂。其 pH 值范围为 6.5~7.5，含量不小于 10%，具有高效、广谱、水溶性好、使用方便等优点。抑菌时间较长（大于 96h），对菌胶团有解体作用。杀生率不受水中有机物及氨的影响。一般使用浓度为 10~30mg/L。对水系统异养菌、铁细菌、硫酸盐还原菌均有很强的杀灭及抑制作用。特别适用于油田污水处理及回注系统中抑制或杀灭细菌。

制法：由聚烯烃基卡巴嘧啶、稳定剂、活性剂复合而成。

毒性：小白鼠经口半数致死量 LD50≥5000mg/kg，属实际无毒，对皮肤和黏膜无刺激性。

(3) NL-4 杀菌剂。

主要成分：2,2′-二羟基-5,5′-二氯苯甲烷。

物化性质：红棕色至深棕色液体。相对密度为 1.11~1.16，pH 值范围 13~14。2,2′-二羟基-5,5′-二氯苯甲烷含量不小于 29%。对水系统异养菌、铁细菌、硫酸盐还原菌均有很强的杀灭及抑制作用。

制法：以对氯酚和甲醛为原料，在浓硫酸的催化下，进行缩合反应而制得。

毒性：小白鼠经口 LD50 为 1250mg/kg。

(4) SQ 杀菌剂。

主要成分：1227 和二硫氰基甲烷。

物化性质：橙黄色液体。相对密度为0.97，pH值为5，凝固点为-14℃以下。具有高效、广谱、水溶性好、使用方便等优点。抑菌时间较长（大于24h），对菌胶团有解体作用。一般使用浓度为80~100mg/L。

第三节 油田注水过程中的油层伤害机理及油层保护

一、注入水对油层的伤害机理

油气井生产或注入井能力显著下降现象的原因及其作用的物理、化学、生物变化过程称为油层伤害机理。通常所说的油层伤害，其实质就是储层孔隙结构变化引起的渗透率下降。外来固相侵入、水敏性伤害、酸敏性伤害、碱敏性伤害、微粒运移、结垢、细菌堵塞和盈利面等伤害等都改变渗流空间，引起相对渗透率下降的因素包括水锁、贾敏、润湿反转和乳化堵塞。注水过程中，由于注入水进入油层，必然与油层的敏感性矿物和油藏流体接触，引发各种伤害。

1. 注水过程开发的地层伤害

1）水侵、水锥引起的地层伤害

注水开发过程中，水驱油藏通常存在三种油水界面：最低（原始）油水界面，在此深度以下无油产出；生产油水界面，在此深度以下开采没有工业价值；最高油水界面，在此深度以下产含水油，此深度随生产而上升。由此可见在水驱油气藏中预防水侵的重要性。水侵主要是因为水指进导致水侵油层现象复杂。因为水在高渗透层中运动较快，这些层的油气一般首先采完。这种水指进现象对开采速度是敏感的，伤害主要机理是降低油的相对渗透率。

水锥常发生在没有遮挡层且具有裂缝或固井质量不佳的油气井中，由于水在生产层中跨越层里面做垂直向上运动而形成。在垂直裂缝发育的碳酸盐岩油气藏中，可以形成严重的水锥。高速采油也可以加重水锥的形成。

2）水敏、水堵引起的地层伤害

因水指进和水锥现象而导致在微观上发生水堵、乳化液堵等地层伤害现象，然而水堵不同于水锥和指进，水堵后水油比先增后降，水油形成乳状液，它的黏度增加，流动阻力变大，并且容易堵塞孔道，造成严重地层伤害。已经了解到，油气层岩石油湿后可以造成严重的水堵或乳化液堵塞；砂岩油井更容易遭受油湿、乳化液堵及水堵引起的伤害；一切含阳离子表面活性剂滤液、防腐剂、杀菌剂、破乳剂、含沥青油基液都会造成严重的水堵和乳化液伤害。

3）水垢引起的地层伤害

水垢可沉积在射孔眼、地层孔隙和裂缝中，引起地层伤害，造成油气产量损失。

水垢沉积受以下几种因素的控制：离子浓度、pH 值或水的碱度、总含盐量、溶解度、温度、压力、接触时间和搅动程度等。

4）其他杂质引起的地层伤害

油田地下水回注油层时常因水有黏土、烃类、机械杂质等杂质堵塞注水井地层。若注入水中含有细菌，细菌分解产物也能引起注水地层堵塞。另外，在注水过程中，由于注入水与储层不配伍，经常会出现地层黏土膨胀、分散、运移和出砂问题，导致地层伤害。

2. 注水过程中油层堵塞机理

注水引起油层堵塞的原因主要是注入水与油层岩石及流体不配伍或配伍性不好，主要体现在以下几个方面。

（1）注入水与油层水不配伍：主要指注水过程中，注入水压力及温度变化或注入水与油层水直接接触后，由于富含成垢离子而生成沉淀物，如 $CaCO_3$、$CaSO_4$、$BaSO_4$、$SrSO_4$。

（2）注入水与油层岩石矿物不配伍：由于注入水矿化度或 pH 值与油层水不同，容易造成水敏（盐敏）伤害，引起油层中敏感性黏土矿物（如蒙脱石、伊蒙混层）膨胀（收缩）、分散（剥脱）与运移而堵塞油层，从而导致油层渗透率下降。

（3）注入水中悬浮物造成的油层堵塞：注入水中所含悬浮物主要包括悬浮固相颗粒、油及其乳化物、系统腐蚀产物、细菌及其衍生物，其中悬浮固相颗粒和乳化油影响最大。注水系统中的腐蚀性介质主要来源于注入水中的溶解气（如溶解氧、H_2S 和 CO_2）及细菌对金属的腐蚀产物，通过对系统腐蚀的控制和杀菌处理，由腐蚀产物和细菌引起的堵塞可以得到很好的控制。

（4）注入条件变化：

① 流速的影响。低注入速度有利于细菌的生长和垢的形成；高注入速度将加剧腐蚀反应；高渗流速度加剧微粒的脱落和运移，引起速敏伤害。

② 温度变化的影响。在注水过程中，随着油层温度逐渐下降，流体黏度上升，渗流阻力增加，岩石水润湿性减小，油润湿性上升，吸水能力下降；温度变化导致沉淀生成，温度上升有利于吸热沉淀生成，温度下降有利于放热沉淀生成；温度变化导致油层孔喉变温应力敏感，且降低温度将导致蜡的析出。

③ 压力变化的影响。压力变化会导致应力敏感（特别是双重介质油藏）和油层结构伤害及沉淀的析出。

3. 注水过程中系统的腐蚀机理

注水的腐蚀危害是众所周知的，影响腐蚀的因素很多，包括各种溶解气体如 O_2、H_2S、CO_2，另外还有温度、pH 值、氯离子（Cl^-）和矿化度等，参见本章第一节。

二、注水过程中的油层保护

在油气田开发过程中，钻井、完井、采油、增采及修井等作业中都会打破地层原有的平衡，从而造成地层伤害。地层伤害不仅伤害油气资源，而且对石油天然气工业来说是一个非常复杂的问题。大量的生产实践证明地层伤害将导致油井产量及产能下降，井下作业生产成本提高，影响油气田最终采收率等。

1. 注水作业中的油层保护

1) 防止注水过程中地层伤害的方法

（1）保持合理的注水和采油速度。控制注水，保持注采平衡，不仅可以防止或减缓指进、水锥的形成、水堵的形成和相对渗透率的变坏，而且还能够防止盐类沉淀和出砂及颗粒运移，从而达到保护油层的目的。

（2）严格注水水质的预处理。由于注入水的温度、矿化度与地层不配伍或机杂、细菌等物质侵入油层，会造成油层污染，从而导致产量下降。因此，要严格对注入水的水质进行预先处理，保证入井水质与地层配伍。

（3）正确选用预处理的表面活性剂。在水质预处理过程中存在正确选择配伍剂的问题，而注水过程中也会出现正确选用预处理剂的问题。只有正确选用表面活性剂，才能防止润湿反转和油湿；只有正确选用相溶液体，才能防止乳状液形成和相对渗透率降低；只有正确选用抑制剂，才能防止沉淀和结垢。

（4）采用黏土控制技术。黏土膨胀、分散、运移等都将引起注水吸水能力大幅度下降。防止注水过程中的黏土膨胀是一项重要的注水过程油层保护的内容。黏土膨胀剂的选择是其技术的核心要点。由于黏土矿物成分和储层岩石的差异，没有一种固定的现成防膨剂通用于各种油层，筛选膨胀剂是最重要的技术工作。

（5）采用矿化度梯度注水技术。注入水与地层水矿化度相差太大是引起严重的黏土膨胀、分散、运移的外因，注入水矿化度低，注入地层后，打破了黏土矿物与地层水的相对平衡，黏土矿物受到注入水矿化度的突变冲击导致黏土水化膨胀。国内外大量研究表明：如果将矿化度突变冲击程度减弱，可减缓岩石渗透率的伤害。由于各级矿化度间距不大，受到的环境冲击很小，即使有少量的黏土矿物水化膨胀、分散、运移，也会被该级矿化度的注入水推至远离井壁的地方，并逐渐向前推移。由于分散微粒相对量小，对远离井壁区渗透率影响不大。将注入水矿化度从地层矿化度逐渐降至水源水矿化度的注水方法称为矿化度梯度注水。

2) 处理注水过程中地层伤害的方法

（1）及时调整注采方案。锥进、指进一旦形成并不断扩大，在某些意义上说是不可能恢复到原有条件的。但是，可在锥进、指进形成不久及时调整注采方案，比如采取降低注水强度、停注、调剖高渗层等方法，或者等到高渗层水淹后打掉高渗层，另外，也可以对油井进行降低采油速度、改采、堵水作业，使水锥、指进速度降低或暂缓，从而延长采油时间。

（2）表面活性剂浸泡。回注表面活性剂到地面并用回流帮助浸泡，从而使反转的油湿反转，复原为水湿；或使乳化液破乳，不再是油包水状，油、水分散，解除乳状液的堵塞，使降低的相对渗透率又回升。

（3）化学除垢。水垢的清除有机械方法，如重炮射孔法可以解决射孔孔眼水垢，但是应用较多的还是化学方法：

① 碱性水垢：用淡水溶解氯化钠水垢，盐水溶解石膏水垢；

② 酸溶性水垢：盐酸或醋酸及甲酸、氨基磺酸可用来清除碳酸钙及铁盐水垢。

此外对于化学不活泼的水垢（如磺酸铁、硫酸锶不溶于水也不溶于酸），只好使用炸药、扩眼、补孔等机械方法清除水垢。不过，最好还是打破注水系统中这类垢质沉积的化学环境，防止此类水垢的沉积。

2. 结垢的预防

1）避免混合不可混的水

当考虑使用混合水时，必须极其小心。当两种水或两种以上水混合注入时，必须要确定其可混性。可以用计算溶解度和实验方法来确定。

2）改变水的组成

（1）水的稀释。

这种方法和上面讨论的问题正好相反。一种通常会结垢的注入水可以用另外一种水稀释，以形成一种在水处理系统条件下稳定的水。

（2）控制 pH 值。

降低 pH 值会增加铁化合物和碳酸盐垢的溶解度，然而，这会使水的腐蚀性变大而出现腐蚀问题。pH 值对硫酸盐垢溶解度的影响很小。

控制 pH 值并不是广泛用来控制垢的方法。通常只有在稍微改变 pH 值即可防止结垢时才有实用意义。而且必须精确控制 pH 值，而这在一般油田生产中往往是困难的。

（3）除去结垢组分。

① 清除溶解在水中的气体。采用化学和（或）机械方法可把水中的溶解气如 H_2S、CO_2 和 O_2 从水中除掉，这样就可以避免生成不溶的铁化合物（硫化物、氧化物）。但是，仅仅从水中除去 CO_2，实际上会使结垢更为严重。然而，把 pH 值降得足够低，使所有的碳酸根和碳酸氢根转变成 CO_2，这样除去 CO_2 就可防止碳酸钙垢的生成。

② 水的软化方法。离子交换法、沉淀软化法或蒸馏法等可除去结垢的 Ca^{2+}、Mg^{2+}、SO_4^{2-} 和 HCO_3^- 离子，可单独或联合使用。采用这些方法软化油田水过程繁杂，耗资过大，而使用其他方法控制结垢，通常要便宜得多，所以这些方法在注入水处理方面很少应用。

3）阻垢剂

阻垢剂是一些化学药品的通称，把这些化学药品加入通常能结垢的水中就可以防止结垢。目前在油田水处理中常用的阻垢剂有无机聚磷酸盐、含磷有机缓蚀阻垢剂、低分子量聚合物和天然阻垢剂等。

3. 腐蚀的控制

1）控制腐蚀的途径

控制或预防注水或水处理系统的腐蚀问题有很多方法，可以分为下面五种：

（1）改变物质组成。可用抗腐蚀合金钢或非铁金属代替碳钢，也可用塑料。抗腐蚀金属的价格比碳钢高。与金属相比，使用塑料时的压力和温度通常受到严重的限制。

（2）改变电解质组分。可通过改变 pH 值，用化学法或物理方法去掉溶解气，或与别的水混合起来改变水的组分。其他方法也可以用，但上述方法是油田上用得最普遍的方法。

（3）使金属与电解质隔开。涂层和衬里普遍地用于管材和罐。

（4）化学阻蚀剂。化学阻蚀剂可以看作是一种涂层，因为注水系统中用的大部分阻蚀剂都是形成有机薄膜的物质。

（5）阴极保护。可用牺牲阳极的方法，在有能源可利用的情况下还可用外加电流的方法，以提供防腐的电流。

在某一特定情况下，选用一种方法还是合用几种方法要根据投资有效使用率来确定，目的在于以最少的费用准确地控制在整个设计寿命期内腐蚀问题。

一般应当考虑以下问题：材料的原始费用；设计寿命期内需要附加的材料费用；安装费用和维修费用。

2）阻蚀剂的使用

用于水处理系统的阻蚀剂可以通过各种办法进行选择，比较普遍的办法有粗略推测、地区经验、化学药品商的意见、实验室试验、现场试验，通常将这些方法联合使用。

思考题

1. 简述油田注水过程中产生堵塞的原因及相应的处理办法。
2. 油田水处理过程中常常伴随有结垢，常见的水垢有哪些？如何预防结垢？
3. 腐蚀是油田水处理过程中不可避免的现象，其产生机理是什么？如何降低腐蚀损害？
4. 油田水处理中常见的微生物有哪些？其中哪些会引起腐蚀？常用的防治微生物的化学方法有哪些？
5. 通过对本章节的学习，请简述油田水处理技术。

参考文献

[1] 王洪勋, 张琪. 采油工艺原理 [M]. 2版. 北京：石油工业出版社, 1990.

[2] 万仁溥, 罗英俊. 采油技术手册 [M]. 北京：石油工业出版社, 1992.

[3] 夏位荣, 张占峰, 程时清. 油气田开发地质学 [M]. 北京：石油工业出版社, 1999.

[4] 布雷德利 B W. 两种油田水处理系统 [M]. 北京：石油工业出版社, 1992.

[5] 陆柱, 郑士忠, 等. 油田水处理技术 [M]. 北京：石油工业出版社, 1990.

[6] 李化民, 等. 油田含油污水处理 [M]. 北京：石油工业出版社. 1992.

[7] 闵琪, 等. 低渗透油气田研究与实践 [M]. 北京：石油工业出版社. 1998.

[8] Muecke T W. Particle Deposition in Granular Filter Media–1 [J]. Filtration and Separation, 1965, 2（5）：369–72.

[9] Gruesbec K C, Collins R E. Entrainment and Desposition of Fine Particles in Porous Media [J]. Journal of Petroleum Science and Engineering, 1982, 847-56.

[10] Baghdikian S Y, Sharma M M. Flow of Clay Suspension Through Porous Media [J]. SPE 16257, 1987.

[11] Ahsene B, Xinghui L, Civan F. Predictive Model andVerification for Sand Particulate Migration in Gravel Packs [J]. SPE 28534.

［12］ Bigno Y, Oyeneyin M B, Peden J M. Investigation of Pore-Blocking Mechanism in Gravel Packs in the Management and Control of Fine Migration ［J］. SPE 27342.

［13］ Hamouda A A. Water Injection Quality in Ekofisk-UV Sterilization and Monitoring Techniques ［J］. SPE 21048.

［14］ Nevans J W, Pande P K, Clark M B. Impreoved Reservoir Management With Water Quality Enhancement at Robertson Unit ［J］. SPE 27668.

［15］ Rose R E, Austin C E, Pike J R. Waterflooding Stimulation for Fractured Limestone of Austin Chalk ［J］. SPE 23779.

［16］ Graff O F, Nielsen N. New Water Injection Technology ［J］. SPE 23090.

［17］ Clifford P J, Mellor D W, Jones T J. Water Quality Requirements For Fractured Injected Wells ［J］. SPE 21439.

［18］ 蒋建勋. 注水开发油田水质优化方法研究 ［J］. 西南石油学院学报, 2003, 25 (3): 26-29.

［19］ 王永清, 李海涛, 蒋建勋. 油田注入水水质调控决策方法研究 ［J］. 石油学报, 2003, 24 (3): 68-73.

［20］ 刘德绪. 油田污水处理工程 ［M］. 北京: 石油工业出版社, 2001.

［21］ 查理斯 C 帕托. 油田水处理工艺 ［M］. 大庆油田科学研究设计院, 译. 北京: 石油工业出版社, 1979.

［22］ 陆柱, 等. 油田水处理技术 ［M］. 北京: 石油工业出版社, 1990.

［23］ 屈撑囤, 马云, 谢娟. 油气田环境保护概论 ［M］. 北京: 石油工业出版社, 2009.

［24］ 沈琛. 油田污水处理工艺技术新进展 ［M］. 北京: 中国石化出版社, 2008.

［25］ 张世君, 周根先, 等. 油田水处理与检测技术 ［M］. 郑州: 黄河水利出版社, 2003.

［26］ 于忠臣, 王松, 阚连宝, 等. 油田污水处理和杀菌新技术 ［M］. 哈尔滨: 哈尔滨地图出版社, 2010.

［27］ 路勇, 马彦龙, 李侠, 等. 注水开发油藏的储层保护技术 ［J］. 内蒙古石油化工, 2008 (7): 36-40.

第三章

注水工程方案设计

注水工程是保持合理油藏压力、利用水驱油原理实现油田高产稳产的重要途径之一。为实现高效注水，少井多产，简化流程，精简现场操作人员，对地面和地下注水工艺流程及注水方案的编制都提出了较高要求。在采油工程方案设计中，对注水工艺的基本要求是：

（1）注水工艺和注水能力需满足不同开发阶段的油田开发要求。

（2）建立适应地下情况的完善的注采井网、协调的注采压力系统和适宜的注水方式，便于进行层间和平面调整。

（3）注水水质必须与储层矿物流体配伍，保证注入水所含悬浮物不伤害油层。

（4）对层间矛盾严重的油层应采取分层注水，以满足配注要求，争取最大波及体积。

（5）对注水能力不能满足配注要求的井，应采取有效的增注措施。

（6）采用全密闭流程。注水站根据储层特点采用除油、过滤、杀菌、脱氧、防垢等工艺技术。在腐蚀严重的油藏，注水管线、储罐、井下油管均要采用全面涂层、镍磷镀、渗氮等防腐油管，油套环空需加注套管保护液。

（7）一般采用单管注水管柱，实现三年以上不动管柱。

为达到以上要求，必须针对油藏地质条件开展以下几方面的研究工作。

第一节 油田注水开发的可行性分析

编制采油工程方案中的注水方案时，必须了解油田和实验区的油藏特征、流体分布及动力条件等，通过对重要参数的测量分析确定注水方案的可行性。

一、油藏特征分析

1. 含油、含水饱和度

编制注水方案时，了解油藏的原油含量对方案的经济效益至关重要。测算时极小的误差（5%的孔隙体积）都可能对方案的经济效果产生重大影响，同时影响到工程的寿命。向生产井汇集和驱动原油的时间也会影响注水的经济效益。

含水饱和度会直接影响注水方案的经济效益，而含油、含气是间接影响因素，从工艺原理和作业观点来看也同样重要。水的化学性质决定注入水与已存在水是否相容。气顶或均匀分布的高含气饱和度的存在，也可能会对油藏内流体的运移与注入产生一定影响，使得注水方案最终效果不理想。

2. 流体运移性质

流体运移性质包括密度、黏度、可溶性等，不仅可用于确定注水方案的可行性，而且还是数模研究设计注水方案时的关键参数，也可用于预测注水方案的实施效果。

3. 岩石性质

评价开采工艺的可行性必须了解岩石性质，如绝对渗透率、孔隙度、有效厚度、岩石压缩性、毛管压力等，这些数据对方案的设计、执行、评价也十分重要。局部渗透率控制着区域流体的注入、采出程度，井间渗透层的厚度也影响井间流动的运移能力。反过来，这些因素也决定了制定的工艺是否适合油藏，影响施工进程，并最终决定方案的寿命。

二、区域流体分布与油藏动力条件分析

1. 区域流体分布

区域流体分布指水层（含水带）和气顶的存在与缺失。区域流体运移潜力由开采、注水过程中的压力梯度确定。运移潜力对区域内流体的运移有很大的影响，可采用数值模拟之前的油藏动态、油藏先导注水资料和不稳定试井分析来判断流体运移潜力。

2. 油藏动力条件

油藏动力条件指特定试验区内流体运移的潜力。这里主要从采油工程角度出发，论证油藏工程方案提出的油藏压力水平在经济方面是否合算。油藏压力过高，虽然保持了较高的驱动能量，能够获得较好的增产效果；但所需的注水压力也随之升高，增加注水能耗，经济上不一定合算。

油藏压力过低，不能保证稳产需要的生产压差，使油田产量递减速度加快。当油藏压力低于饱和压力时，原油在油层中脱气，造成油相的相对渗透率降低，影响油田采收率；另外，对特低渗透率油藏，油藏压力降低过多，导致油藏产生应力敏感，其渗透率随之降低，且不可恢复。

因此，合理的油藏压力既要满足达到一定产量要求的生产压差，又要避免在低于饱和压力下开采，一般略低于饱和压力（通常控制在15%以内，约3~5MPa左右）。注水井的井底流动压力应低于油层中部的破裂压力，这样不至于造成注入水沿裂缝窜流，降低驱油效率。如果注水系统压力比较平稳，可采用稍高于破裂压力启动，注水压力控制在破裂压力与闭合压力之间，这样裂缝不会延伸，既可保证合理的注采比，满足注水量的需要，又避免了注入水沿裂缝窜流。

第二节 注水量及吸水能力预测

注水井吸水能力是评价注水井动态的重要指标,也是注水压力设计和地面设备选择的主要依据。初期注水时,注水井吸水能力将随着注入水的推进而发生变化,长期注水后注水井吸水能力则主要受水质和油层亏空体积的影响。

一、注水量预测

预测注水量的原则是保持油藏合理压力。因此需用天然水驱水量和人工注水量的总和来补充采出液在地层内所占体积。在不考虑其他因素的情况下,注水量预测公式可表示为:

$$Q_{iw} = AQ_o \left(\frac{B_o}{\rho_o} + \frac{f_w}{1-f_w} \right) - \frac{V_{mw}}{N} \tag{3-1}$$

全油田年注水量为:

$$Q = Q_{iw} \times T \times N \tag{3-2}$$

式中　Q_{iw}——单井日注量,m^3/d;
　　　B_o——原油的体积系数;
　　　A——采注井井数比;
　　　V_{nw}——平均天然供水量,m^3/d;
　　　Q_o——单井日产油量,t/d;
　　　ρ_o——地面原油密度,t/m^3;
　　　f_w——采出液含水率;
　　　N——注水井数,口;
　　　T——注水井年平均有效注水天数,d;
　　　Q——全油田年注水量,m^3。

根据以上公式可以预测油田不同含水期的注水量。具体每口井配注量的确定还应参考油藏工程方案提供的预测年限(通常为20~30年)或含水率98%时不同类型井的总注水量,通过测算逐年实际注入量,设计出单井注水量,以满足油田开发总体方案的要求。

二、吸水能力预测

吸水能力是决定注水压力的三个主要指标(吸水能力、配注量及油藏压力)之一。采油工程方案中预测吸水能力的主要目的是:(1)确定单井上的工艺措施能否实现油藏工程方案的注水要求;(2)合理选择注入设备,预测注水压力。

在采用缘内注水或面积注水时,注水井的吸水能力将随注入水的推进而发生变化。在编制采油工程方案时，预测注水井的吸水能力可采用以下几种方法：(1) 根据油藏工程数值模拟结果，得到不同开发阶段的注水井在非外部因素（储层伤害、增注措施）影响下吸水能力的变化；(2) 利用试注的指示曲线确定吸水能力，仅代表试注期间的吸水能力；(3) 利用渗流力学简化方法近似地预测吸水能力；(4) 通过分析油井试采期间挤注措施（酸化、压裂等）相关资料来估计吸水能力。

无论注水过程中吸水能力如何变化，在设计采油工程方案时，更需要关注的是初期吸水能力及长期注水后在注水井附近残余油饱和度下的吸水能力。它们是方案设计者预测注入压力及选择设备时所要考虑的主要依据，特别是后者。

1. 利用试注指示曲线确定吸水能力

由试注期间测得的指示曲线（图 3-1），可由式(3-3)计算出当前的吸水指数：

$$J_w = \frac{Q_2 - Q_1}{p_2 - p_1} \tag{3-3}$$

式中　J_w——吸水指数，$m^3/(d \cdot MPa)$；

　　　Q_1、Q_2——日注水量，m^3/d；

　　　p_1、p_2——相应 Q_1、Q_2 注水量的井底压力，MPa。

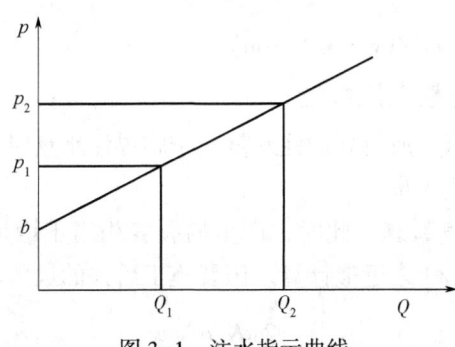

图 3-1　注水指示曲线

2. 利用渗流力学简化方法确定吸水能力

(1) 确定油水流度比：

$$M = \frac{\lambda_w}{\lambda_o} = \frac{K_{rws} \mu_o}{K_{ros} \mu_w} \tag{3-4}$$

式中　M——流度比；

　　　λ_o、λ_w——油、水的流度，$\mu m^2/(mPa \cdot s)$；

　　　K_{rws}——不同开发阶段剩余油条件下水的相对渗透率，μm^2；

　　　K_{ros}——束缚水条件下油的相对渗透率，μm^2；

　　　μ_w、μ_o——水、油的黏度，$mPa \cdot s$。

K_{rws}、K_{ros} 均可由油水相对渗透率曲线查出；油和水的黏度可由高压物性实验获得，在缺少高压物性实验资料的情况下，可采用相应的公式计算。

（2）利用径向流公式求解比采油指数：

$$J_\text{o} = \frac{Q_\text{o}}{\Delta p} = \frac{2\pi K_\text{o} a}{\mu_\text{o} B_\text{o} \left(\ln \frac{R_\text{e}}{r_\text{w}} - \frac{3}{4} + S\right)} \tag{3-5}$$

式中　J_o——比采油指数，$\text{m}^3/(\text{d} \cdot \text{MPa} \cdot \text{m})$；

Q_o——日产油量，m^3/d；

Δp——生产压差，MPa；

K_o——有效渗透率，μm^2；

a——单位换算系数，取 86.4；

μ_o——地层油黏度，$\text{mPa} \cdot \text{s}$；

R_e——井的供油半径，m；

r_w——井眼半径，m；

S——表皮系数，与油井完成方式、井底伤害或增产措施有关；

B_o——地层原油体积系数。

（3）确定地层的比吸水指数：

$$J'_\text{w} = J_\text{o} \cdot M \tag{3-6}$$

式中　J'_w——比吸水指数，$\text{m}^3/(\text{d} \cdot \text{MPa} \cdot \text{m})$。

3. 计算水力压裂井的最大注水量

当吸水指数乘以注水压差所得到的注水量大于临界注水量时，可采用水力压裂的方法扩大渗流面积，提高单井注入量。

（1）水力压裂产生垂直裂缝，此时，产生的裂缝相当于增加了井的有效半径，具体有效半径大小可按缝长的1/4来近似计算。压裂施工后井的最大注水量可表示为：

$$q_\text{i} = \frac{2\pi K_\text{w} h \Delta p a}{\mu_\text{w} \ln\left(\frac{R_\text{e}}{0.25 L_\text{f}} - \frac{3}{4}\right)} \tag{3-7}$$

（2）若是水平裂缝，可将扩大的裂缝半径近似看作井径，其可能的最大注水量为：

$$q_\text{i} = \frac{2\pi K_\text{w} h \Delta p a}{\mu_\text{w} \ln\left(\frac{R_\text{e}}{r_\text{f}} - \frac{3}{4}\right)} \tag{3-8}$$

式中　q_i——注水量，m^3/s；

K_w——水的有效渗透率，μm^2；

μ_w——地层条件下注入水的黏度，$\text{Pa} \cdot \text{s}$；

h——地层有效厚度，m；

Δp——注水压差，Pa；

R_e——井的外缘半径，m；

S——表皮系数,与油井完成方式、井底伤害或增产措施有关;
L_f——垂直裂缝缝长,m;
r_f——水平裂缝半径,m。

三、影响吸水能力的因素

影响注水井吸水能力的因素很多,主要包括油层和流体特征参数、注采系统条件变化、注水水质及操作管理水平等。

1. 油层和流体特征参数的影响

(1) 有效渗透率。吸水能力首先取决于产层岩心渗透率及相关性质(如润湿性等),其次是产层的含水饱和度。砂岩对水的有效渗透率常低于空气渗透率的1/10。一般地,随着含水饱和度的上升,水的有效渗透率(水的相对渗透率)也将随之逐渐上升。例如,含水饱和度从70%升高到85%,水的有效渗透率从30%增加到60%左右。

必须注意的是,油层岩石的储渗空间随注水过程是不断改变的。如外来固相微粒或结垢的堵塞作用使储渗空间减小;注入水的长期冲刷和溶解作用,部分孔隙胶结物流失使储渗空间增大;油层压力的不断变化使岩石骨架颗粒有效应力不断变化,结果是油层空间也发生变化;黏土矿物与淡水发生膨胀运移引起储渗空间发生变化。同时油层注水后由于黏土矿物的运动、水化及优先吸附液体的变化,使得油层润湿性发生变化。油层的水动力学场(压力、地应力、天然能量)、温度场不断打破和重新平衡使油层岩石及流体物理化学性质发生变化。这些都将对油层的渗透性能产生影响。

(2) 流体黏度。注入水的黏度是由特定水的性质与温度决定的,而含油增大或浮化液将增大渗流阻力。乳化液,特别是油包水型的乳化液有较高的黏度,且当这种乳化液或分散油在毛细管中流动时,产生贾敏效应。根据油水乳化程度,在注入水中加入一定量的破乳剂,可防止或减缓乳化伤害。含油或乳化可以理解为油层堵塞或有效渗透率下降,也可理解为多相液体黏度的增大。在注水过程中,油水流度比也将对吸水能力产生较大影响。

(3) 表皮系数。表皮系数是注水油层完善程度的综合体现。减少钻井、固井过程中的油层伤害,优化射孔,可增加注水井完善程度,有利于吸水能力的增加。

(4) 注水压差。一般来讲,注水压差并不影响注水井的吸水能力。但当注水压差过大,实际井底流动压力大于油层破裂压力后,油层将被压开,油层吸水能力显著增加。

2. 注采系统条件变化的影响

注采系统的条件变化主要包含五个方面:(1) 流度比变化;(2) 注水时间延长(历史);(3) 注采系统井网调整;(4) 工作制度变化引起的井间干扰;(5) 随着注采亏空的弥补、油层压力逐渐回升导致吸水能力下降。

3. 注水水质及操作管理水平的影响

现场资料表明,注水水质和注水井操作管理水平对注水吸水能力影响极大。

(1) 与注水井井下作业及注水井管理操作等有关的因素,主要包括:进行作业时,压井液浸入注水层造成堵塞,由于酸化等措施不当或注水操作不平稳而破坏油层岩石结构,造成砂堵;未按规定洗井,井筒不清洁,井内的污物随注入水带入油层造成堵塞等。

(2)与水质有关的因素,主要包括:注入水与设备和管线的腐蚀产物[如$Fe(OH)_3$、FeS]堵塞;注入水中所含的某些微生物(如硫酸盐还原菌、铁菌等)及其代谢产物堵塞,固相微粒堵塞;乳化油堵塞;注入水与油层流体不配伍造成的结垢沉淀;油层中黏土矿物遇水后发生膨胀等。

实际注水过程中,上述影响吸水能力的因素都可能同时出现,只是各自的影响程度不同。必须根据具体情况具体分析,抓住影响注水井吸水能力的主要因素,深入了解注水井堵塞机理,这样才能制定出行之有效的增注措施。

第三节 压力及温度预测

一、压力预测

1. 注水压力预测

提高注水压力,实行高压强化注水可以增加驱动力,扩大波及体积,提高开采效果。但压力不是越高越好,过高的注水压力是导致套管损坏的主要原因之一。因此,确定合理的注水压力是保护好油水井套管的关键。

(1)当油层无控制(不装水嘴)注水时,注水压力为:

$$p_{wh} = \Delta p + p_f + p_{启动} - p_{水柱} = \Delta p + p_f + \Delta p_{启动} + p_r - p_{水柱} \tag{3-9}$$

其中

$$\Delta p = \frac{q_i}{J_w}$$

$$p_f = 9.81 \times 10^{-6} \lambda \frac{H}{d} \frac{v^2}{2g} \rho$$

$$\Delta p_{启动} = p_{启动} - p_r$$

式中 p_{wh}——井口注水压力,MPa;

Δp——注水压差,MPa;

q_i——注水量,m^3/d;

J_w——地层吸水指数,$m^3/(d \cdot MPa)$;

λ——摩阻系数,随雷诺数而变化;

H——注水井油层中部深度,m;

d——油管内径,m;

v——注入水在油管内的流速,m/s;

g——重力加速度,m/s^2;

ρ——水的密度,kg/m^3;

$p_{启动}$——地层开始吸水时的井底压力（可由注水指示曲线与纵坐标的交点得出），MPa；

$\Delta p_{启动}$——启动压差，MPa；

p_r——平均油藏压力，MPa；

$p_{水柱}$——静水柱压力，MPa；

p_f——注水时油管内沿程损失，MPa。

（2）当油层控制（安装水嘴）注水时，注水压力按下式计算：

$$p_{wh} = \Delta p + p_t + p_f + p_{启动} - p_{水柱} \qquad (3-10)$$

式中 p_t——注水时配水嘴所造成的压力损失，MPa。

在预测注水压力时，通常按照以下步骤进行：

（1）应用试采期间的试注数据，利用不同时期的吸水指数和预测注水量求出注水压力，并分析确定油藏不同类型注水井的注水压力。

（2）如果没有试注数据，利用试油、试采取得的采油指数估算吸水指数，用上述方法预测注水压力，并分析确定油藏不同类型注水井的注水压力。

（3）在没有任何资料又急于确定注水压力时，可借用类似油藏的吸水指数或用经验系数估计吸水指数，按上述注水压力预测方法预测注水压力。

（4）如果没有任何可借用的资料，只能利用该油田的油水流度比来粗略估算吸水指数，即 $J_w'' = J_o \cdot M \cdot h$（$h$ 为油层有效厚度），再按上述注水压力预测方法预测注水压力。

2. 地层破裂压力预测

油藏常规注水时，为防止油层被压裂，要求注水压力不超过破裂压力的 90%，因此破裂压力是注水压力的上限。对特低渗透油田注不进水时，可采用微超破裂压力注水。

地层破裂压力计算可参考下式：

$$p_{wh} = p_w - p_{水柱} + p_f \qquad (3-11)$$

其中
$$p_w = GH$$

式中 p_{wh}——井口破裂压力，MPa；

p_w——井底破裂压力，MPa；

G——破裂压力梯度，MPa/m；

H——油层中部深度，m；

$p_{水柱}$——静水柱压力，MPa；

p_f——管路摩阻，MPa。

在预测破裂压力时，通常按照以下步骤进行：

（1）根据试油、试采过程中实际压裂资料进行分析，即压开地层后，停泵读得瞬时井口压力，加上井内静液柱压力，除以油层深度，求得破裂压力梯度，采用地层破裂压力计算公式，计算出井底和井口的破裂压力。

（2）如果没有上述数据，可根据小型压裂取得的数据进行理论计算。

（3）如果没有条件进行小型压裂，可借用附近类似油田（要求岩石力学参数相近、岩性相似、井深及上覆压力相近）的数据进行分析和预测。

（4）在没有预测条件，又急于编制工艺方案时，可采用经验法进行估算。一般情况下，当油层深度小于500m时，大多为水平裂缝，破裂压力梯度可选用0.023MPa/m；当油层深度大于500m时，大多为垂直裂缝，破裂压力梯度可选用0.017~0.023MPa/m。但也有例外，如大庆油田井深1200m，由于有原始水平裂缝，破裂压力梯度为0.023MPa/m；有的油气藏，由于地质构造为向斜挤压成型，如四川八角场井深3000m，破裂压力梯度高达0.032MPa/m；塔里木油区井深5000~5500m，破裂压力梯度为0.028MPa/m。因此估算破裂压力梯度时应参考油区特点再行选用。

3. 注水系统压力等级的确定

合理的注水压力设计应考虑地面设备和流程的合理压力等级，因为高压地面管网的价格比中压、低压约高一倍。所以在编制采油工程方案时，必须应用本节讲述的注水压力预测方法预测出不同类型的注水井在不同开发阶段的注水压力和地层破裂压力，参照注水系统管网的压力系列，确定合理的油田注水系统压力等级。

二、温度预测

注入水温度是影响地下原油黏度的重要因素。温度降低，原油黏度增加，影响开发效果，同时还会引起原油中的石蜡析出伤害地层。另外，温度的变化会引起油藏岩心表面性质的改变；近井地带温度的变化还会导致近井地带应力场的变化，并可能诱发裂缝。因此，有必要确定最佳的注水温度，防止温度降低对注水工作带来不利的影响。

1. 注水井井底温度预测

注水井井底温度采用 Ramey 的热传导方程计算：

$$T_{wf} = \alpha H + T_{gs} - \alpha A + (T_{wh} + \alpha A - T_{gs})e^{-H/A} \tag{3-12}$$

其中

$$A = \frac{Q_{iw}\rho_w C_f}{2\pi K_h} f(t)$$

$$f(t) = -\ln\left[\frac{D_c}{2(Kt)^{1/2}}\right] - 0.29$$

式中 T_{wf}——注水井井底温度，℃；

α——地温梯度，℃/m；

T_{gs}——地表温度，℃；

T_{wh}——注入水井口温度，℃；

Q_{iw}——注入速度，cm³/s；

ρ_w——水的密度，g/cm³；

H——油层中部深度，m；

C_f——注入水比热容，J/(g·℃)；

K_h——岩石热导率，W/(m·℃)；

D_c——套管外径，m；

K——地层热扩散率，m²/s；

t——连续注入时间，s。

2. 优化注水温度

为避免油藏析蜡，注水井井底温度应高于原油析蜡温度或凝点温度。单纯以提高油藏采收率为目的，注水温度应当是越高越好。但在实际注采过程中，应结合油田实际经济效益及开发成本来确定最佳地面注水温度。由井底温度计算公式可计算出不同井口的注入水温度、注入量和注入时间下的井底温度，然后综合分析确定最佳注水温度。据江汉油田室内实验，油藏温度每下降1℃，残余油饱和度增加0.51%。大庆油田室内实验结果表明，当温度低于析蜡温度时，平均每下降1℃，驱油效率下降0.57%。

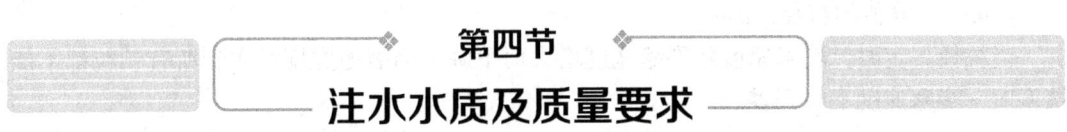

第四节 注水水质及质量要求

编制注水方案时，首先应对油藏工程方案中注水工艺的相关要求进行综合分析。必须根据储层的润湿性、孔隙结构和非均质状况等资料，优化注入水的水质。如果发现注水工艺方案的设计结果与油藏工程方案有矛盾，则需与油藏工程方案设计共同协商解决。

一、注水水质的基本要求

对油田注入水除要求水源供水量稳定、取水方便、经济合理外，其水质还必须符合以下基本要求：

（1）水质稳定，与油层流体相混不产生沉淀。
（2）水注入地层后不使黏土矿物产生水化膨胀或剥离运移。
（3）悬浮物符合水质标准要求，以防止注水井渗滤面及渗流孔道堵塞。
（4）对注水管网和设施的腐蚀性小。

拟采用两种水源进行混合注水时，应首先进行室内试验，证实两种水的配伍性好，对油层无伤害。

二、注水水质的质量要求

1. 悬浮物颗粒直径的确定

用有代表性的岩心和不同粒径的悬浮固体颗粒做流动试验，确定悬浮固体颗粒的粒径指标。如果没有代表性的岩心，可借用附近类似油田（即矿物分析、孔隙结构、地层系数和流动系数接近的油田）的岩心或数据，确定悬浮固体颗粒粒径指标。

1）孔隙型油藏悬浮物颗粒直径的确定

取不同主渗流通道孔径的岩心与不同粒径的悬浮物颗粒，测出同一注入速度下的不同堵塞速度。试验结果证明：当悬浮物颗粒粒径相同时，渗透率越低，孔隙半径越小，堵塞速度越快；当孔隙半径一定时，悬浮固体颗粒粒径较小或较大时，堵塞速度均较慢；当注入水中悬浮物颗粒直径与主渗流通道孔隙直径之比为1/3~1/6时，堵塞最严重，故要求悬浮物颗粒粒径小于主渗流通道孔径的1/6。

2) 裂缝型油藏悬浮物颗粒直径的确定

取不同裂缝宽度岩心与不同粒径悬浮物颗粒，测出同一注入速度下的不同堵塞速度。试验结果证明：悬浮固体颗粒的粒径分布和裂缝宽度之间存在配合关系，粒径过小或过大时，堵塞速度均较慢。只有当二者之间符合下式的数值关系时，堵塞速度最快：

$$W = \frac{1}{2} \times [(d_t - 10) + \sqrt{(10-d_t)^2 + 400 d_t}] \qquad (3-13)$$

式中　W——裂缝宽度，μm；

　　　d_t——峰值的粒径，μm。

当粒径一定时，堵塞速度随裂缝宽度增大而下降，当裂缝宽度增大到所有颗粒都不能堵塞时，堵塞速度下降到零。

2. 悬浮固体含量的确定

1) 孔隙型油藏悬浮固体含量的确定

（1）试验法。采用能代表储层性质的人造岩心，先注蒸馏水，待渗透率稳定以后，得到岩心渗透率，然后改注悬浮固体溶液（悬浮固体粒径不变），求得悬浮固体溶液浓度不同时的注入曲线。再经过试验得出悬浮固体粒径、溶液浓度等其他条件相同、岩心渗透率不同时的注入曲线。试验结果表明：悬浮固体溶液浓度越大，渗透率下降速度越快，渗透率越高，悬浮物堵塞曲线斜率越小，堵塞速度越慢。从两条曲线优选出最佳悬浮固体浓度。

（2）计算法。根据油藏日配注量、一定渗透率允许下降值及注水时间来计算悬浮固体溶液浓度。其计算公式为：

$$C = (K_Q - 1) \times \rho / (3.24 \times 10^{-4} \times v \times t \times X_k) \qquad (3-14)$$

其中

$$K_Q = K_0 / K_i$$

$$v = \frac{\sum Q}{2\pi R h}$$

$$X_k = \frac{d_1^{1.5}}{7.3 \times f^3 \left(\dfrac{11 d_1}{f} - \dfrac{f+60}{f+1.1}\right)^2 + 3 \times 10^4}$$

$$f = \sqrt{\frac{K_0}{\phi}}$$

式中　C——悬浮固体溶液浓度，mg/L；

　　　K_Q——渗透率比值；

　　　ρ——悬浮固体溶液密度，g/cm^3；

　　　v——注入速度，cm/min；

　　　t——注入时间，min；

　　　K_0——初始渗透率，$10^{-3} \mu m^2$；

　　　K_i——按注水要求到注水末期允许的伤害后最低渗透率（设定值），$10^{-3} \mu m^2$；

　　　$\sum Q$——累积注入量，mL；

R——伤害半径，cm；

h——注入厚度，cm；

d_1——粒径，μm；

ϕ——岩心孔隙度。

2) 裂缝型油藏悬浮固体含量的确定

(1) 试验法。采用带有不同裂缝直径的岩心，先注不含悬浮固体的稠化水，待渗透率稳定后，改注不同浓度和不同悬浮粒径的悬浮固体溶液，测定渗透率的变化。由试验可以得出以下规律：悬浮固体溶液浓度越大，堵塞速度越快，即渗透率下降速度与悬浮物含量成正比；渗透率下降程度与通过单位面积的累计流量成正比；渗透率下降速度与悬浮颗粒密度成反比。由试验结果可以优选出合理的悬浮固体含量。

(2) 计算法。根据油藏日配注量、渗透率允许下降值、裂缝宽度及粒径分布参数值来计算悬浮固体溶液浓度。其计算公式为：

$$C = \frac{(K_Q - 1) \times \rho}{A \sum Q} \tag{3-15}$$

其中

$$K_Q = \frac{K_0}{K_i}$$

$$A = 10^{-3} \sqrt{d_a} \times y \left[\frac{20}{W^2 + 9\sqrt{d_a}(y+W)} + \frac{9d_p}{10^2 x d_p + y + W} \right]$$

$$x = \left[\left(\frac{90}{W+10} + 1 \right) \cdot d_t - W \right]^2$$

$$y = 1.62 d_m + 28.4 d_m^{0.37} + 1.5 - W$$

式中 C——悬浮固体溶液浓度，mg/L；

K_Q——渗透率比值；

ρ——悬浮固体溶液密度，g/cm^3；

A——堵塞速度常数，A 值越大，堵塞速度越大（C/ρ 一定时）；

$\sum Q$——累积注入量，mL；

K_0——初始渗透率，$10^{-3} \mu$m^2；

K_i——某一累积注入量对应的渗透率，$10^{-3} \mu$m^2；

d_a——粒径均值，μm；

W——裂缝宽度，μm；

d_p——粒径峰值，即峰高；

d_t——峰值的粒径，μm；

y——堵塞界限函数；

x——最易堵塞函数；

d_m——最大粒径，μm。

3. 含油量指标的确定

用有代表性的岩心和不同含油量做流动试验，确定含油量指标。如果没有条件做试验，可借用相邻类似油田（即矿物分析、地层系数和流动系数接近的油田）的岩心或数据确定含油量指标。

1）孔隙型油藏含油量指标的确定

（1）试验法。配制不同浓度的乳化油，对不同渗透率的岩心进行堵塞试验，在同一注入速度下测出不同堵塞速度。由试验结果可知：渗透率下降速度与累积注入量之间的关系在初期与后期不同，初期呈线性关系，后期趋于稳定。说明乳化油堵塞不会像悬浮固体颗粒那样无限堵塞直至堵死，而是渗透率下降到一定程度以后趋于稳定，渗透率越高，堵塞越慢；压差作用明显，增大注水压差，渗透率明显恢复，而且堵塞速度减慢。

（2）计算法。可根据乳化油浓度与膜滤系数关系确定适当的含油浓度（图3-2）。

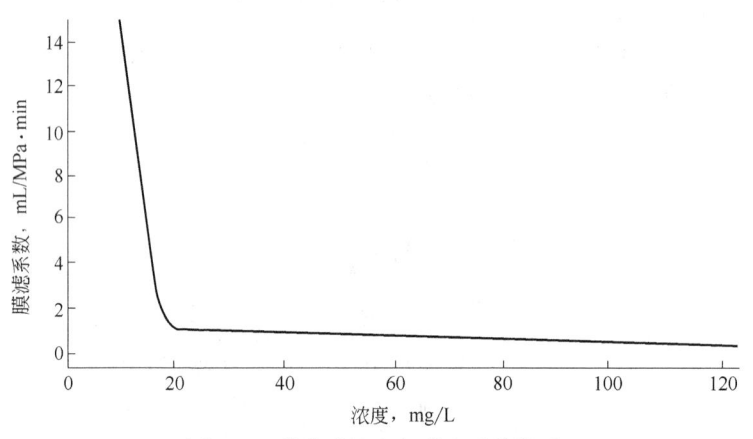

图3-2 乳化油浓度与膜滤系数关系

膜滤系数的测定方法为：在 0.14MPa(20psi) 的 N_2 或 CO_2 气压下，测量 1000mL 水流过直径为 47mm、滤膜微孔为 0.45μm 的膜滤器所需的时间，按下式计算出膜滤系数：

$$膜滤系数 = 总注入量(mL) / 压力(MPa) \times 总过滤时间(min)$$

2）裂缝型油藏含油量指标的确定

（1）试验法。配制不同浓度的乳化油，对不同渗透率的岩心进行注入试验，在同一注入速度下测出不同堵塞速度。由试验结果可知：当注入水中含油浓度增大到一定程度或累积注入量达到一定值以后，渗透率下降速度越来越小。渗透率越高，堵塞越慢。压差作用明显，增大注水压差，渗透率明显增大而且堵塞速度减慢。对高渗透裂缝性油藏，含油指标对油层伤害不是很敏感的，可以放宽要求，按行业标准执行，如果渗透率达到 $μm^2$ 级，甚至还可以放宽。但必须看到由于含油量的存在，悬浮液颗粒的堵塞作用被强化，而且会促使后期堵塞现象提前出现。所以对低渗透裂缝型油藏含油浓度仍然需严格控制。

（2）统计法。可根据乳化油浓度与膜滤系数关系确定适当的含油浓度。由图3-2可以看出，当水中含油小于 20mg/L 时，膜滤系数开始上升，说明储层伤害较小。

4. 腐蚀速率的确定（平均腐蚀率测定）

用注水全过程的各类注入水样进行腐蚀因素分析及预测，论证防腐方案的方法和步骤（包括除氧），然后用挂片的方法实测腐蚀速率，结合分析和预测的结果，在室内进行防腐配方筛选，并结合油藏实际情况论证、优化水质指标。一般要求水中含氧小于 0.05mg/L（国外要求小于 0.01mg/L），游离 CO_2 含量应小于 10mg/L，硫化物（H_2S）含量应小于 10mg/L。

采用注入水中挂片失重法，根据管线寿命与油田开发的经济效益确定腐蚀速率。行业标准要求应低于 0.076mm/a。如果达不到标准要求，则必须做室内试验，优选防腐配方，直至达到标准要求为止。

5. 腐生菌含量的确定

腐生菌在注入系统中是广泛存在的，它会产生大量的黏液并堵塞地层。确定其指标时，必须进行室内试验，采用细菌培养繁殖法，控制细菌数量，以确定腐生菌不产生结膜时的适宜数量。

6. 硫酸盐还原菌（SRB）数量的确定

在注入水中模拟厌氧条件，采用金属挂片失重法研究碳钢的腐蚀失重与时间关系，结果见表3-1。由表中数据可以看出，没有 SRB 或只有 SRB，金属的腐蚀速率变化不大，当 SRB 与 FeS 同时存在时，金属的腐蚀失重猛增。这说明 SRB 本身对金属腐蚀的影响并不是至关重要的。但是当水中含有硫化物时，对金属的腐蚀则相当严重，而 SRB 在生长时其代谢产物主要是硫化物和水，造成系统的金属腐蚀。因此 SRB 数量是根据腐蚀速率测定来确定的。

表 3-1　SRB 在不同腐蚀环境中碳钢的腐蚀失重与时间关系

编号	不同的体系	不同时间（周）每块钢片的失重, mg				
		5	10	15	20	30
1	无菌培养基	15		23		
2	接菌种培养基	15		28		
3	无菌培养基+FeS	30	89		209	
4	接菌培养基+FeS	18	34		46	
5	接菌培养基+FeS	109	169		324	313

7. 溶解氧含量的确定

可采用注入水中挂片失重法，确定注入水中溶解氧含量，测出同一温度下不同含氧量与腐蚀速度关系曲线，按行业标准的腐蚀速率（小于 0.076mm/a）确定其含量。国外经验证明水中含氧是导致腐蚀的关键因素，国内外普遍认为水中含氧应控制得越低越好，多数人认为应控制在 0.01mg/L 以下。

8. 水中游离 CO_2 的确定

模拟水系统的实验，测出注入水中不同 CO_2 含量与腐蚀速率的关系曲线，按行业标准的腐蚀速率确定其含量。

9. 含铁量的确定

注入水中含铁量增加容易产生沉淀、堵塞油层。一般要控制水中铁离子含量不超过行业标准。最好能模拟水系统的条件，做不同含铁量的沉淀试验，以此为依据确定含铁量指标。

三、特殊油藏的注入介质

对特殊油藏（如普通稠油油藏）进行注水开发时，采取在注入介质中加入各种化学剂，通过降低驱替剂流度比和减小油水界面张力的方法，提高采收率。

降低驱替剂的流度通常有两种方法。一种是聚合物驱方法，即向注入水中加入少量聚合物以增加水黏度；另一种是泡沫驱方法，即向油层内注入一种稳定的气水分散体系以达到降低注入流体流度的目的。

减小油水界面张力通常采用向油层内注入高pH值溶液或碱水溶液的方法，在油层中减小油水界面张力，最终降低残余油饱和度。

四、注水水源条件分析

1. 评价注水水源

考虑油田开发全过程，分析、研究不同开发阶段的注入水，应分别对各种水源做该水源与地层的适应性评价实验，由实验确定其对地层是否适宜。

1）分析资料

（1）做各个开发阶段注入水和油层水的全分析，包括钾离子、钠（或钾+钠）离子、钙离子、镁离子、钡离子、锶离子、铁离子（Fe^{2+}、Fe^{3+}）、铝离子等阳离子和氯离子、碳酸根离子、碳酸氢根离子、二价硫离子、硫酸根离子等阴离子的浓度；分析水中可溶性二氧化硅、游离二氧化碳、溶解氧、硫化氢等组分的浓度，pH值及水的总矿化度等参数；有时还需要分析岩心的阳离子交换量CEC值。

（2）测定水的温度、密度、黏度，悬浮固体浓度，颗粒分布，腐生菌、硫酸盐还原菌、铁细菌含量和平均腐蚀率等。

表3-2 石油天然气行业标准水质指标（参考 SY/T 5329—2012）

	注入层平均空气渗透率，μm^2	<0.1			0.1~0.6			>0.6		
	标准分级	A1	A2	A3	B1	B2	B3	C1	C2	C3
控制指标	悬浮固体含量，mg/L	≤1	≤2	≤3	≤3	≤4	≤5	≤5	≤7	≤10
	悬浮物颗粒直径中值，μm	≤1	≤1.5	≤2	≤2	≤2.5	≤3	≤3	≤3.5	≤4
	含油量，mg/L	≤5	≤6	≤8	≤8	≤10	≤15	≤15	≤20	≤30
	溶解氧，mg/L	0.05								
	平均腐蚀率，mm/a	<0.076								
	点腐蚀	A1、B1、C1级：试片各面都无点腐蚀 A2、B2、C2级：试片有轻微点蚀 A3、B3、C3级：试片有明显点蚀								
	SRB菌，个/mL	0	<10	<25	0	<10	<25	0	<10	<25
	铁细菌，个/mL	$n \times 10^2$			$n \times 10^3$			$n \times 10^4$		
	TGB，个/mL	$n \times 10^2$			$n \times 10^3$			$n \times 10^4$		
	膜滤系数，mL/MPa·min	≥20			≥15			≥10		

注：(1) 1<n<10；(2) 清水水质指标中去掉含油量；(3) 溶解氧参考国际标准建议取0.01mg/L以下。

2) 水的配伍性评价

(1) 含钡离子、锶离子、钙离子的水与含有硫酸根离子的水混注时，必须考虑硫酸盐结垢问题，经试验或计算认为不会生成沉淀时才可注入，否则应进行处理，使 $BaSO_4$ 结垢量控制指标不大于 2.5mg/L。

(2) 二价硫离子含量高的水与含有二价铁离子的水混注时，应考虑硫化亚铁结垢的问题，经处理后方可注入。

(3) 碳酸氢根离子和碳酸根离子含量较高的水与含钙离子、镁离子、钡离子、锶离子、铁离子（Fe^{2+}）等离子的水混注时，或当水中游离二氧化碳含量较高，或二氧化碳逸出使水的 pH 值升高时，应考虑碳酸盐结垢问题。

(4) 按化学溶度积理论，可初步判断各种离子在水中的稳定性。注水过程中可能涉及的易发生沉淀的化合物有 $BaSO_4$、$SrSO_4$、$CaCO_3$、$CaSO_4$、FeS、$BaCO_3$、$SrCO_3$、$Fe(OH)_3$、$FeCO_3$、$Mg(OH)_2$、$Fe(OH)_2$ 及 $MgCO_3$ 等。

(5) 阳离子交换量（CEC）值大于 0.09mmol/g（按一价离子计算）时，就不能忽略黏土的水化膨胀问题。

(6) 室内进行天然岩心注水试验，一般情况下，水相渗透率下降值应小于 30%。

2. 注水水质推荐指标

(1) 悬浮物固体含量及颗粒直径、含油量、平均腐蚀率、硫酸盐还原菌（SRB）、铁细菌、腐生菌（TGB）和膜滤系数指标见表 3-2。

(2) 总铁含量应小于 0.5mg/L。

(3) 溶解氧小于 0.05mg/L，国际溶解氧要求小于 0.005mg/L。

(4) 游离二氧化碳含量应小于 10mg/L。

(5) 硫化物（指二价硫）含量应小于 10mg/L。

(6) 当注入水质达不到要求时，必须定期洗井，洗井要求见本章第六节。

第五节 分层注水工艺方案

分层注水是调整油田层间矛盾、提高注水波及系数、改善油田开发效果的一个重要手段。编制采油工程方案时，必须根据油藏工程方案提出的分注要求来规划、设计分层注水工艺方案（简称分注方案）。

一、编制分注工艺方案的原则及步骤

编制分注方案时，首先要收集相关资料，了解分层吸水能力、注水压差、油藏工程配注要求、油层温度和压力等相关参数。在满足配注要求的前提下，从技术上论证其可行性，从经济上论证其合理性。其编制步骤为：

(1) 按照目前分注工艺技术水平，分层工具分注多层一般是可行的，只是调配工作

量大，耗时较长，注水井时率低。一般井深小于3000m的井以3层或4层为宜，超过3000m的井以2层或3层为宜，这样基本能保证注水井正常注水时间在85%以上。

（2）利用试采、试注数据（或采用计算方法），按本章第三节的方法计算出分层注水井底压力，选最高井底压力为油管内井底压力。然后以此压力减去各层达到配注要求的井底压力，即为各层的嘴损。再以此为依据，根据嘴损曲线得出各层配水嘴直径，综合分析此方案是否可行（如水嘴过小或层间压差过大，现有注水封隔器承压能力不够，都属于不可行）。并验算各层注水压力是否超过破裂压力，如果超过，则应采用增注措施，降低压力。

（3）按本章第二节的方法，验算各层注入量是否超过极限注入量，如果超过，则应采用水力压裂措施扩大渗滤面积，降低流速，避免速敏伤害。

（4）在确定分注管柱的基础上，对各种分注方案（以分注为主或简化分注层数辅以调驱或调剖措施）测算一次投资和运行费，从经济角度寻求合理方案。

二、分注管柱设计

在确定分注方案的基础上，进行分注管柱设计，主要考虑深度、井斜、温度、耐压差、洗井要求、测试及调配等因素选择工具和管柱结构。必须能够满足井下各种作业措施和测试要求，即油管强度能够保证起下管柱作业时安全可靠。

三、注水摩阻损失及注水管柱油管直径的确定

1. 注水摩阻损失的确定

在进行注水管柱设计之前，要根据油田开发方案对注水井的配注要求，计算分析不同油管直径、不同注入量下管柱的摩阻损失，为注水管柱油管直径优化设计提供技术依据。

除裂缝型油藏大排量注水井外，一般情况下注入水在油管内摩阻损失很小，可忽略不计。如采用 $2\frac{7}{8}$ in 油管注水，当注水层段深度为1000m、日注量为200m^{3}时，其摩阻损失低于0.2MPa。因此，在编制采油工程方案时，一般情况下注水管柱设计时摩阻损失可忽略不计。

2. 注水管柱油管直径的确定

一般小注入量的注水井，摩阻损失不是主要矛盾，可以不做油管直径敏感性分析，只考虑投捞、测试的通径要求。另外还要考虑注入水在井下停留时间，原则上不要超过12h。对大排量注水井（日注几千立方米以上的注水井）要根据油田开发方案对注水井的配注要求，依据注水井试注资料，确定注水井吸水指数。要采用油管直径敏感性分析软件，分别选取不同的吸水指数和注入排量，在规定的注水压力下，进行油管直径敏感性分析。通过对油管直径敏感性曲线分析对比，优选确定油管直径。

有关分层注水工艺、井下工具及管柱，详见本书第五章"分层注水技术"。

四、分注管柱的各种负荷及受力分析

注水井实施分层注水时，封隔器上下存在压差，产生了一些附加力，使分注管柱与笼

统注水管柱的受力分析方法有较大区别。油田注水开发分注管柱可分为单封隔器单一管柱、单封隔器复合管柱、双封隔器单一管柱和双封隔器复合管柱等多种类型，应当对其活塞效应、螺旋弯曲效应、鼓胀效应和温度效应等四种基本效应计算分析，并对封隔器受力和承受压差分析研究，以便优化设计分注管柱，满足油田注水开发的需要。若设计条件为井深 1500m 以内，压力 18MPa 以下，则可以不计算分注管柱的各种负荷和受力分析。相关受力分析详见本书第五章"分层注水技术"。

第六节 注水井试注

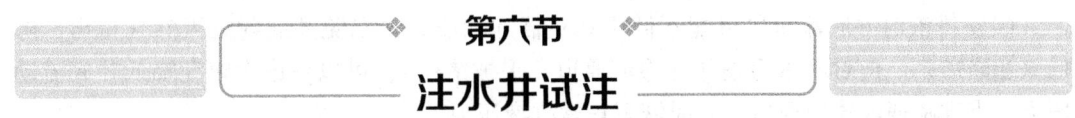

注水井试注是注水井投注前的一个重要环节，主要有三个步骤：排液（转注井在采油过程中已排液，故不用再排液）、洗井、试注。

一、排液

排液的目的有三个：一是排除钻井、完井过程中产生的不同程度的伤害和堵塞；二是在井底附近造成低压区，为注水创造有利条件；三是可以采出注水井井底附近部分原油，减少地层储量损失。但对特低渗透层或有效上覆压力小的油藏，要注意应力敏感，防止井眼附近油层压力下降过低。

1. 排液要求

（1）排液时间及强度要依据油层性质和油田开发方案确定，排液强度以不伤害油层结构为原则，排出液含砂量小于 0.2%。

（2）为了尽可能地排除井底附近地层内污染物，可根据现代试井工艺，求出伤害半径，用式(3-16) 计算伤害体积，其排液界限一般为 2 倍井筒容积加上 10 倍的地层伤害体积。地层伤害体积计算公式如下：

$$V = H\pi R^2 \phi \tag{3-16}$$

式中　V——伤害体积，m^3；
　　　H——地层有效厚度，m；
　　　R——伤害半径，m；
　　　ϕ——地层孔隙度，%。

（3）对于应力敏感性地层，排液时应尽可能减少渗透率下降的影响，可用公式(3-17)和 (3-18) 进行计算：

$$\sigma = (t_s - t_y)H \tag{3-17}$$

式中　σ——有效上覆压力，MPa；
　　　t_s——上覆压力梯度，当油层深度小于 3049m 时取 0.024MPa/m，当油层深度大于 3049m 时取 0.024~0.028MPa/m；

t_y——油层压力梯度,MPa/m;

H——油层岩石埋藏深度,m。

$$\ln K_{gr} = \ln K_{gs} - \partial_k (1 - e^{-0.05\sigma}) \tag{3-18}$$

式中 K_{gr}——有效上覆压力 σ 下的空气渗透率,μm^2;

K_{gs}——有效上覆压力 $\sigma=0$ 时的空气渗透率,μm^2;

∂_k——岩样渗透率变化系数,由室内试验求得(常数)。

一般要求应力敏感油藏排液时 K_{gr}/K_{gs} 大于 0.7,否则可以不排液。

(4)排液时井底流压尽可能不低于 0.9 倍饱和压力,以免井底附近天然气溢出,降低水相渗透率。但对严重污染井(渗流通道几乎被堵死),可以考虑大幅度降低井底流动压力,直到疏通渗流通道后,及时恢复正常排液压力。

(5)对排出液要及时进行计量、监测化验,注意液量、含砂量的变化。

2. 常用排液方法及适应条件

1)有自喷能力注水井的排液方法

(1)替喷排液。

替喷排液法的实质就是减小井内液柱的密度,使井内液体的回压低于油层压力,以达到诱喷的目的。替喷法有以下三种:

① 常规替喷法:把油管下至油层中、上部,用泵把替喷用的液体连续替入井内,直到把井中的全部压井液替出为止。这种替喷法简单,但油管管鞋至井底之间的压井液无法替出。

② 一次替喷法:把油管下到人工井底上方 1m 左右,用替喷液把压井液替出,然后上提油管至设计深度完井。该方法适用于油层压力是替喷流体液柱压力的 1.01~1.02 倍,自喷能力不强,替完替喷液到油井喷油之间有一段间歇,可以上提油管至设计的油井深度。

③ 二次替喷法:把油管下到人工井底上方 1m 左右,替入部分替喷液至油层顶部以上(油管内外平衡),上提油管至设计深度,再用替喷液替出油层顶部以上的全部压井液。该方法的优点是既能替出井内的全部压井液,又能把油管提到预定的位置。

(2)混气水排液。

当油层压力较低,用一般替喷液不足以形成自喷时,可利用气体与水的混合,进一步降低替喷液的密度。由于混合物的密度可以由控制气体的压力和流量来调节,因此它可以控制井底回压的下降程度,使得替喷液的液柱压力小于油层压力,达到诱喷的目的。

混气水配制方法为:利用喷射原理,使洗井水经过喷嘴后形成低压区,使用低压压风机将低压气体混入洗井水中,形成混气水。气体一般为氮气,且不能使用空气,以防爆炸。

(3)泡沫排液。

泡沫排液改进了混气水排液方法,即在水中加入表面活性剂,经发泡装置注入气体后形成泡沫。其独特的结构使其滑脱损失达到最小,液体密度稳定,具有静液柱压头调整幅度大、滤失量小、携砂性能好、摩阻损失小、助排能力强、对油层伤害小等特性。因此，该工艺方法应用较为广泛。在泡沫稳定的条件下，允许使用空气，但要严格控制破乳后空气溢出时的环境天然气浓度，以防空气中天然气含量达到含 5%~15% 时，遇明火爆炸。

（4）抽汲排液。

抽汲排液就是用一种专用工具把井内液体抽到地面，以达到降低液面，即减小液柱对油层产生回压的一种排液措施。抽汲排液的诱喷强度比替喷大，要严格控制井底流动压力，控制含砂量在 0.2% 以下。该方法适用于油层伤害严重的注水井。

（5）气举排液。

气举排液就是采用高压气体压缩机把气体（一般使用氮气或天然气，严禁使用空气）压入井中降低液柱压力，使压井液排出的一种方法。气举排液最突出的特点是井内液体回压能迅速下降。该工艺方法适用于油层岩石胶结坚实，且有高压气可以利用的砂岩油藏油水井排液。对于胶结较疏松的砂岩油层，要控制好掏空深度和气举排液强度，以免破坏油层结构而导致出砂。

气举排液有正举、反举之分。正举是把气体从油管中压入，气液混合物从油套环空中上升喷至地面；反举是把气体从油套环空压入，油气混合物从油管喷至地面。这种工艺受气体高压压缩机的最高工作压力限制。一般采用光油管，在浅井中使用。缺点是压井液会压入油层，造成进一步伤害。对有自喷能力的油藏诱喷时适用。

2）无自喷能力注水井的排液方法

（1）多级气举排液。多级气举排液时根据排液的需要设计好多级气举阀管柱，主要是选择气举阀的类型，并计算出各级阀的下入深度。该工艺方法的特点是油井液柱回压的下降逐级降低，较气举排液的下降速度要缓和一些，可以做到平稳排液。如果采用半闭式或闭式气举管柱，则可避免压井液进入油层造成伤害。该方法是一种较为正规的人工举升方式，可用于较长时间的排液，但是现场必须具备气举采油的条件，以降低单独建立气举地面设备的经济成本。

（2）多数人工举升方式，均可作为注水井的排液手段，但适用条件有别。如螺杆泵排液适用于稠油投注前的排液，其原因是稠油中大多有不同程度的出砂，而螺杆泵是一种容积泵，无阀件，只依靠螺杆旋转运动，形成容积挤压而连续排油，排量连续平稳，且对气体和砂体不敏感，不易发生气锁和砂卡。螺杆泵适用的油层埋藏深度为 1500m 以内，也是稠油开采的最佳深度。

（3）对应力敏感的油层可采用连续油管和注氮气的方法将井中液体排出，既清洗了井底，也起到部分疏通油层的作用。但对应力敏感油层，最好使用泡沫排液的方法，在清洗井底、疏通油层的基础上，也能减轻应力敏感的影响。

二、洗井

注水井洗井的目的是确保井筒清洁，即在正式洗井之前使地层反吐一段时间，将渗滤表面的污染物排出。为此，在编制采油工程方案时必须做好以下工作：

（1）洗井液首先应当保证清洁、优质。对转注井应考虑使用热水、活性水，以清除井筒中的石蜡、沥青等油质。

（2）洗井液的密度应比压井液的密度略低，敞开循环时油层可以反吐，开始洗井时控制出口回压保持油层不喷不漏或微漏，这样才能将井筒洗干净，否则油层不断反吐，导致井筒无法洗净。一般采用盐水作为洗井液，取氯化钠盐水的密度为 $1 \sim 1.18 \text{g/cm}^3$，氯化钙溶液的密度为 $1 \sim 1.26 \text{g/cm}^3$。

（3）洗井液与油层配伍性要好。洗井液一般采用盐水或地层产出水，经除油和清除固相处理后，达到注入水水质标准的要求。对于敏感性油层，要根据敏感性实验的分析结果，经过室内配伍性实验后确定洗井液配方，以保证洗井液与油层及地层流体配伍，尽可能减少对地层的伤害，达到保护油层的目的。根据油层特性，可在洗井水中加入活性剂、溶蜡剂、解堵剂等，以增加其清洗携带油污和解除油层堵塞的能力。

（4）必要时可下冲洗炮眼管柱，清洗炮眼。洗井时要不断取进、出口的液样分析，直至两者的性质基本一致时为合格。

三、试注

保护油层是试注前一项重要的工作，要根据敏感性试验的结果优化注入水质和注入参数。试注需要论证的具体内容见表3-3。

表3-3　试注项目及工作概要

项目	试注工作概要
速敏实验	（1）确定油井不发生速敏伤害的临界注入量； （2）发生速敏伤害的临界注入量太小，不能满足配注要求，要设计增注方案
水敏实验	（1）如无水敏，则注入地层的工作液矿化度要小于地层水矿化度，不作严格要求； （2）如果有水敏，则必须进行防黏土膨胀和稳定黏土的室内试验，优选配方。做出防膨概念设计，根据水敏的特点采用先期防膨、定期防膨、长期防膨（连续注入），除长期防膨外，处理半径一般为1.2~3.0m，浓度由室内试验决定，注入排量小于临界排量，注入压力低于破裂压力
盐敏实验	如果有盐敏，则进入地层的各类工作液都必须控制在两个临界矿化度之间
碱敏实验	（1）如果有碱敏，则进入地层的各类工作液都必须控制其pH值在临界pH值以下； （2）如果是强碱敏地层，由于无法控制水泥浆的pH值在临界pH值以下，为了防止油气层伤害，要设计屏蔽式暂堵技术，减少伤害
试注概念设计	（1）应用本章第二节至第四节的方法做出注水参数的概念设计； （2）试注期间至少要系统取吸水剖面和指示曲线（包括分层指示曲线），验证试注概念设计的正确性，及时修正错误

注：注水井试注正常后即可投注，转入正常注水。

按油藏工程方案的要求，检查试注结果，发现问题及时重复上述方法进行修正，直到达到油藏工程方案要求后方可正式投注。投注后要加强管理，首先注水系统压力要平稳，一般允许的压力波动范围不应大于渗流启动压差。严格控制水质达标，当水质不合格时，及时调整。水质不达标期间，必须定期洗井，同时要特别注意环保问题。

第七节
注水井配注方案调整

油田开发过程是不断发现问题和解决问题的过程。一般情况下，编制注水井配注方案时，由于对油田地下油水运动规律认识的局限性，方案实施后，总会或多或少地存在着一些问题，或者又暴露出一些新的矛盾，这就需要对原来的配注方案进行调整。每年的注水井配注方案调整，一般都是在上一年度的基础上进行，既有阶段性，又有延续性，贯穿于油田注水开发的全过程。

注水井配注方案调整的基本流程是：开展地下大调查—确定配注方案调整原则—测算年度开发指标—编制注水井配注调整方案。

一、开展地下大调查

地下大调查是深入认识油藏和发现油田开发存在矛盾的基础，更是编制注水井配注调整方案的重要依据。地下大调查的主要内容如下：

（1）储量动用程度和油水分布状况。应用吸水剖面、产液剖面、密闭取心、饱和度测井、水淹层测井、数值模拟等资料，分析研究油层动用程度、水淹状况、分层注采强度等；利用不同开发阶段的驱替特征曲线，分析储量动用状况及变化趋势。

（2）注采平衡和能量保持状况。主要分析注采比变化与地层压力水平的关系、压力系统和注采井数比的合理性。要确定合理的油层压力保持水平，分析能量保持状况是否合理，提出调整配产、配注方案和改善注水开发效果的措施。

（3）注水状况及变化趋势。分析注水量完成情况、吸水能力的变化及原因，搞清区块的注水见效情况、分层注水状况等，提出改善注水状况的措施；分析含水上升率、存水率、水驱指数，并与理论值进行对比，评价注水效果、波及效率等。

（4）含水上升率与产液量变化情况。应用实际含水率和采出程度数据，与理论计算曲线对比，分析含水上升率变化趋势，提出控制含水上升率的措施；分析产液量结构的变化，提出调整措施。

（5）主要增产、增注措施效果。对主要措施（如压裂、酸化、补孔等）要分析措施前后注水压力、注水量、产液量、产油量、含水率等指标的变化及有效期。

（6）油田开发重点工作（如精细油藏描述、产能建设、重大开发试验、区块综合治理等）进展情况。

通过地下大调查，实现"六个清楚、两个落实"。六个清楚：储量动用状况清楚、地层能量保持状况清楚、注采结构调整潜力清楚、配套技术应用现状清楚、存在主要问题清楚、下步调整方向清楚；两个落实：重点工作落实、单井措施方案落实。

二、确定配注方案调整原则

注水开发的油藏在不同的开发阶段由于暴露的矛盾不完全相同，因此采取的调整原则和达到的调控目的也应有所不同。油田不同开发阶段调整重点见表3-4。

表3-4 油田不同开发阶段调整重点

开发阶段	阶段特点	调整重点	阶段目标
低含水期（含水率小于20%）	注水见效、主力油层发挥作用，油田上产	（1）注够水，保持油层能量开采； （2）根据油层发育状况，开展早期分层注水； （3）分析平面上的注水状况和压力分布状况，做好平面上的注水强度调整，保持压力分布均衡和注入水均匀推进，防止单层突进和局部舌进	延长无水和低含水开采期，提高油田采收率
中含水期（含水率20%~60%）	主力油层普遍见水，部分油层水淹，层间和平面矛盾加剧，含水上升较快，产量递减大	（1）加大分注力度，重点做好层间接替工作； （2）研究层系、注采井网和注水方式的适应性，分析平面和层间矛盾； （3）平面上要调整注采结构，纵向上要细分注水层段，提高非主力油层动用程度	提高油层动用程度，控制含水上升速度和产量递减率
高含水期（含水率60%~90%）	多层见水，各类油层不同程度水淹，井况变差	（1）在搞清剩余油分布的基础上，实施平面和剖面结构调整； （2）做好层系和井网调整，提高注采井数比，增加注采对应率和多向受效比例，进一步完善单砂体注采系统； （3）加大细分、油层改造调剖和堵水等措施力度，改善储层吸水状况与产液状况，扩大注入水波及体积	控制含水上升速度和产量递减率，努力延长油田稳产期
特高含水期（含水率大于90%）	剩余油分布高度分散，注入水低效、无效循环的矛盾越来越突出	（1）做好水动力学调整，控制无效水循环； （2）开展精细挖潜调整，进一步提高注采井数比，采取层段细分注水、细分层压裂、细分层堵水、深部调驱等措施	改善储层吸水状况，控制注入水低效、无效循环，提高驱替效率

三、测算年度开发指标

年度开发指标测算的基本流程如图3-3所示。

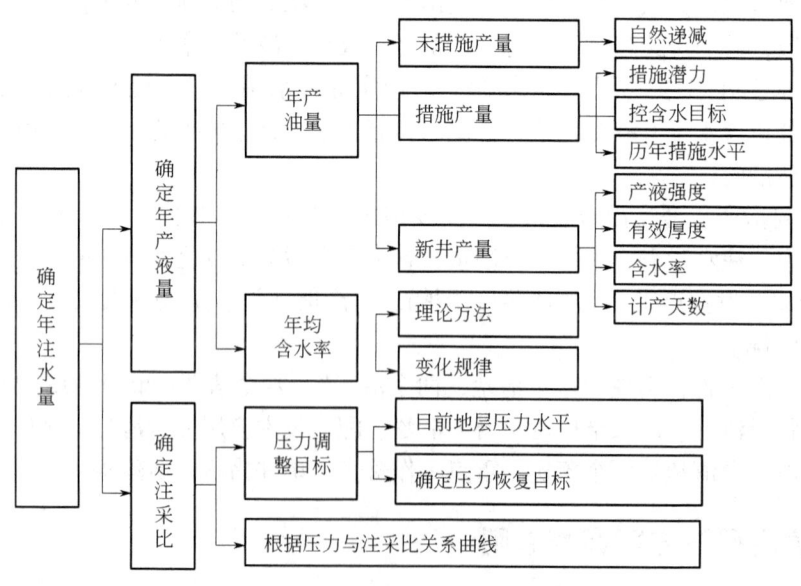

图3-3 年度开发指标测算流程图

1. 年产油量

年产油量由未措施年产油量、措施年产油量和新井年产油量构成，要分别进行测算。

（1）未措施年产油量的确定。油田产量进入递减期以后，确定未措施年产油量的关键是预测产量自然递减率。自然递减率的计算公式为：

$$自然递减率=\frac{上年年产油量-(当年年产油量-当年新井产量-当年措施产量)}{上年年产油量}\times 100\%$$

依据历年的实际自然递减率，分析自然递减率变化规律，结合理论曲线，确定区块的正常自然递减水平，给出下一年的自然递减率，进而得出老井未措施年产油量：

$$下一年度老井未措施年产油量=当年年产油量\times(1-自然递减率)$$

（2）措施年产油量的确定。措施产量构成包括油井压裂、酸化、补孔、三换（换机、换泵、换型）、大修、堵水、分层配产等措施产量。要根据地下大调查的结果、本区块历年措施工作量及效果、下一年度的施工能力等因素综合考虑，分别测算。一般情况下，这些措施的工作量及效果，有一定的连续性。

（3）新井年产油量的确定。按照开发规划安排，确定新井年产油量：

$$新井年产油量=产液量\times(1-综合含水率)\times 井数\times 计产天数$$

上式中相关参数确定方法如下：

产液量=产液强度×有效厚度，产液强度依据开采同层位的老采油井的产液强度确定；

综合含水率：依据开采同层位的老采油井含水确定；

计产天数：根据地面建设进程确定新井计产天数。

除此之外，新井年产油量也可以根据开发方案中给出的产能，考虑产能贡献率以后来确定。

2. 年均含水率

含水率上升速度是指一定时间内油井含水率或油田综合含水率的上升值，可按月度、季度和年度来计算，分别称为月含水率上升速度、季含水率上升速度和年含水率上升速度。这里采用年含水率上升速度，即年含水率上升值：

$$年均含水率上升值=当年年均含水率-上年年均含水率$$

含水上升率是指每采出1%地质储量的含水率上升值。含水上升率越小，油田开发效果越好。

$$年均含水上升率=年均含水率上升值/(年产油/地质储量)$$

年均含水率上升值确定方法有两种，分别为依据理论曲线和依据生产实践经验确定含水率上升值。导致油田综合含水率上升的因素很多，既有客观规律，又有开发管理因素，在预测时往往需要两种方法综合应用，才能更接近实际。

3. 年产液量

计算出年产油量及年均含水率后，则可计算出年产液量：

$$年产液量=年产油量/(1-年均含水率)$$

4. 年注采比

注采比是指注水开发油田（区块、井组）阶段内注入地下的水的体积与从地下采出的液体（油、水）体积之比。它反映注采是否平衡，阶段可以是月度、季度、年度或更长时间。

$$IPR = \frac{W_i - W_i'}{N_p \frac{B_o}{\rho_o} + W_p} \tag{3-19}$$

式中　IPR——注采比；

　　　W_i——阶段累积注水量，$10^4 m^3$；

　　　W_i'——注水井累积溢流（出）水量，$10^4 m^3$；

　　　N_p——阶段累积产油量，$10^4 t$；

　　　B_o——地层原油体积系数；

　　　ρ_o——原油密度，kg/m^3；

　　　$\frac{B_o}{\rho_o}$——把地面原油重量折算成地下原油体积的换算系数；

　　　W_p——阶段累积产水量，$10^4 m^3$。

因注水井溢流量难以计算准确，W_i'无法减去，所以现场实际应用时改为：

$$IPR = \frac{W_i}{N_p \frac{B_o}{\rho_o} + W_p} \tag{3-20}$$

应用矿场统计法，可统计出本区块注采比与地层压力的变化关系：

$$\frac{dp_R}{dt} = a + b(IPR) \tag{3-21}$$

式中　$\frac{dp_R}{dt}$——地层压力变化值；

　　　a、b——系数。

明确下一年度的地层压力调整值以后，就可以确定出合理的注采比。

5. 年注水量

结合年产液量、年产油量及注采比确定年注水量。

$$Q_{产水} = Q_{产液} - Q_{产油}$$

$$Q_{注水} = IPR\left(Q_{产水} + Q_{产油}\frac{B_o}{\rho_o}\right) \tag{3-22}$$

现场应用上述公式时，年产水量和产油量一般采用井口数据。

计算出年注水量后，要将注水量的变化值进行合理分配，扣除大修、措施增注、钻关恢复及周期注水等增减水量后，剩余水量为实际需要调整的水量。

四、编制注水井配注调整方案

全油田或区块配注水量确定后，就要把总水量分配到单井和层段。对于井组开发形势好、配注方案能够适应下一年度需求的注水井，可以不做调整；对于井组开发状况差的注水井，则要根据油井的动态变化趋势和需求进行调整。

1. 注水井配注调整方案编制资料要求

注水井资料包括生产数据、分层测试结果、同位素测试资料、流动压力、地层压力、指示曲线、工程测井结果等；采油井资料包括生产数据、环空找水测试、流动压力、地层压力、不稳定试井曲线、工程测井成果等。

2. 井组动态分析

针对井组注采平衡、压力平衡、含水率上升变化情况，结合油层物性和连通状况的综合分析，根据油藏开发不同阶段合理开采技术界限所要求的相应措施，缓解平面矛盾、层间矛盾及层内矛盾，协调好井组内各层、各井间的注采关系，提高井组的开发水平。

3. 注水井配注方案调整方法

重点解决油田开发中存在的"三大矛盾"，调整时要综合考虑。

1) 层间矛盾调整方法

根据油层吸水动用状况，对层间矛盾大的注水井，通过细分、重组，调整注水层段。对油层发育好、吸水能力强的油层单卡注水，对油层性质相近的油层组合成一个注水层段。

调整层间矛盾的关键是合理划分注水层段。大庆油田采油三厂以注水井各注水层段为研究单元，通过评价各层段的小层数、砂岩厚度、有效厚度、非均质系数、突进系数和渗透率级差等与吸水厚度比例的变化关系，确定出注水层段细分界限，概括为"56538"，即1个注水层段内小层数少于5个，砂岩厚度小于6m，渗透率变异系数小于0.5，一年测调3次，砂岩吸水厚度比例达到80%。不同油田油层发育条件和非均质性差异较大，外层注水界限和标准应根据本油田特点进行系统研究制定。

2) 层内矛盾调整方法

对厚油层层内吸水差异大的注水井，在保证夹（隔）层不窜的情况下，可以应用层内细分注水技术或实施深度调剖。在此基础上，控制高渗透、高含水部位注水，加强低渗透、低含水部位注水。

3) 平面矛盾调整方法

根据油层平面非均质性和注水强度差异情况，对含水率高、地层压力高的方向，控制注水量；对含水率低、地层压力低的方向，增加注水量。主要有以下几种类型：

（1）新老注水井关系调整。由于新转注水井方向油层含水率比较低，可加强新注水井方向注水，适当下调老注水井方向注水。注水井的注水强度可根据下式计算：

$$Q_{wh} = 87.7 \times \frac{p_w - p_o}{\ln(r_{wo}/r_w)} \times \frac{K_w}{100 + f_w + M(100 - f_w)} \quad (3-23)$$

式中　Q_{wh}——注水井注水强度，$m^3/(d \cdot m)$；

　　　p_w——注水井井底流动压力，MPa；

　　　p_o——采油井井底流动压力，MPa；

　　　r_{wo}——注采井距，m；

r_w——注水井井筒半径，m；
K_w——水相相对渗透率；
f_w——含水率，%；
M——水油流度比。

(2) 措施井提水调整。对井组内油井的措施目的层，增加注水量，保证地层能量，加强措施前培养及措施后保护工作。

(3) 控制含水率上升调整。针对含水率高或含水率上升较快的井组，综合分析主要来水方向，下调高含水率方向注水量，控制含水率上升速度。

(4) 低压提水调整。结合油层吸水、产液情况，对地层压力低、综合含水率低的油层加强注水。

五、几种特殊情况下的注水井配注方案编制要求

1. 注水井措施后注水

对油层发育差或油层受到伤害导致吸水能力低的注水井，需要采取压裂、酸化等措施。措施后，放大注水3天，对启动压力及措施水量进行对比，依据测取资料结果进行配注方案编制。需要注意的是，压裂井1个月内需完成重配或调整作业，作业后1周内完成分层测试调配。

2. 注水井大修后恢复注水

注水井大修后恢复注水，要根据大修前关井时间的长短采取不同的恢复方式。

关井时间小于半年的注水井，洗井开井后按原层段恢复注水，初期注水量恢复到原水量的60%~70%，然后根据周围油井动态变化逐步恢复到100%。

关井时间大于半年的注水井，洗井开井后笼统注水7~10天，测取注水指示曲线和同位素吸水剖面资料，确定油层的启动压力，了解油层吸水状况，进行配注方案编制。初期注水层段可划分为两段，适当控制高含水层位的注水；后期再测取同位素吸水剖面资料，调整配注方案。

3. 钻关区块恢复注水

要根据钻关期间的油井生产动态变化及新井水淹层资料，优化恢复注水方案。大庆油田采油三厂的恢复注水方案分为以下三步：

第一步，临时方案1。在对现有的油水井动静态资料分析的基础上，确定出钻关前油井的高含水层，并根据精细地质研究成果确定各储层所处砂体类型，编制第一步临时方案。高含水层投死嘴，其余层段的大中型河道砂体恢复到钻关前注水量的50%，三角洲内前缘相沉积砂体恢复到60%，三角洲外前缘相席状砂体恢复到70%，注水10~15天。

第二步，临时方案2。高含水层继续投死嘴，其余层段注水量恢复比例提高10%，注水25~30天。

第三步，正式方案。依据新井水淹层解释资料及钻关期间井组变化特点，确定分层注水量。大中型河道砂体恢复到85%~90%，三角洲内前缘相沉积砂体恢复到95%~100%，三角洲外前缘相席状砂体恢复到95%~105%，全井配注水量恢复到95%左右。

一般情况下，钻关区块恢复注水 3~5 个月后，油井产量、含水率也可恢复到正常水平，可以根据动态变化进行跟踪调整。

思考题

1. 注水井吸水能力预测方法有哪些？
2. 如何预测地层破裂压力？
3. 对注水水质有哪些基本要求？
4. 注水水质有何质量要求？
5. 怎样评价注水水源？
6. 有哪些常用的排液方法？各自的适用条件是什么？
7. 老井注水方案调整需要考虑哪些因素？

参考文献

［1］ 王洪勋，张琪. 采油工艺原理［M］. 2 版. 北京：石油工业出版社，1990.
［2］ 万仁溥，罗英俊. 采油技术手册［M］. 北京：石油工业出版社，1992.
［3］ 夏位荣，张占峰，程时清. 油气田开发地质学［M］. 北京：石油工业出版社，1999.
［4］ 布雷德利 B W. 两种油田水处理系统［M］. 石油工业出版社，1992.
［5］ 陆柱，郑士忠，等. 油田水处理技术［M］. 石油工业出版社，1990.
［6］ Ahsene B, Xinghui L, Civan F. Predictive Model and Verification for Sand Particulate Migration in Gravel Packs［J］. SPE 28534.
［7］ Bigno Y, Oyeneyin M B, Peden J M. Investigation of Pore－Blocking Mechanism in Gravel Packs in the Management and Control of Fine Migration［J］. SPE 27342.
［8］ Hamouda A A. Water Injection Quality in Ekofisk－UV Sterilization and Monitoring Techniques［J］. SPE 21048.
［9］ Nevans J W, Pande P K, Clark M B. Improved Reservoir Management With Water Quality Enhancement at Robertson Unit［J］. SPE 27668.
［10］ Rose R E, Austin C E, Pike J R. Waterflooding Stimulation for Fractured Limestone of Austin Chalk［J］. SPE 23779.
［11］ Graff O F, Nielsen N. New Water Injection Technology［J］. SPE 23090.
［12］ Clifford P J, Mellor D W, Jones T J. Water Quality Requirements For Fractured Injected Wells［J］. SPE 21439.
［13］ 蒋建勋. 注水开发油田水质优化方法研究［J］. 西南石油学院学报，2003，25（3）：26-29.
［14］ 王永清，李海涛，蒋建勋. 油田注入水水质调控决策方法研究［J］. 石油学报，2003，24（3）：68-73.

第四章
注水工艺技术

第一节 注入系统

视频 4-1 油田注水系统

油田注水系统（视频 4-1）可分为供水系统、注水地面系统、井筒流动系统、油藏流动系统。注入系统是注水地面系统和井筒流动系统的总称，它由注水站、配水间、注水井（井口、井下配水管柱）及相连管网组成。水源水经处理后达到油田注水水质标准后，被送到注水站，经配水间、井口、井筒、配水嘴注入地层。

典型的注入系统主要由以下几部分组成。

一、注水站

注水站是注水地面系统的核心部分，其主要作用是将来水升压，以满足注水井对注入压力的要求。

1. 注水站设施

注水站的主要设施有储水罐、高压泵组及流量计和分水器等。

储水罐的作用有三个：（1）储备作用，即为注水泵储备一定水量，防止因停水而造成缺水停泵现象；（2）缓冲作用，即避免因供水管网压力不稳定而影响注水泵正常工作及其他系统的供水量和水质；（3）分离作用，它可使水中较大的固体颗粒物质、砂石等沉降于罐底，含油污水中较大颗粒的油滴可浮于水面，便于集中回收处理。

高压泵组常见为多级离心泵或柱塞泵，主要用于给注入水增压，流量计主要用于计量水量，而分水器主要用于将高压水向各配水间分配。

2. 注水站规模

注水站的规模主要以该站管辖范围的注水量及用水量为依据。注水站用水量为注水站注水总量、日洗井水量和附加用水量之和。

注水站压力是由油层注水压力决定的。油层注水压力可根据压力系统分析和试注资料获得。确定注水站设计压力时要注意两点：一是多油层混注时，以各油层均能完成配注水量的最高压力为依据；二是应考虑注水站与注水井因地形起伏而带来的液位高差影响，并应用注水井节点分析方法逐级推算。

3. 站内工艺流程

站内流程要求能满足注入水水质、计量、操作管理及分层注水等方面的要求。其基本流程为：来水进站→计量→水质处理→储水罐→泵出。拖动注水泵的大中型异步电动机需设润滑系统和冷却系统。此外，当清水和含油污水混注时，在水罐出口处设投放阻垢剂、杀菌剂等装置，即应有加药系统（溶药池和加药泵）。注水站可以对单井配注，也可以对配水间配水量。

二、配水间

配水间主要用来调节、控制和计量一口注水井的注水量，其主要设施为分水器、正常注水和旁通备用管汇、压力表和流量计。配水间一般分为单井配水间和多井配水间。

三、注水井

注水井是注入水从地面进入油层的通道，井口装置与自喷井相似，不同点是它无清蜡阀门，不装油嘴，可承高压。井口有注水用采油树（图4-1），陆上油田注水采油树多用CYB-250型，其主要作用是悬挂井内管柱、密封油套环空、控制注水和洗井方式（如正注、反注、合注、正洗、反洗）和进行井下作业。除井口装置外，注水井内还根据注水要求（分注、合注、洗井）下有相应的注水管柱。注水井可以是生产井转成的或专门为此目的而钻的井。通常将低产井或特高含水油井、边缘井转换成注水井。
注水井的井下管柱结构、井下工具遵循简单原则。大多数情况下（笼统注水），注水井仅需配置一套管柱和一个封隔器，封隔器下到射孔段顶界50m处。对有特定防腐要求的注水井，其管材应有特殊要求。且必要时，油套环空采用充满防腐封隔液的方法加以保护。这种液体可以是油也可以是水，一般用防腐剂或杀菌剂进行处理或另加除氧剂等。分层注水的井下管柱可按需设计。简单的注水井井下系统如图4-2所示。

多个注水井构成注水井组，注水井组的注入由配水间来完成。在配水间可添加增压泵，在井口或配水间可另加过滤装置。一般情况下，在配水间或增压站可对每口注水井进行计量。

四、注水管网

对于一个油田或一个区块，注水管道一般都连网成片，由几座或十几座注水站同时供水。由于涉及的因素多，问题相对复杂，此处不讲，第八章将详细介绍。

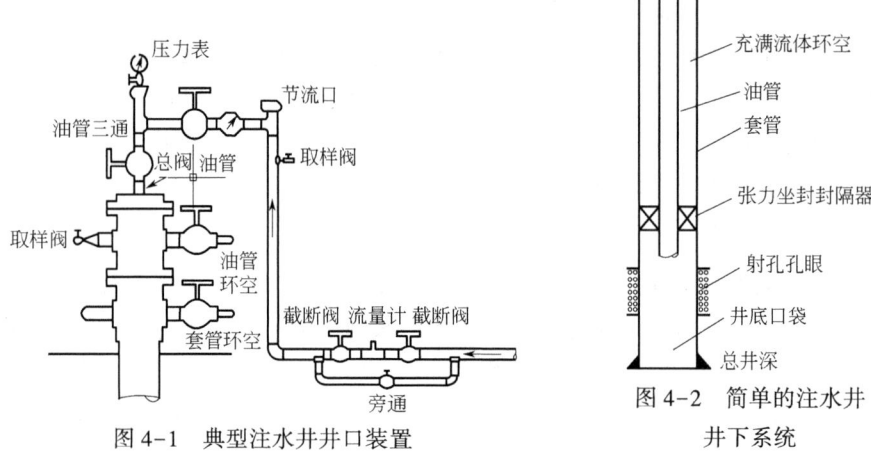

图 4-1 典型注水井井口装置

图 4-2 简单的注水井井下系统

第二节 注水工艺流程及主要注水设备

注水工艺指为了将注入水按设计要求注入地层而采用的各种工具、流程、方式方法的总称。

注水工艺按注入通道可分为油管注水（正注）、套管注水（反注）、油套管同时注水（合注）。

按是否分层注入可分为笼统注水、分层注水（图4-3）。

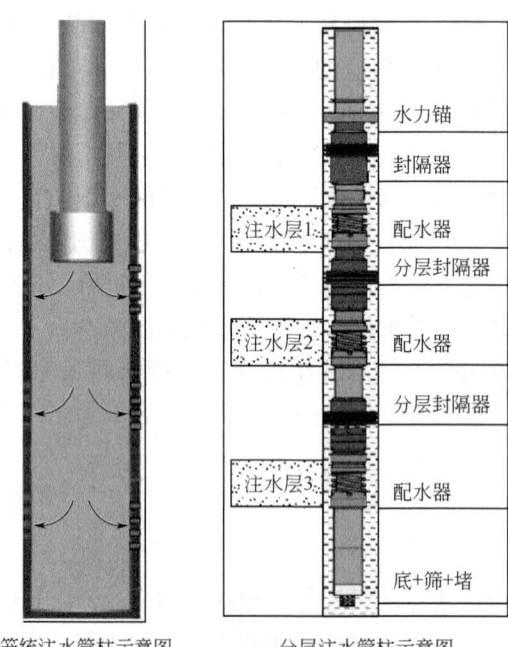

笼统注水管柱示意图　　分层注水管柱示意图

图4-3　笼统注水和分层注水管柱示意图

按注入方式分为稳定注水、周期注水。

按站场布局分为高压集中供水、低压集中供水、高压分散注水、分散橇装注水。

分层注水工艺见本书第五章及相关文献，本节重点介绍注水工艺流程及主要注水设备。

一、注水工艺流程

1. 大型离心泵注水站流程

离心泵运行平稳、大修周期长、占地小、操作方便、流量可调，在大流量地区应优先选用。其流程如图 4-4 所示，在使用一种水质的条件下，可选用 2 座储水罐。

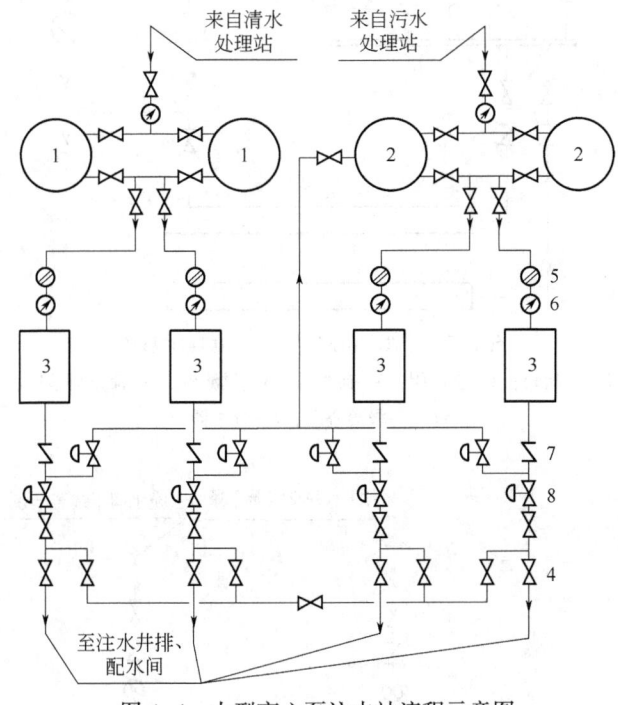

图 4-4 大型离心泵注水站流程示意图

1—清水储罐；2—污水储罐；3—高压离心泵；4—截断阀；5—过滤器；6—流量计；7—止回阀；8—节流阀

2. 小型离心泵注水站流程

其流程如图 4-5 所示，由于流量小，采用多级潜油离心泵。该流程选用水平放置多级潜油离心泵作为注水泵，适用于高压小流量工况注水，也可为注入水增压。在用于低渗透层注水时，泵进口应安装精细过滤器，其过滤精度按注入层的水质要求标准确定。该流程可直接向注水单井注水，也可向配水间供水。多数潜油离心泵的优点是可用于高压小流量、流量可调；缺点是效率低、注水用电单耗高。

3. 柱塞泵注水、配水、增压站流程

其流程如图 4-6 所示。该流程可采用低压来水，也可采用高压来水，可直接向注水

井注水，也可向多井配水间供水，适用于中、小注水量的油田注水及高压注水。

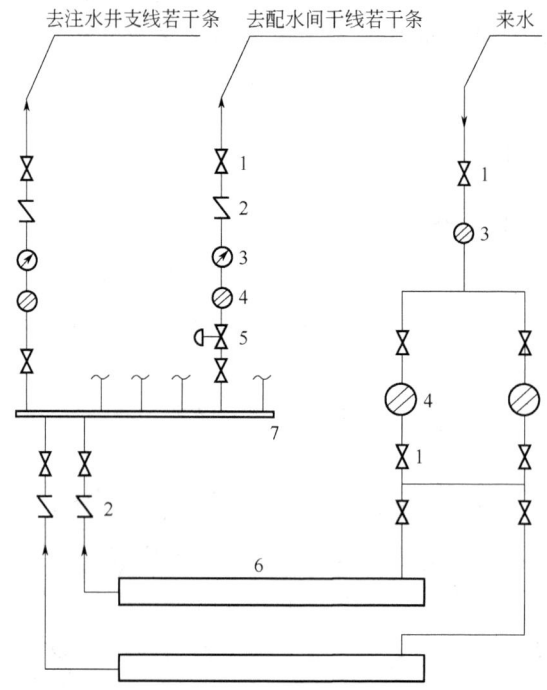

图 4-5　小型离心泵注水站流程示意图

1—截断阀；2—止回阀；3—流量计；4—过滤器；5—流量调节阀；
6—多级离心泵；7—分水器

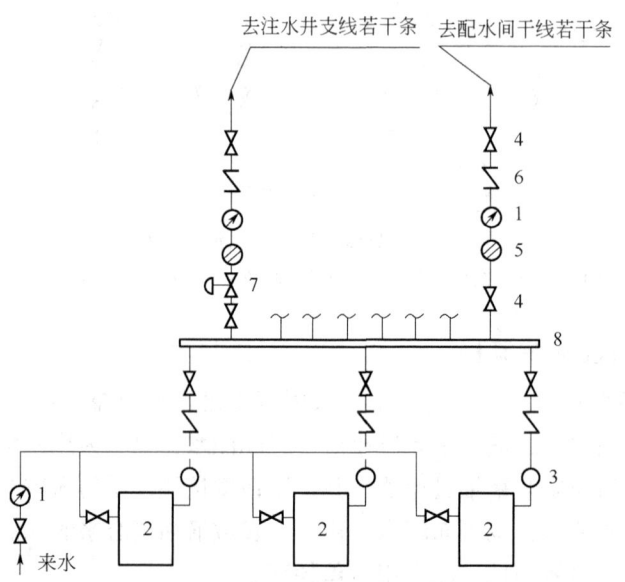

图 4-6　柱塞泵注水、配水、增压站流程示意图

1—流量计；2—柱塞泵；3—空气缓冲器；4—截断阀；5—过滤器；
6—止回阀；7—流量调节阀；8—分水器

4. 一井一泵流程

该流程的特点是每口注水井有一台三柱塞泵，也可称为单泵单井流程，其流程如图 4-7 所示，适用于注水量较小、注水压力差别大的油田。该流程操作方便，灵活可靠，不需阀门控制节流，损耗小，系统效率最高，注水用电单耗最小；缺点是设备多、占地大、基建投资多。

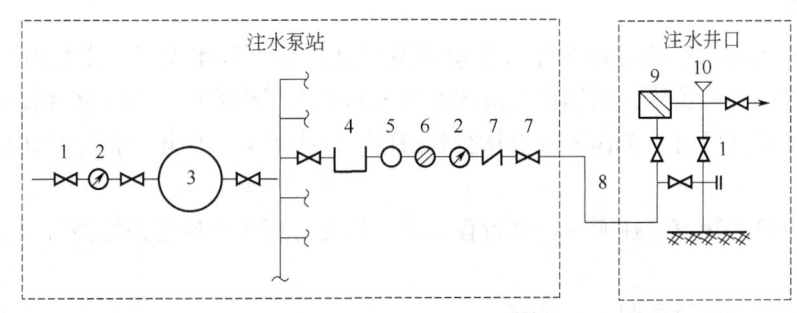

图 4-7 一井一泵流程示意图

1—截断阀；2—流量计；3—水罐；4—柱塞泵；5—空气缓冲器；6—过滤器；
7—止回阀；8—注水管线；9—井口过滤器；10—试井丝堵

二、主要注水设备

不管采用哪种注水工艺流程，要将水注到地下，都必须依靠地面注水泵机组（彩图 4-1）。

我国油田类型多种多样，配套的注水系统也不尽相同。如前所述，目前使用的注水泵机组主要有两种：一种是大功率的高压多级离心泵；另一种是小排量、高扬程的多柱塞往复式柱塞泵。离心泵和注水泵不同的工作原理和特点，决定了各自比较理想的适用范围。

彩图 4-1 注水泵

大功率的高压多级离心泵是大油田的注水主力泵型，主要用于注水量较大的注水系统中。其特点是：

(1) 排量大：单泵排量最大可达 430m^3/h；

(2) 压力适中：注水压力可达 25MPa；

(3) 泵效较高：大排量泵的泵效可达 78% 以上。

多柱塞往复式柱塞泵目前在国内油田已经普遍使用推广，主要用于注水量较小、注水压力要求较高的注水系统中。其特点是：

(1) 泵效高：单泵泵效可达 85% 以上；

(2) 压力高：注水压力可达 43MPa；

(3) 排量稳定：泵运行流量不受管路背压影响；

(4) 压力适用范围广：注塞泵的工作原理决定其排出压力能够随着背压变化而变化。

1. 常用注水泵的工作原理和性能对比

1) 离心泵

离心泵的工作原理是通过旋转叶轮逐级增加液体能量。当叶轮被泵轴带动旋转时，对位于叶片间的流体做功,流体受离心力的作用,由叶轮中心被抛向外围,从各叶片间抛出的高速液体在泵壳的收集作用下,动能转化为静压能,获得了能量以提高压强。多级离心泵就能多次提高液体的静压能。

离心泵的工作压力与转速和叶轮直径成正比,泵的流量与转速和叶轮宽度成正比。

离心泵的特性曲线如图 4-8 所示。

2)柱塞泵

柱塞泵的工作原理是活塞在外力推动下做往复运动,由此改变工作腔内的容积和压强,在工作腔内形成负压,则储槽内液体经吸入阀进入工作腔内。当柱塞往复运动打开和关闭吸入、压出阀门时,工作腔内液体受到挤压,压力增大,由排出阀排出达到输送液体的目的。

柱塞泵排量与转速、柱塞直径和行程有关,压力与所排介质管路特性有关,而与运行流量无关。

柱塞泵的特性曲线如图 4-9 所示。

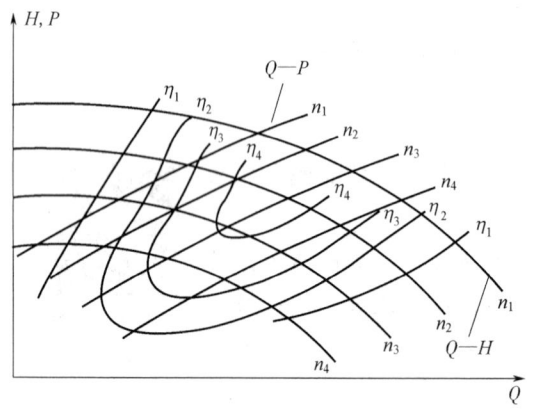

图 4-8 离心泵的特性曲线图

Q—流量;H—压力;P—功率;n—转速;η—泵效

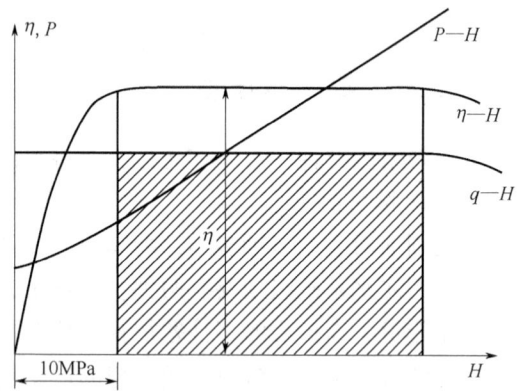

图 4-9 柱塞泵的特性曲线图

q—流量;H—压力;P—功率;η—泵效

3)离心泵与柱塞泵性能指标对比

近年来,离心泵和柱塞泵在技术上取得了很大的进步,实现了从小排量向大排量、低扬程向高扬程、低泵效向高泵效的演变,并实现了产品系列化。目前,国产注水泵性能指标及优缺点对比见表 4-1 和表 4-2。

表 4-1 国产离心泵与柱塞泵的指标对比

名称	最高压力 MPa	最大流量 m³/h	最大流量时		最高压力时		故障率	大修周期 h
			压力 MPa	泵效 %	流量 m³/h	泵效 %		
离心泵	25	400	18	81	120	61	较低	18000
柱塞泵	43	63	16	≥85	21.7	≥85	较高	12000

表 4-2 离心泵与柱塞泵的优缺点对比

比选项	离心泵	柱塞泵	备注
常用流量	很大，不高于 $400m^3/h$	较小，一般不高于 $50m^3/h$	
常用压力	较低，不高于 18MPa	12~30MPa	
流量调节	流量调节时能引起压力变化，效率降低	流量调节时，压力变化和效率不受影响	
适用压力范围	较小	较大	
设备结构	简单，零件少	较复杂，零件多	
电压等级	高压系统：6kV 或 10kV	一般为低压系统：380V	
操作管理	操作难度大	操作难度小	
维修管理	维护、维修工作量小	维护、维修工作量大	

2. 注水系统中离心泵和柱塞泵适应性分析

1) 离心泵

目前，国内已知高压离心泵中，其排量为 $60\sim400m^3/h$，扬程为 18MPa 左右，铭牌效率为 45%~79%。排量越小，效率越低。一般运行排量大于 $160m^3/h$ 时，泵效率才能达到 75% 以上。

从离心泵的性能曲线中可以看出，同一种泵，泵效随着流量增加而增大，随着扬程增大而减小，而且离心泵扬程与流量存在反比的关系。

因此，针对注水量较大（实际运行注水量大于 $4500m^3/d$）、注水压力不高（一般小于 18MPa），且注水量和注水压力波动不大的注水系统，采用多级高压离心泵是比较合适的，泵效率也较高。

2) 柱塞泵

随着国产注水泵性能的提高，高效率的柱塞泵越来越受到人们的青睐。目前，国内高压注水柱塞泵的最大流量可达 $63m^3/h$，最高扬程可达 43MPa，效率一般都在 85% 以上。从使用效果看，柱塞泵排量在 $30\sim45m^3/h$ 运行时，比较平稳，使用寿命较长，泵效能达到 85% 以上。

从柱塞泵的性能曲线中可以看出，同一种泵，泵排量和泵效率曲线在一定压力范围内（大于 10MPa）都是水平直线，即不受压力变化的影响，而泵运行压力只与管路特性有关系，即随着管路背压变化而变化。

因此，针对注水量较小（实际运行注水量小于 $4500m^3/d$）、注水压力较高（一般大于 18MPa），或注水量和注水压力波动较大的注水系统，采用多柱塞高压柱塞泵是比较合适的。

3. 其他主要注水设备

除了地面泵组外，注水系统常用设备还包括驱动泵的动力机械（电动机、柴油机、燃气轮机及燃气机等)、辅助泵(包括冷却水泵、滑油泵、喂水泵、排水泵等)、过滤器、玻璃钢冷却塔、各类阀门、流量计、压力仪表、监测与检测仪表、安全报警装置、稀油站成套设备、水罐密闭装置及注水电机变频调速装置等。

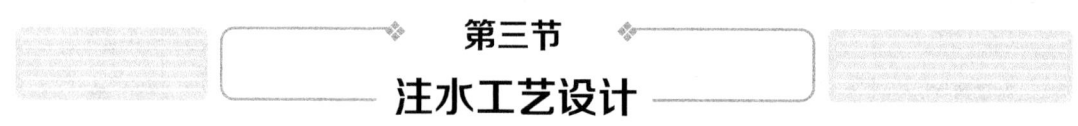

第三节 注水工艺设计

注水工艺设计是井下作业施工的指导书,是组织井下作业施工、进行技术协调协作、控制作业质量、监督检查验收、编制作业预算的主要依据,是保障注水井作业施工顺利实施的必要条件。因此,要求优选成熟的注水工艺和注水工具,优化井下管柱设计及各项工艺参数,明确规定作业施工技术标准、主要操作步骤和施工技术要求,制定具体的安全、环保和井控预案等。注水工艺设计必须具备较强的科学性、可靠性、经济性和安全性。

一、注水工艺设计主要内容

注水井在实施试注、试配、调整、重配及其他作业施工项目时,都需要预先编制注水工艺设计。一般来说,注水工艺设计的主要内容包括以下几个方面:

(1) 施工目的和设计依据。依据地质方案设计要求和作业施工目的,在注水工艺设计上要简明扼要叙述本次施工目的和设计依据,包括新投产注水井试注和试配、已投产注水井层段调整和重配作业、已投产注水井措施后层段调整等。

(2) 施工井号。由地质方案设计提供施工井号,设计井号必须是标准井号代码,符合开发区块字母或数字的标准书写格式。

(3) 基础数据。注水井工艺设计要提供与作业施工有关的基础数据,包括完钻日期、人工井底、套管规范、套管壁厚、下入深度、套补距、射孔日期、射孔井段、射孔枪型、油层中部深度、上次作业队伍及上次作业日期等。

(4) 原井管柱结构及管柱数据。原井管柱结构及管柱数据包括原井注水管柱的结构、下入工具名称、工具型号和规格、下入顺序和下入深度等参数,并附有原井下管柱完整结构图。

(5) 本次设计管柱结构及管柱数据。本次设计管柱结构及管柱数据包括注水井调整层位、配注量及层段注水参数要求、设计井下工具名称、工具型号规格、各层段允许卡封隔层范围数据、套管接箍位置数据等,并附有本次注水工艺设计井下管柱完整结构图。

(6) 工艺要求及作业施工要求。注明以下内容:注水井各项作业施工执行的技术标准和规范,历史上本井套变状况及本井历次修井情况数据,本次施工作业原因和历次施工作业存在问题,施工准备、施工队伍及施工材料设备要求,本次作业主要施工工序及技术要求,以及其他注意事项等。

(7) 安全环保及井控要求。按照工艺设计要求和 QHSE 作业程序进行施工,遇到特殊情况请示相关人员;下井工具的安全环保检查,要求合格工具方可下井;施工现场必要的防火、防爆、防喷、防触电等措施要求;井口返出液的处理要求和防污染等措施;区块压力、环境等状况,防喷器压力等级及安装要求;三高地区作业施工制定相应的安全环保和井控预案等。

（8）工艺设计和审核。完整的注水井工艺设计要明确标注设计单位名称、设计审核日期、设计人、审核人、审定人等。

二、注水工艺设计原则及注意事项

1. 注水工艺设计原则

（1）必须以地质方案设计为依据，要满足地质方案设计的层段划分和分层配水调整要求。

（2）注水工艺设计要合理可行。根据不同的地质条件、井筒条件和注水需求，优选适用的注水工艺及注水工艺管柱。要充分考虑井深、井身结构、固井质量、地层压力、温度、流体性质等因素，工艺管柱和注水工具要满足分层测试调配、防腐、洗井和分层调剖需要。一般情况下注水管柱设计要符合以下要求：

① 封隔器卡点位置应避开射孔炮眼、套管接箍和套管损坏部位，封隔器卡点深度位置计算准确，必要时用磁性定位进行深度检验；

② 配水器下入深度应错开射孔的位置，配水器与其他井下工具之间保持适当距离；

③ 射孔井段顶界以上 10~20m 位置，使用保护套管用的封隔器，管柱完井深度应在射孔底界深度以下 10~15m，当井底口袋不足时适当调整位置；

④ 腐蚀结垢注水井、三次采油注入井应使用防腐油管；

⑤ 优选成熟可靠的注水工艺及管柱，分层注水工具适应作业设备及作业能力的要求。

（3）确保健康、安全及环保施工的原则。工艺设计是安全环保的第一道防线，必须坚持"安全第一、预防为主"的方针。工艺设计前要详细调查和分析各种安全环保不利因素，制定切实可行的工艺预防措施。设计中必须明确规定安全操作的各项规定、污染排放及环保处理措施，高危井必须有井控措施及预案。

2. 注水工艺设计注意事项

为了编制好注水工艺设计，设计前需要查阅相关的基础资料和施工总结数据，了解区块的套损形势、压力状况、浅气层分布及周边环境状况，做到作业施工情况"五清"。

（1）基础数据清。设计前要仔细查阅该井完井数据、钻井数据、射孔数据等重要参数，做到设计提供的基础数据准确无误。基础数据查询从早期的人工查询完井数据，发展到目前的计算机自动从基础数据库中查询录用，工作效率和数据准确率大大提高。但是，对于一些采用特殊工艺的作业施工井和新工艺试验井，还需要查阅原始的基础数据资料。

（2）套管状况清。套管是实现分层注水和实施各项措施的物质基础，套管状况的好坏直接影响到分层注水质量和注水开发效果。清楚了解套管损坏的状况、部位、时间和修井情况等，主要有两个作用：一是在注水工艺设计时采取必要的套管防护和预防措施；二是选择适合套损后套管内径或加固管内径的注水工艺技术。

（3）工艺现状清。设计人员必须时时了解和掌握目前成熟的注水工艺技术，了解各种工艺技术的适应条件、应用范围、应用数量和应用效果，了解各种工艺是处于技术研发、现场试验阶段还是技术推广阶段等情况。设计中要优先选用成熟的注水工艺及配套工具，适当应用处于试验和推广阶段的新工艺、新技术。图4-10为注水工艺需要经过的研发推广流程。

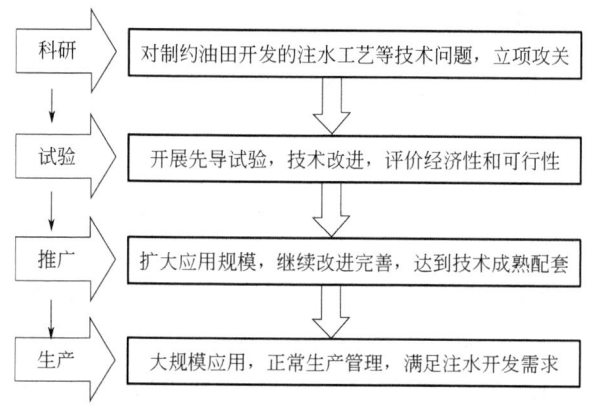

图4-10 注水工艺技术研发推广流程示意图

（4）施工井状况清。设计前要查阅历次施工总结和工艺设计情况，详细了解完井管柱、施工原因和施工备注，清楚注水井油管型号、井口设备、套补距等更换或更改原因，采取过压裂、酸化、调剖、封窜等措施的原因，长期未动管柱井存在的问题等。在工艺设计中，要针对不同情况采取必要的技术措施，降低施工风险。

① 对于地层出砂井和实施过压裂措施的井，设计中要求采取探砂面、冲砂、洗井等措施；

② 对于实施过酸化、调剖等措施的井，设计中要求采取大排量洗井或热泡沫洗井等措施；

③ 对于实施过井况调查、封窜和大修等措施的井，设计中要求采取通车、验窜、调查等措施；

④ 对于长期未动管柱井或频繁动管柱井，详细调查井口设备、套补距等状况，设计中要求采取洗井、刮蜡、验窜、调查等措施。

（5）安全环保状况清。设计前详细了解区块压力、浅气区、异常高危区、气液性质，掌握注入压力、驱替方式、周围环境及历史数据等，采取必要的安全环保和井控措施。

① 根据施工井地质资料，了解施工井基础数据、油层数据、射孔数据及历次作业资料，掌握区块地层压力状况、气液分布等情况；

② 根据施工井地质资料，了解施工井周边环境、硫化氢监测及生产情况等，做好井控风险识别和安全风险评估；

③ 根据施工井生产情况，包括泵压、油压、套压、静压、注水量、吸水剖面等资料，了解与周围油井的连通情况；

④ 查看施工井钻井井史等资料，了解施工井井身结构、侧斜数据、固井套管记录及固井质量等，提出有效的井控、安全和环保预案。

三、注水工艺设计步骤和流程

工艺设计人员从接到地质方案设计起，到完成一项单井注水工艺设计，一般需要经过四个步骤、三级审核把关（图4-11）。采用计算机辅助设计软件实现网上设计、审核、提交，接到地质方案后两天内可以完成工艺设计，特殊井当天就可送达作业施工队伍。

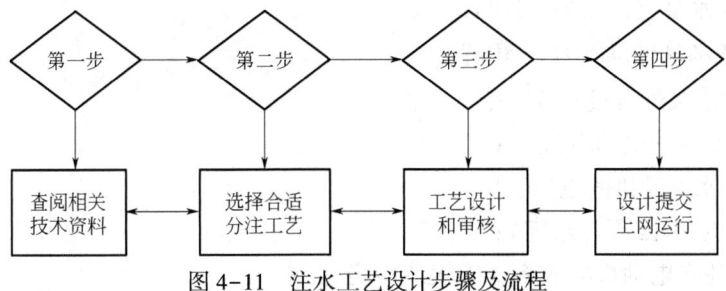

图4-11　注水工艺设计步骤及流程

随着智慧油田建设的推进，大多数采油厂均实现了工艺设计信息化、网络化、无纸化管理，建立了网上运行平台，具备设计、审核、统计、进度跟踪、总结查询等管理功能。

第四节　注水系统效率

注水系统庞大，能耗大。因此，提高注水系统效率对节能降耗及整个油田的开发效益都有非常重要的现实意义。

一、注水泵效率

1. 注水泵效率的概念

注水泵效率即注水泵的有效功率与轴功率的比值，用公式表示为：

$$\eta_\text{泵} = \frac{P_\text{e}}{P} \times 100\% \tag{4-1}$$

式中　$\eta_\text{泵}$——注水泵的效率，%；

　　　P_e——注水泵的有效功率，kW；

　　　P——注水泵的轴功率，kW。

2. 注水泵效率的计算方法

1）流量法

柱塞泵、活塞泵、离心泵及各种增压泵，均可按式(4-1)计算泵效率，有效功率和轴功率的计算如下：

$$P_\text{e} = \frac{\Delta p Q}{3.672} \tag{4-2}$$

$$P = \frac{\sqrt{3} I U \cos\varphi \eta_\text{电}}{1000} \tag{4-3}$$

其中
$$\Delta p = p_2 - p_1 \tag{4-4}$$

式中　Δp——注水泵出口、进口压差，MPa；
　　　p_1——注水泵进口压力，MPa；
　　　p_2——注水泵出口压力，MPa；
　　　Q——注水泵的流量，m³/h；
　　　I——注水电动机的电流，A；
　　　U——注水电动机的电压，V；
　　　$\cos\varphi$——功率因数（给定）；
　　　$\eta_电$——注水电动机的效率（查表或给定），%。

或者
$$P_e = \frac{H\gamma Q}{102} \tag{4-5}$$

式中　H——注水泵的扬程，m；
　　　Q——注水泵的流量，L/s；
　　　γ——输送介质的重度，N/m。

2）温差法（热力学法）

$$\eta_泵 = \frac{\Delta p}{\Delta p + 4.1868(\Delta t - \Delta t_s)} \times 100\% \tag{4-6}$$

其中
$$\Delta t = t_2 - t_1 \tag{4-7}$$

式中　t_1——注水泵进口水温，℃；
　　　t_2——注水泵出口水温，℃；
　　　Δt_s——等熵温升修正值（查等熵温升修正值表可得），℃。

二、电动机效率

1. 电动机效率的概念

电动机效率为电动机从电源取用的功率与输出功率的比值。

2. 电动机效率的计算方法

当采用测量法时，电动机效率计算公式为：

$$\eta_电 = \frac{\sqrt{3}IU\cos\varphi - P_0 - 3I^2R - K\sqrt{3}IU\cos\varphi}{\sqrt{3}IU\cos\varphi} \tag{4-8}$$

式中　$\eta_电$——电动机效率，%；
　　　P_0——电动机空载功率，kW；
　　　I——电动机线电流，A；
　　　U——电动机线电压，kW；
　　　$\cos\varphi$——电动机功率因数；

R——电动机定子直流电阻，Ω；

K——损耗系数，随电动机杂散耗、转子铜耗功率的增大而增加，常用的二极 1000~2250kW 电动机的 K 值为 0.009~0.011，一般可取 0.01。

3. 提高电动机效率的主要措施

（1）采用高效节能电动机。

（2）运用新技术、新工艺和新方法，对旧电动机进行技术改造，努力减少定子和转子的损耗。

（3）电动机功率要与泵的负荷相匹配，避免大马拉小车，减少功率损耗。

（4）逐步淘汰更新耗能大、效率低的电动机。

三、管网效率

1. 管网效率的概念

管网效率是指注水管网内有效输出功率与输入功率的比值。管网效率的高低，体现在从注水泵出口到注水井口之间管线的压力损失的大小。

注水管线压力损失主要包括注水泵出口阀门节流损失、管网的阻力损失和配水间的节流损失。

2. 管网效率的计算方法

将所测得的注水泵的出口压力及流量、注水井口压力及流量等参数代入管网效率计算公式，即可得注水系统的管网效率。

管网效率的计算公式为：

$$\eta_{网} = \frac{p_{31}q_{v1j}+p_{32}q_{v2j}+\cdots+p_{3n}q_{vnj}}{p_{21}q_{v1p}+p_{22}q_{v2p}+\cdots+p_{2n}q_{vnp}} \tag{4-9}$$

式中 $\eta_{网}$——管网效率，%；

p_{31}——1 号注水井井口压力，MPa；

p_{32}——2 号注水井井口压力，MPa；

p_{3n}——n 号注水井井口压力，MPa；

p_{21}——1 号注水泵出口压力，MPa；

p_{22}——2 号注水泵出口压力，MPa；

p_{2n}——n 号注水泵出口压力，MPa；

q_{v1j}——1 号注水井注水量，m³/d；

q_{v2j}——2 号注水井注水量，m³/d；

q_{vnj}——n 号注水井注水量，m³/d；

q_{v1p}——1 号注水泵流量，m³/d；

q_{v2p}——2 号注水泵流量，m³/d；

q_{vnp}——n 号注水泵流量，m³/d。

四、注水系统效率计算

注水系统效率是指在油田注水地面系统范围内，有效能与输入能的比值。简单地说，就是注水系统中，注水泵效率、电动机效率、管网效率的综合效率。在企业标准中，要求一级企业的注水系统效率不小于50%，二级企业的注水系统效率不小于45%。

1. 计算注水系统范围内电动机的平均运行效率

（1）在注水站配电盘单泵电动机功率表上，直接录取电动机输入功率，然后将录取的电动机输入功率乘以电动机铭牌效率或实测效率，即可得出电动机的输出功率。

（2）当注水站配电盘无单泵电动机功率表时，可从配电盘上录取电动机的线电流、线电压，选取适当的功率因数和电动机效率后，按电动机的输入、输出功率计算公式，计算电动机的输入和输出功率。

电动机的输入功率计算公式为：

$$P_1 = \frac{\sqrt{3}\,IU\cos\varphi}{1000} \tag{4-10}$$

式中　P_1——电动机输入功率，kW；
　　　I——电动机线电流，A；
　　　U——电动机线电压，kV；
　　　$\cos\varphi$——电动机功率因数。

电动机的输出功率计算公式为：

$$P_2 = P_1 \eta_电 \tag{4-11}$$

式中　P_2——电动机输出功率，kW；

（3）将注水系统范围内电动机的输入功率和输出功率，代入电动机平均运行效率计算公式，即可得出电动机的平均运行效率：

$$\bar{\eta}_1 = \frac{P_{21} + P_{22} + \cdots + P_{2n}}{P_{11} + P_{12} + \cdots + P_{1n}} \times 100\% \tag{4-12}$$

式中　$\bar{\eta}_1$——电动机平均运行效率，%；
　　　P_{11}——1号电动机输入功率，kW；
　　　P_{12}——2号电动机输入功率，kW；
　　　P_{1n}——n号电动机输入功率，kW；
　　　P_{21}——1号电动机输出功率，kW；
　　　P_{22}——2号电动机输出功率，kW；
　　　P_{2n}——n号电动机输出功率，kW。

2. 计算注水系统范围内注水泵的平均运行效率

（1）计算注水泵效率。采用计算公式(4-1)，即可得出注水泵效率：

$$\eta_2 = \frac{\Delta p\, q_{vp}}{3.672 P_3} \times 100\% \tag{4-13}$$

式中 η_2——注水泵的效率，%；
Δp——泵出口、进口压差，MPa；
P_3——注水泵运行轴功率，kW；
q_{vp}——注水泵运行流量，m³/h。

（2）将注水系统范围内的注水泵效率代入注水泵平均运行效率计算公式，即可得出注水泵平均运行效率。

注水泵平均运行效率计算公式为：

$$\bar{\eta}_2 = \frac{P_{31}\eta_{21}+P_{32}\eta_{22}+\cdots+P_{3n}\eta_{2n}}{P_{31}+P_{32}+\cdots+P_{3n}} \times 100\% \tag{4-14}$$

式中 $\bar{\eta}_2$——注水泵平均运行效率，%；
P_{31}——1 号注水泵运行轴功率，kW；
P_{32}——2 号注水泵运行轴功率，kW；
P_{3n}——n 号注水泵运行轴功率，kW；
η_{21}——1 号注水泵运行效率，%；
η_{22}——2 号注水泵运行效率，%；
η_{2n}——n 号注水泵运行效率，%。

3. 计算注水系统范围内注水管网的平均运行效率

注水管网的平均运行效率的计算公式为：

$$\bar{\eta}_3 = \frac{p}{p+\Delta p} \cdot \frac{q}{q+\Delta q} \tag{4-15}$$

式中 $\bar{\eta}_3$——注水管网平均运行效率，%；
p——注水井口平均压力，MPa；
Δp——管网及阀件节流损失，MPa；
q——注水井口平均注水量，m³/h；
Δq——管网漏失水量，m³/h。

4. 计算注水站辖区的注水系统效率

将电动机平均运行效率、注水泵平均运行效率和管网平均运行效率相乘，即可得出注水系统效率：

$$\eta_a = \bar{\eta}_1 \cdot \bar{\eta}_2 \cdot \bar{\eta}_3 \tag{4-16}$$

式中 η_a——注水站辖区的注水系统效率，%。

5. 计算油田或区块内的注水系统平均效率

将油田或区块内的注水站辖区的注水系统效率，代入注水系统平均效率计算公式，即可得出油田或区块内的注水系统平均效率：

$$\eta = \frac{P_a\eta_a+P_b\eta_b+\cdots+P_n\eta_n}{P_a+P_b+\cdots+P_n} \times 100\% \tag{4-17}$$

式中 η——油田或区块注水系统平均效率，%；

P_a——a 站总输入功率，kW；
P_b——b 站总输入功率，kW；
P_n——n 站总输入功率，kW；
η_a——a 站辖区的注水系统效率，%；
η_b——b 站辖区的注水系统效率，%；
η_n——n 站辖区的注水系统效率，%。

五、影响注水系统效率的因素分析

影响注水系统效率的因素较为复杂，涉及油藏开发及试采阶段、设计阶段和运行阶段等多方面，列举如下。

1. 油藏开发及试采阶段

（1）由于建设任务紧，在未全面了解油藏基本情况的条件下，提供的开发数据不准确，与实际运行数据差距较大。

（2）没有试注井或试注井试注时间较短，造成预测的注入压力与实际注入压力差距较大。

2. 设计阶段

（1）注水工艺模式选择不合理。注水工艺模式的选择对注水系统的节能影响巨大。在设计中，经常出现应该采用分压注水未采用分压注水、局部井需要单独增压未增压造成整个注水压力提高及注水站布局不合理等问题，造成注水系统效率较低，注水能耗较高。

（2）设计时注水泵泵型选择不合理。尽管《中国石油天然气股份有限公司注水开发油田水处理和注水系统地面生产管理规定》中规定"注水泵应保持高效运行，高压离心注水泵泵效应保持在 75% 以上，柱塞泵泵效应保持在 85% 以上"，但不少设计单位在设计时仍采用小排量、低效的高压离心泵和水平泵，其泵效一般比柱塞泵低 15% 以上。同样的，目前不少油田均存在采用小排量、低效的高压离心泵的情况。

（3）设计时注水泵机组匹配不合理。此种情况最常见情形是：选用注水泵时仅按最大注水量考虑，选用的注水泵流量、扬程偏大，在注水量较小的几年中，注水泵处于低效运行状态。应当做好注水泵机组匹配的设计工作，在泵高效运行的前提下合理匹配离心泵与柱塞泵及大泵与小泵。

（4）未考虑调速设施。由于投资限制、设计人员节能观念不强等因素，很多油田区块在设计时均未考虑设置调速设施，造成生产运行时通过节流或回流调节流量以匹配注入水量的变化，使得注水能耗增加。

3. 运行阶段

（1）注水泵存在回流问题，造成能量浪费。柱塞泵为容积式机泵，在机泵能力和实际注水量不匹配的情况下，只能依靠打回流的控制方式，实现机泵外输与实际注水量的匹配。离心泵在机泵能力和实际注水量不匹配的情况下，只能通过调节机泵出口阀门或者打回流的控制方式。目前，仅部分注水站采取了注水站微机巡控、注水泵优化设计、高压与低压变额、液力耦合调速等优化运行技术，降低了注水站的回流，但由于各种原因，这些技术尚未完全推广应用。

（2）注水泵运行时注水泵机组匹配不合理。注水泵运行时，注水量不可避免地发生增加或减少的情况，应及时根据注水量的变化合理匹配注水泵机组，使注水泵机组均运行在高效状态，这对降低注水能耗非常重要。

（3）注水泵的泵管压差较大。

（4）注水泵流量偏大、注水压力偏高，出现"大马拉小车"现象。

（5）部分油田井口节流严重。

（6）部分注水泵机组超年限运行，导致泵效下降。

（7）注水管网不合理或腐蚀、结垢严重，造成管网损失偏大、管网漏失。

六、提高注水系统效率的主要途径

在充分研究油藏工程的基础上，从工程角度分析，影响注水系统效率的主要因素有注水站布局、注水设备选择、泵管压差和管网压力损失等。可从以下几个方面采取措施，提高注水系统运行效率。

1. 合理布置注水泵站

在设计注水泵站时，要根据油田开发方案要求，严格遵守注水设计规范，周密考虑，合理布局，优化设计方案，以经济合理和满足油田开发生产为目的来选择注水站站址和设计注水泵站规模。站址应该选在注水负荷的中心，注水半径不宜过大，注水泵站到注水井井口的压力损失应符合设计规范要求。

2. 合理选择注水设备

在注水设备选型时，要依据注水泵及配套电动机的性能样本，进行认真筛选，选用低耗高效的注水泵及配套电动机。

3. 降低泵管压差

造成泵管压差过大的原因有：注水井的注入量与注水泵的流量不匹配，使管网压力降低；注水井在开关井、洗井作业时，注水系统内的注水泵没有进行适时调整等。

降低泵管压差的主要措施有：调节注水泵性能，切削叶轮直径或拆除一级叶轮，以满足不同区域对注水压力的不同需要；合理调整开泵台数，加强注水泵的运行调度；在经济合理的条件下，可考虑安装液力耦合器、电动机变频调速器等调速装置。

4. 降低管网压力损失

（1）注水管网的压力损失主要与注水管径和注水管线长度有关。当注水管径太小或长度太长、使管网压力损失过大时，可增建复线或换大口径注水管线。

（2）当管网的结垢程度使管网压力损失过大时，应及时清洗结垢严重的注水管线。

（3）当不同油层所需要的注水压力相差较大时，可分两套系统进行注水。

（4）当注水干线末端个别注水井所需注水压力较高时，需调节配水阀组，但产生的节流压力损失较大。可采取以下解决措施：在注水井井口或配水间安装增压泵进行局部增压，满足一口或多口注水井对注水压力的要求。

思考题

1. 典型的注水系统由哪几部分构成？各部分作用是什么？
2. 注水系统的流程主要分为哪几种？
3. 大功率的高压多级离心泵的特点是什么？
4. 柱塞泵的工作原理是什么？
5. 注水工艺设计的主要内容包括哪几个方面？
6. 注水工艺设计时应注意哪些事项？
7. 注水泵效率的计算方法有哪些？

参考文献

[1] 王鸿勋，张琪.采油工艺原理［M］.2版.北京：石油工业出版社，1990.
[2] 罗英俊，万仁溥.采油技术手册［M］.3版.北京：石油工业出版社，2005.
[3] 布雷德利 H B.石油工程手册［M］.北京：石油工业出版社，1996.
[4] 罗斯 S C，等.注水工程设计［M］.北京：石油工业出版社，1994.
[5] 郭呈柱，刘翔鹗，等.采油工程方案编制方法［M］.北京：石油工业出版社，1995.
[6] 查理斯 C 帕托.油田水处理工艺［M］.北京：石油工业出版社，1979.
[7] 惠晓霞.油田化学基础［M］.北京：石油工业出版社，1988.
[8] 张绍槐，罗平亚.保护储集层技术［M］.北京：石油工业出版社，1993.
[9] CNPC 开发生产局.稳油控水专辑［M］.北京：石油工业出版社，1995.
[10] 宁亚军.离心式注水泵在低渗油田的应用［J］.石化技术，2015，22（12）：123+130.
[11] 杨芫，余洪，汪锋军，等.提高注水系统效率的方法研究［J］.中国新技术新产品，2013（17）：119.
[12] 王金峰.油田注水开发生产系统监测与管理技术研究［D］.西安：西安石油大学，2013.
[13] 姚俊波.疏松砂岩注水井化学防砂调剖技术研究［D］.荆州：长江大学，2013.
[14] 陈领君.提高油田注水系统效率理论与技术研究［D］.东营：中国石油大学（华东），2010.
[15] 王艳.油田注水系统经济运行研究［D］.大庆.大庆石油学院，2010.
[16] 侯琼.新型增压注水泵的设计及结构有限元分析［D］.东营：中国石油大学（华东），2008.
[17] 王鹏，佟艳伟，檀朝銮.国内外注水系统效率研究应用情况综述［J］.中国石油和化工，2008（6）：51-53.
[18] 蒋祖华.油田注水系统节能经济运行的研究与实践［J］.能源研究与利用，2005（6）：30-32.
[19] 周红生，王乙福，薛兴昌.浅谈离心泵与柱塞泵在油田注水中的应用［J］.油气田地面工程，2004（8）：19.
[20] 董增有.萨中地区注水系统效率计算与分析研究［D］.大庆：大庆石油学院，2003.
[21] 刘万辉.油田注水系统管网改造专家系统研究［D］.大庆：大庆石油学院，2003.

第五章
分层注水技术

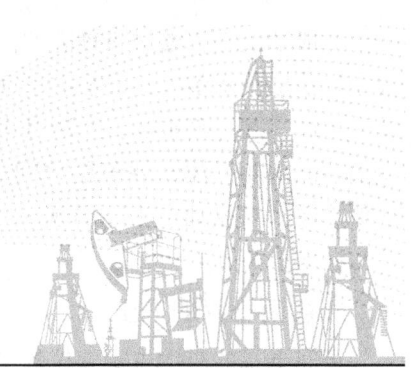

大多数油藏都不是单一的油层,对于多油层油藏,即使在合理组合开发层系后,每套开发层系中仍有多个性质不同的油层,致使注入水在层间、平面和层内的推进速度差异较大,并且随着含水率的不断上升,出现的矛盾和问题更加尖锐复杂,开发的难度也越来越大。

所谓分层注水,就是在注水井中,利用井下封隔器将多个油层在井筒内分隔成几个层段,然后根据每个层段配注量的要求,通过调节各配水器水嘴的大小,将井口相同的注水压力转换成井下各层段不同的注水压力,从而控制高渗透层注水,加强较低渗透层注水,实现吸水剖面的有效调整(视频5-1)。

视频5-1 分层注水工艺

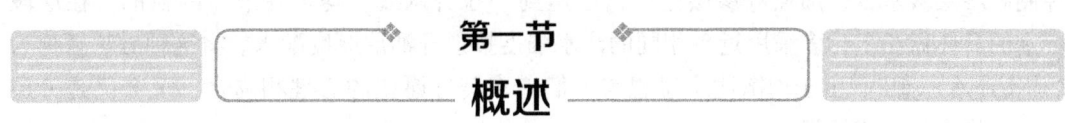

第一节 概述

一、分层注水的出现

1. 层间干扰现象分析

早期投入开发的油田多是具有自然产能的中、高渗油田,当时尚没有分层注水技术,都是采用笼统(全井混注)注水的做法。在收到注水效果的同时,也产生了注入水单层突进、油井过早水淹等问题。

层间非均质性是造成多层合采与注水开发油田层间矛盾的主要原因。各油层岩性、物性和储层流体性质不同,导致各油层的吸水能力、水线推进速度、地层压力、出油状况、水淹程度等方面出现差异,各油层之间相互制约和干扰,影响油层尤其是中低渗油层发挥作用。在多层合层开采的情况下,层间矛盾尤为突出,层数越多,层间矛盾越大,单井产液量越高,通常含水也越高。

一般情况下，渗透率较高的储层的水驱启动压力低，因此高渗储层容易水驱，在注水井中好油层吸水多，水线推进速度快，造成高渗油层产油量高；而渗透率较低的储层的启动压力高，因此吸水少，产油量小，水线推进速度慢甚至不出水。由于高渗层与低渗层产生的层间矛盾，注水井各层之间表现出明显的层间干扰，从而出现高渗层"单层突进"和低渗层"残余油突出"的现象。为了解决储层非均质性产生的突出矛盾，催生了分层注水技术。

2. 层间干扰的产生

层间干扰的产生主要应具备以下几个条件：

（1）多层合采。这是层间干扰产生的必要条件。单层几乎没有干扰，因为各层的压力及物性相近的可能性很大，距离不远的几个小层也不会有明显的干扰现象发生。只有多层合采才有可能产生层间干扰。（必要条件）

（2）井段长度需足够大。一般而言，井段跨度小，各层压力应该相近，这一点是容易理解的。井段大，各层间压力差别相对也大，物性方面差别也大。

（3）压力系统不统一。这是层间干扰产生的最主要条件。如果合采中压力系统不统一，一个层中的流体便有可能倒灌到另一个层中。在试油井段内，试油前一段时间井段内各层必须经过一个压力平衡过程，这也是层间干扰的条件之一。

（4）各层间流体产出量差别大。这一点可以作为一个附加条件。它不是必要的条件，但产量的差别可以加剧层间干扰。

二、分层注水实践的两种思想

在"有什么样注入剖面就有什么样产出剖面"理念指导下，利用分层注水这一手段，控制高渗层吸水量、加强低渗层注水，以达到"拉齐水线，均匀开采"的目的。在层段分水的具体做法上，多采用近乎相同的注水强度按射开油层厚度配水。将这种做法暂称为"均衡注水思想"。由于均衡注水思想与人们追求美好愿望的心理相吻合，至今仍是分层注水工作中的主流思想。

随着低渗储层陆续投入开发，人们为了获得相对高产，一般都选好一些的储层段压裂投产的方式，其结果又人为地扩大了层间矛盾，使产出剖面差异拉大。例如，吉林红岗油田开发初期经测试得知：76.0%~81.5%的油量采自经压裂改造过的一两个主力油层，未压裂层出油极少，甚至不出油。开始搞分层注水时，没有注意到出油剖面的这种特殊性，也是按均衡注水思想配水的，结果是油井产量全面下降，而一些差油层或改造程度低的油层却形成了相对高压层。分析其原因，认为是均衡注水造成的。于是针对当时主力油层注水不足的状况，采取了"大力加强主力油层注水"的措施，实施半年后见到了明显的效果。而后又将加强主力层注水，改进成"优先保证主力层注好水，兼顾其他层"的注水方式。

"优先保证主力层注好水"的思想，表面听起来很简单，但是它是对均衡注水思想的改进，是在合理的注采比下，按油层产出状况需要实行配水的新方法。为了与均衡注水思想相对应，季华生等人将"优先保证主力层注好水，兼顾其他层"的注水思想，暂称为"非均衡注水思想"。

两种思想的分层注水，异同之处归纳起来主要有以下几点。

相同之处：（1）采用的技术手段相同；（2）针对的矛盾相同，二者都是针对储层普遍存在的非均质特性；（3）目的性相同，二者都是（也都能够）改善水驱效果，提高水驱采收率。

不同之处：（1）分层配水工艺不同。均衡注水采用相同（或相近）的注水强度，按射开厚度配水；非均衡注水则按产出剖面的差异非均衡配水。（2）技术途径不同。均衡注水通过控制或改造层段的非均质性，使注入水齐头并进，实现各层均匀开采；而非均衡注水则是顺应储层的非均质性，优先保证不同开发阶段的主要出油层注好水，同时兼顾其他层，实现分层次接替开采。（3）着眼点不同。均衡注水是从水井出发，让油井随水井而变；非均衡注水是从油井出发，让水井随油井而变。（4）追求的最终目标不同。均衡注水思想最终追求的是各层尽可能实现均衡开采；而非均衡注水思想最终追求的是各尽所能，各尽气力。（5）评价油层动用状况的标准不同。如果测得对应的油水井的产油剖面、吸水剖面较均匀，并能注采对应，从均衡注水角度来评价，会认为这是最理想（或较理想）的状况；而从非均衡注水角度出发则认为是主力油层受到了限制，没有充分发挥作用的反映。非均衡注水思想评价分层动用状况好的标准，是主力层作用得到充分发挥，接替层的准备工作充分，高含水层得到控制。

以上几点不同，集中体现出两种思想的差异：均衡注水思想，是在"有什么样注入剖面就有什么样产出剖面"的理念指导下，试图利用分注手段人为地控制或改善储层的非均质状况，使注入水按照人的意愿实现各层段齐头并进、均衡开采；非均衡注水思想则是顺应储层非均质的现实，因势利导，利用分注手段满足治理产出状况差异的需要，实现分层次开采接替稳产。

正是二者存在上述不同，可以说非均衡注水是对均衡注水的改进。非均衡注水的核心思想是"优先保证主力油层注好水"，这符合方法论中工作要突出重点、抓住主要矛盾的思想；非均衡注水思想的实质是按产出剖面实际需要注水，这符合认识论中"客观实际是第一性的，人的主观意识是第二性"的思想。追求均衡开采思想的本身并没错，问题是由于人们对储层非均质的控制和改善是很有限的，均衡开采的目标不仅开采过程中达不到，而且是最终也达不到。比如，到油田废弃的时候，有的层采出程度可达40%以上，有的层可能不到20%。这是由它们的先天差异造成的，人们只能在有限的范围内改善它。正是基于此，非均衡注水思想追求的是各层都各尽所能、各尽其力就行了。

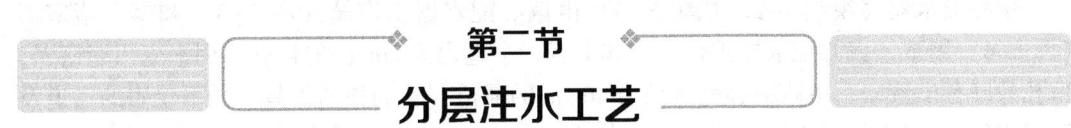

第二节　分层注水工艺

一、偏心分层注水工艺

1. 管柱结构

偏心分层注水管柱主要由 Y341-114 型封隔器（主要是 Y341-114 型压缩式可洗井封

隔器)、偏心配水器及球座等组成(图5-1)。

2. 工艺原理

根据地层条件,选择好要配注的层段,然后下入分层注水管柱,把各层段用封隔器封隔开。对要求配注的层段,在注水管柱的对应位置上装有偏心配水器,偏心配水器的堵塞器内装有直径大小不同的水嘴。由于水嘴的节流作用,在正常注水时,水嘴的前后可形成较大的压差,因此,即使在地面同一注水压力下,也会使各个层段的进水量不同,从而达到分层配注的目的。

3. 主要配套工具结构及工作原理

1) Y341-114型封隔器

Y341-114型压缩式可洗井封隔器(图5-2)主要用于注水井细分注水,实现反洗井,与配水器、球座及尾管(筛管)配套组成分层注水管柱。坐封封隔器时,井口加液压,液压推动活塞压缩胶筒紧贴套管内壁而封隔油层。当液压解除后,由于卡簧的作用活塞仍保持自锁,使封隔器处于工作状态。洗井时,一次可打开各级封隔器的洗井通道,实现反洗井。起管柱时,上提管柱,达到解封的目的(视频5-2)。

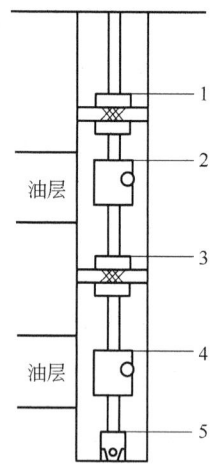

图5-1 偏心分层注水管柱示意图

1,3—Y341-114型封隔器;
2,4—偏心配水器;5—球座

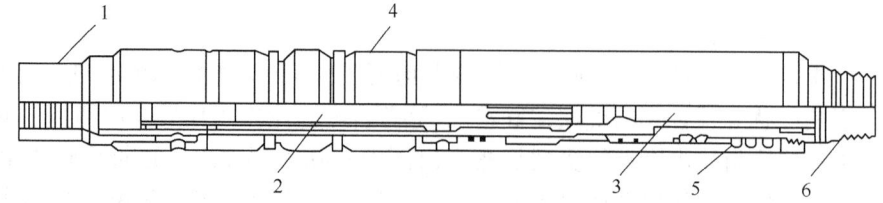

视频5-2 封隔器组成及工作原理

图5-2 Y341-114型压缩式可洗井封隔器示意图

1—上接头;2—上中心管;3—下中心管;4—胶筒;5—卡簧;6—下接头

2) 偏心配水器

偏心配水器(视频5-2、视频5-3)由偏心配水器工作筒(图5-3)和偏心堵塞器(图5-4)组成。偏心配水器工作筒主体上有一个直径为20mm的偏孔,用来坐入堵塞器,偏孔外壁有出液口。主体中心是直径为46mm的通道(作为投捞工具、井下仪表的通道及测试定位)。导向槽对准扶正体偏槽和直径20mm的偏孔,以便为投捞器导向。

视频5-3 偏心配水器投放

视频5-4 偏心配水器打捞

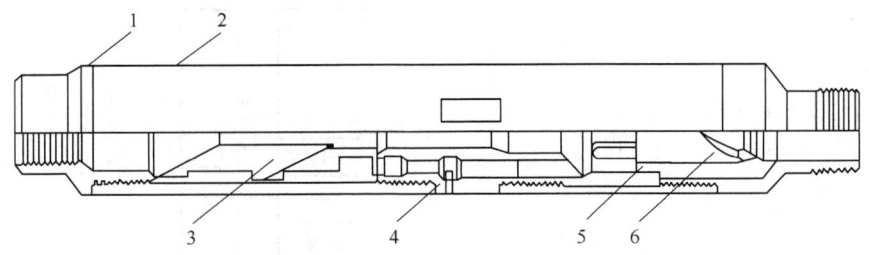

图 5-3　偏心配水器工作筒示意图

1—上接头；2—上下连接套；3—扶正体；4—工作筒主体；5—支架；6—导向体

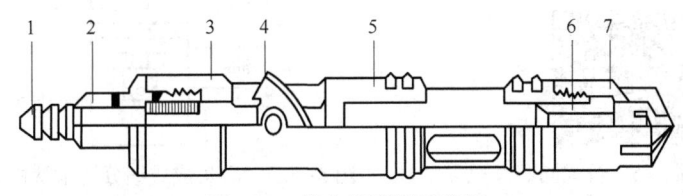

图 5-4　偏心堵塞器示意图

1—打捞杆；2—压盖；3—支撑座；4—凸轮；5—密封段；6—水嘴；7—滤网

4. 技术特点

（1）该工艺不但可以通过投捞调配层段注水量，而且很好地解决了封隔器验封和压力、流量测试等工艺，使注水井分层注水技术达到了比较完善的程度。

（2）封隔器由水力扩张式发展到水力压缩式，有效地延长了注水管柱的使用寿命。

二、同心集成分层注水工艺

1. 管柱结构

同心集成分层注水管柱主要由 Y341-114 型可洗井封隔器、不同规格的 Y341-114 可洗井配水封隔器、内捞式的同心配水堵塞器及球座等组成（图 5-5）。

视频 5-5 为桥式同心分层注水演示。

2. 工艺原理

最上一级可洗井封隔器起套管保护作用。第二级可洗井配水封隔器的中心管作为第一级配水器的工作筒，在封隔器胶筒上下封隔器钢体上有注水通道与油套环空连通；中心管上面有定位台阶，配水器投入封隔器中心管内坐在台阶上；配水器上也有两个注水通道，两注水通道间有密封圈隔离，这两个注水通道内装有水嘴，与封隔器的注水通道相对应。第三级封隔器是起分隔作用的 Y341-114 型可洗井封隔器。第四级可洗井配水封隔器工作原理与第二级可洗井配水封隔器相同，只是内径存在差异。释放封隔器时，将两个坐封堵塞器由井口分别投入井内，然后油管打压，待封隔器坐封后，用钢丝车将两个坐封堵塞器捞出。然后用压力计验封，用存储式流量计测分层水量。调配准确后，将配水器内装入相应水嘴，从井口投入即可。

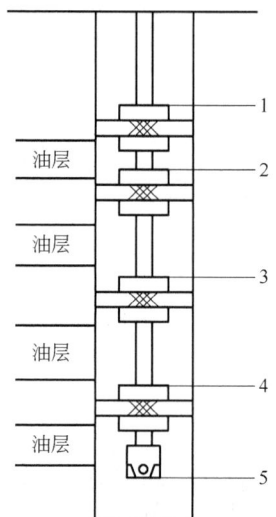

视频5-5 桥式同心
分层注水演示

图5-5 同心集成式细分注水管柱示意图
1,3—Y341-114型封隔器；2,4—配水封隔器；5—球座

3. 主要配套工具结构及工作原理

1) Y341-114型可洗井配水封隔器

释放Y341-114型可洗井配水封隔器（图5-6）时，将两个坐封堵塞器由井口分别投入井内，从油管内加压，液压经中心管的导液孔作用于坐封活塞上，坐封销钉被剪断，坐封活塞和坐封套上行压缩胶筒封隔油套环空。此时坐封套上行被锁环卡住，使封隔器始终处于工作状态，上提管柱方可解封。洗井时从套管加液压，封隔器上的洗井阀在压差作用下开启，油套连通，达到反循环洗井的目的。洗井结束后，从油管注水，洗井阀下行，洗井通道关闭。

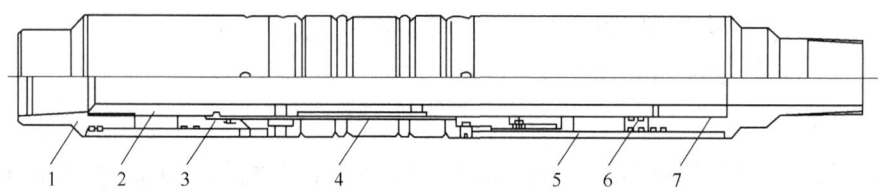

图5-6 Y341-114型可洗井配水封隔器示意图
1—上接头；2—中心管；3—洗井阀；4—胶筒；5—坐封套；6—坐封活塞；7—下接头

2) 同心配水堵塞器

同心配水堵塞器（图5-7）与配水封隔器内工作筒配合，直径分为两种。同心配水堵塞器上两个配水通道与配水封隔器的两个注水通道相对应。当注水井注水时，注入水一部分通过配水体的上孔道向上通过水嘴流入地层，另一部分通过配水体的下孔道向上通过水嘴流入地层。两注水孔之间采用密封圈隔开。

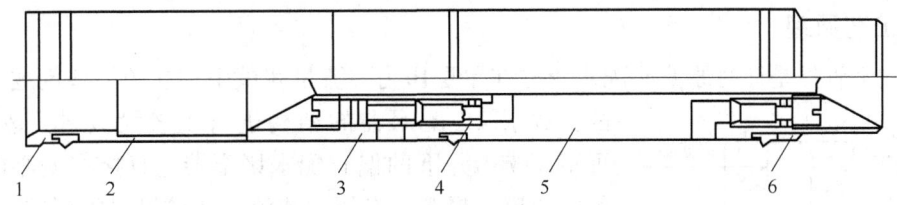

图 5-7 同心配水堵塞器示意图

1—打捞头；2—连接套；3—注水套；4—水嘴；5—配水体；6—调节环

4. 技术特点

（1）该工艺管柱使用的配水封隔器采用一体化设计，既起到分隔地层的作用，又是集成式配水器的工作筒。由于一级集成式配水器能够满足两个层段的注水要求，因此该工艺管柱最小卡距可达 1.2m，有利于细分注水。

（2）同心集成式细分注水工艺测试资料准确，测试在同一工况下进行，每支仪器对应一个层位，避免了递减法测试所带来的误差。

（3）分层水量调配速度快，大大地提高了测试调配效率。同心集成式管柱在调配时采用多支流量计按井下水嘴配好后一次性下入井内，然后在地面控制压力或水量。井下水嘴随测试流量计起下，当分层测试水量不合格时，在地面可以直接更换水嘴，再重新下入井内测试，直到分层测试水量符合方案要求为止。

5. 应用情况

该技术为油田细分注水提供了一种新的工艺手段。由于卡距小，所以能够有效地解放层段，提高油层动用程度，增加可采地质储量。

三、桥式偏心分层注水工艺

1. 管柱结构

桥式偏心分层注水管柱主要由 Y341-114 型封隔器（或 Y341-114 型可洗井封隔器）、桥式偏心配水器及球座等组成（图 5-8、彩图 5-1）。

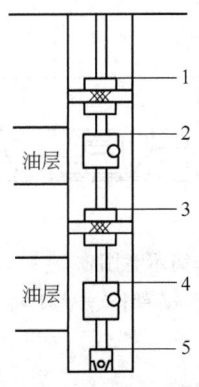

图 5-8 桥式偏心分层注水管柱示意图

1,3—Y341-114 型封隔器；2,4—桥式偏心配水器；5—球座

彩图 5-1 桥式偏心分层注水管柱

2. 工艺原理

该注水管柱是针对原偏心配水管柱在单层压力、流量测试中存在的一些问题而研制的，对原偏心配水器的结构进行了较大改进。改进后，可不用捞出井下的偏心配水堵塞器，直接在偏心配水器的主通道内投入连有压力或流量测试仪器的测试密封段，即可实现各个层段的压力或流量测试（图5-9）。其分层注水量调配、堵塞器投捞的原理与偏心配水管柱完全相同，即靠水嘴的节流作用建立起的压差来达到分层配水的目的。

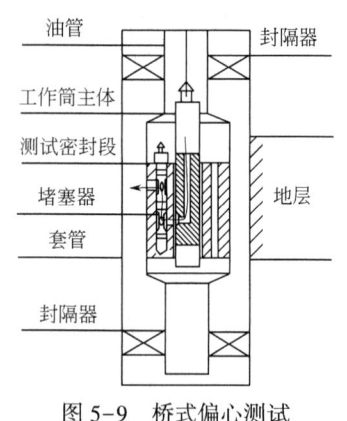

图5-9 桥式偏心测试工艺原理示意图

3. 主要配套工具结构及工作原理

1) Y341-114型封隔器

坐封Y341-114型封隔器（图5-10）时，从油管内加压，液压经中心管的导液孔作用于坐封活塞上，坐封销钉被剪断，坐封活塞和坐封套上行压缩胶筒封隔油套环空。此时坐封套上行被锁紧环卡住，使封隔器始终处于工作状态。

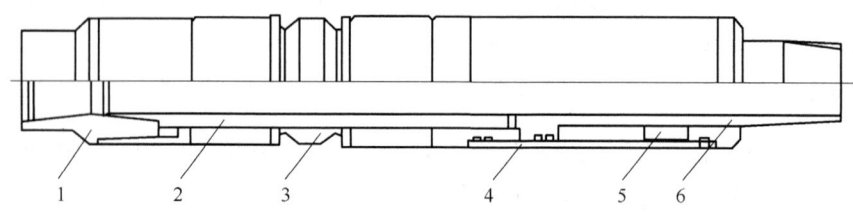

图5-10 Y341-114型封隔器示意图

1—上接头；2—中心管；3—胶筒；4—坐封套；5—锁紧环；6—下接头

2) 桥式偏心配水器

桥式偏心配水器工作筒（图5-11）与665型偏心配水器工作筒结构基本相同，只是工作筒主体结构有所不同。桥式偏心配水器工作筒主体上带有桥式通道，可实现在测试单层流量、压力时不影响对其他层段的正常注入。桥式偏心配水器与665型偏心配水器的堵塞器结构相同。

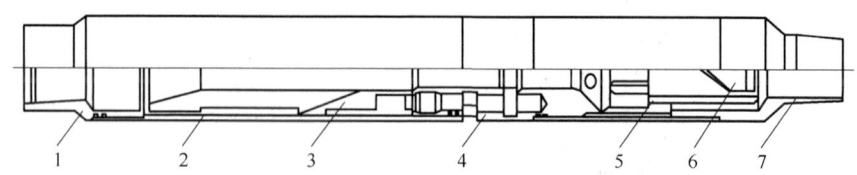

图5-11 桥式偏心配水器工作筒示意图

1—上接头；2—连接套；3—扶正体；4—工作筒主体；5—支架；6—导向体；7—下接头

4. 技术特点

（1）采用桥式偏心结构，实现了分层注入量直接测试。该技术在流量调配时，可采用集流测试方法进行分层流量直接测试计量，不但消除了递减法带来的误差，而且由于单层测试，可采用量程小的流量计，减小测量误差，提高测试的准确程度。同时，由于减小了流量调配时的层间影响，可以缩短流量调配时间，增加分层注水层数。由于该技术是常规偏心注水技术的发展与完善，最大限度地兼容了常规665型偏心配水技术，所以在流量调配时也可采用非集流测试方法进行流量测试，用流量计由最下层依次向上求出各层曲线，然后用递减法进行折算。

（2）不投捞配水堵塞器测试分层压力。测试时不用投捞原配水堵塞器，直接在偏心主通道内投入连有压力计的测试密封段，即可实现分层压力测试。由于实现了不改变正常工作状态直接测单层压力，既提高了测试效率，又提高了测试资料的准确性。

常规偏心与桥式偏心的区别如图5-12所示。

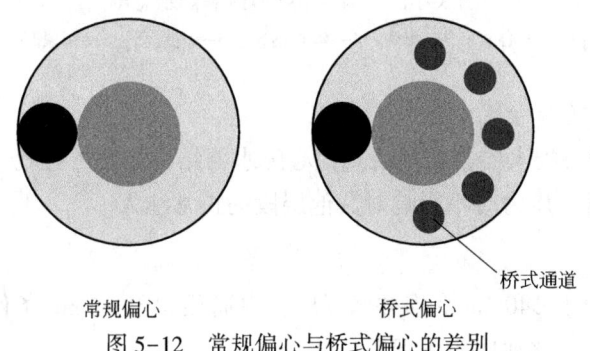

图5-12 常规偏心与桥式偏心的差别

四、小直径分层注水工艺

1. 管柱结构

该工艺管柱由射流洗井器、Y341-100型封隔器、ϕ100mm桥式偏心配水器及球座等组成（图5-13）。

2. 工艺原理

采用特殊结构的ϕ100mm压缩式封隔器，达到管柱密封两年以上的目的；采用ϕ100mm桥式偏心配水器，实现套损井双卡测单层流量和压力，提高套损井分注测试精度和成功率。施工时，管柱投送到位，从油管内打压坐封封隔器；利用钢丝携带投捞器将装有死嘴子的偏心堵塞器从偏心配水器内捞出；根据配注方案，利用钢丝携带投捞器将装有相应尺寸水嘴的偏心堵塞器投入偏心配水器内；然后下入验封仪器，利用激动压力法对各级封隔器进行验封。验证封隔器密封后，待注入量稳定，利用流量测试仪进行流量调配，调配合格后，正常注水生产。

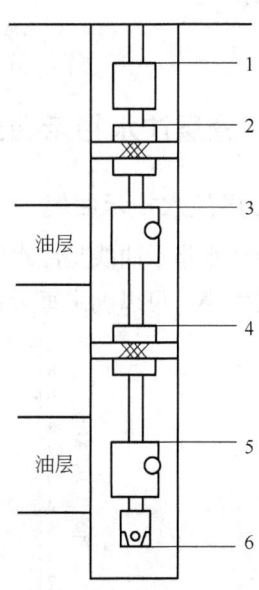

图5-13 小直径分层注水管柱示意图
1—射流洗井器；2,4—Y341-100型封隔器；
3,5—ϕ100mm桥式偏心配水器；6—球座

3. 主要配套工具结构及工作原理

1）Y341-100型封隔器

Y341-100型封隔器（图5-14）坐封时从油管内加液压，液压经中心管上的导压孔作用在坐封活塞上，推动坐封活塞和坐封套上行带动锁紧机构上行。这时坐封销钉被剪断，压缩胶筒封隔油套环空。锁紧机构实现止退锁紧，使胶筒始终处于坐封状态。

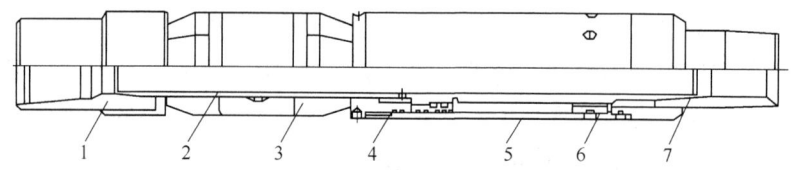

图5-14 Y341-100型封隔器示意图

1—上接头；2—中心管；3—胶筒；4—坐封活塞；5—坐封套；6—锁紧环；7—下接头

2）ϕ100mm桥式偏心配水器

ϕ100mm桥式偏心配水器与常规桥式偏心配水器结构相同，投捞、测试原理相同，可实现在测试单层流量、压力时不影响对其他层段的正常注入。

4. 应用情况

该注水工艺适用于ϕ40mm套损井修复后、内通径大于ϕ5mm条件下的注水井进行分层注水，已在大庆、华北油田应用近千口井。

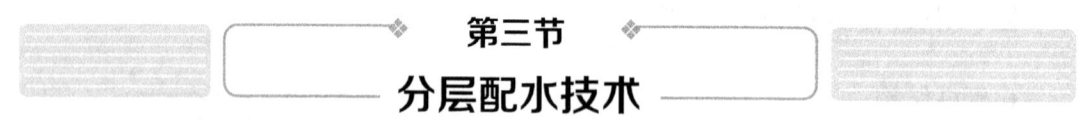

第三节 分层配水技术

一、分层注水指示曲线、嘴损曲线和管损曲线

1. 分层注水指示曲线

分层注水指示曲线是注水层段注入压力与注水量的相关曲线。通过指示曲线，结合注水压力的大小，可以确定每天各层的水量。图5-15是某井分层指示曲线。

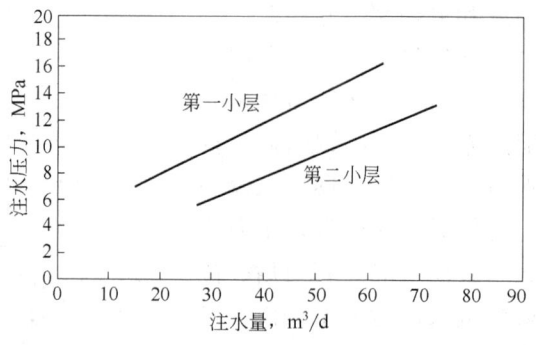

图5-15 某井分层指示曲线

2. 嘴损曲线

配水嘴尺寸、注水量和通过配水嘴的节流损失三者之间的定量关系曲线称为嘴损曲线。利用嘴损曲线可以选配水嘴的大小。

以 KPX-114 配水器为例，嘴损曲线如图 5-16 所示。

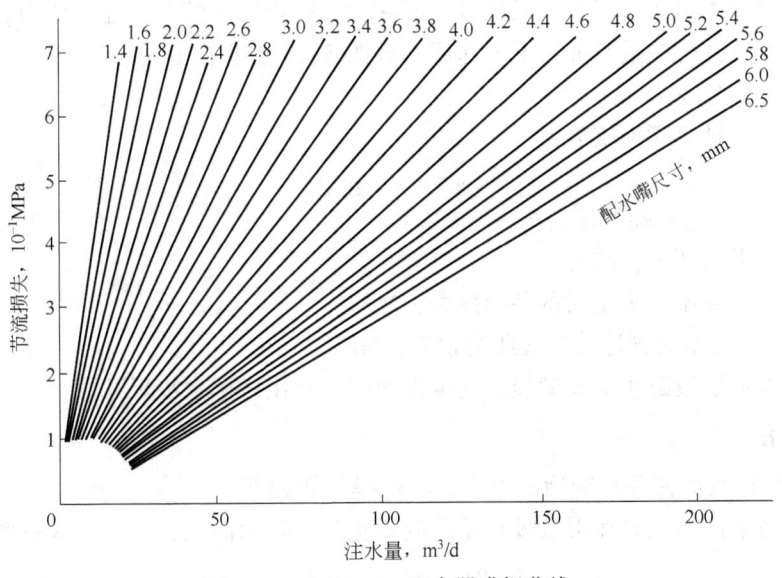

图 5-16　KPX-114 配水器嘴损曲线

3. 管损曲线

油管深度、注水量和注水时管柱的沿程压力损失三者之间的定量关系曲线称为管损曲线。ϕ73mm 油管管损曲线如图 5-17 所示。

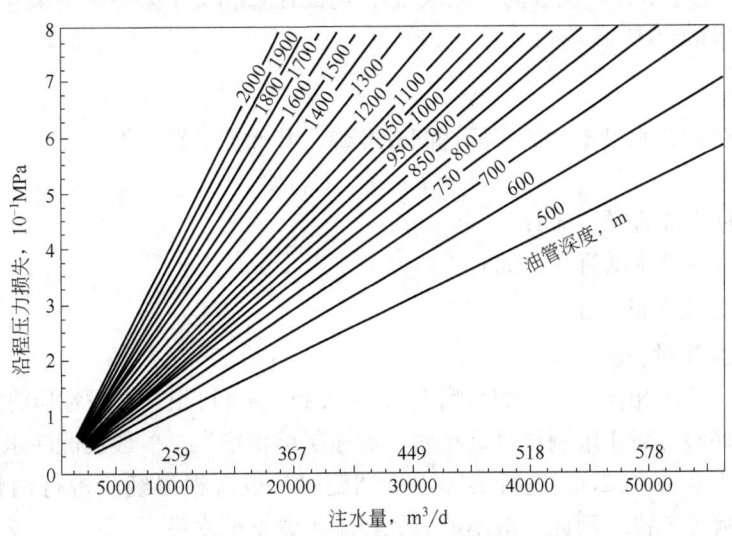

图 5-17　ϕ73mm 油管管损曲线

二、分层配水嘴选配、调整

1. 嘴损曲线法选配水嘴步骤

（1）据笼统注水时测试资料绘制分层指示曲线图。
（2）在分层指示曲线图上，根据分层配注量，查出相应的井口注水压力 $p_{配}$。
（3）根据全井配注量及油管下入深度，查图 5-17 得管损 $p_{管损}$。
（4）确定井口压力 $p_{井}$。
（5）按下式计算嘴损压力：

$$p_{嘴损} = p_{井} - p_{配} - p_{管损} \tag{5-1}$$

式中　$p_{嘴损}$——通过水嘴的压力损失，MPa；
　　　$p_{井}$——井口压力，MPa；
　　　$p_{配}$——达到配注水量时的井口压力，MPa；
　　　$p_{管损}$——注水时管柱的沿程压力损失，MPa。

（6）根据各层段配注量及嘴损，在嘴损曲线上查出各层水嘴尺寸。

2. 推算法

这是一种比较简便并且准确的方法，其选择步骤如下：

（1）用有效注水压力和层段吸水量绘制真实分层指示曲线，按下式求有效注水压力：

$$p_{有效} = p_{井口} - p_{管损} \tag{5-2}$$

矿场为简便和减少注水井波动，往往每层只选用两个压力点（假定注水量波动不大）。

（2）求嘴损差。在真实分层指示曲线上，配注压力下原水嘴的实际注入量和配注量所对应的压力差，即为嘴损差 Δp。

（3）推算新水嘴。在嘴损曲线上，用实际注入量和原水嘴尺寸线交点所对应的嘴损压力值，按 Δp 的正负，向上或向下截取 Δp，与配注量相交于某一水嘴尺寸线上，这一水嘴尺寸即为所求的水嘴。

3. 简易法

简易法对于调整水量不大的层段选配较准确，其计算步骤如下：

$$d_2 = d_1 - (Q_1/Q_0)^{1/2} \tag{5-3}$$

式中　d_1——原水嘴直径，mm；
　　　d_2——需调整水嘴直径，mm；
　　　Q_0——原注入量，m³；
　　　Q_1——配注量，m³。

简易法与推算法相比，计算的水嘴大 0.1~0.15mm，可根据层段性质将简易法求得的水嘴尺寸加以调整，对于限制层可减小些，加强层可稍增大。一般视配注水量和压力的大小，减小或增大 0.1~0.2mm 进行实际水量调配时，也有根据经验进行调整配水嘴尺寸的，由于其准确度不高，因此一般不能只凭经验来调整配水嘴。

4. 选择配水嘴注意事项

（1）一般要求连续两次以上的测试资料基本相同，调整水嘴才能准确；

(2) 要对水井的资料和动态作经常分析，及时掌握地层变化情况，找出变化原因；

(3) 每次调整配水嘴必须检查原水嘴及配水管柱，修正实测资料的准确程度；

(4) 一般注水合格率各油田都有一定界限标准，达到此界限以内，便可认为合格。

三、计算法确定小层配注量

1. 修正系数法

该方法对油田的整体注水开发情况做出了分析，针对类别不同的油田注水区域在不同时间段上的注水规律进行了深入的分析，考虑含水上升率、生产井产液能力、每个注水区块的不同特征、水驱油层产液的比例、泵效等因素进行了数理统计，从而得出了这一配注计算公式。由于该方法引用了 5 个修正系数，故命名为修正系数法，如下式所示：

$$Q_{tw} = \left(Q_o \cdot \frac{B_o}{\rho_o} + Q_w\right) abfcg \tag{5-4}$$

式中 Q_{tw}——配注量，m^3/d；

Q_o——连通油井日产油量，t/d；

Q_w——连通油井日产水量，m^3/d；

B_o——原油的体积系数；

ρ_o——原油地面密度，t/m^3；

a——区块系数；

b——水驱层产液比例系数；

c——沉没度系数；

f——含水系数；

g——校正因子。

各项系数的确定方法如下：

Q_o 为井组产油量，Q_w 为井组产水量，可以直接由生产数据获得。

a 值表示区块系数，它表示的是一个与区块性质有关的系数。

b 值指的是由静止水驱油层的产液量占总产液量的比值。

c 值与地层压力有关，但在实际生产中，不可能所有井都有偏心，也不可能每月都测地层压力，但却可以每月都测液面，因而在这里，c 值是与沉没度有关的数据。

g 值是校正因子，在以下情况下考虑校正因子（在其他情况下为 $g=1.0$）：新投转注井组适当提高配注量系数，$g=2.0$；见效不明显井组提高注水量 30%，$g=1.3$。

2. 注采比法

注采比法是在确定不同层段的注采比基础上，以注水井的注水层段为单井配注的基本单元，在一个配注层段内有多个油层分别与多个方向油井连通，将其受注水井影响方向上的所有连通层段的方向分配液量累加起来作为层段配水的依据。

层段产油量为：

$$Q_{o1} = \sum_{j=1}^{s} q_{oj} \tag{5-5}$$

层段产水量为:

$$Q_{w1} = \sum_{j=1}^{s} q_{wj} \tag{5-6}$$

分层段配注量为:

$$Q_{wj} = (Q_{o1} \cdot B_o / \rho_o) \cdot Z + q_w \tag{5-7}$$

式中　Q_{o1}——分层段汇总的井组产油量,t/d;

Q_{w1}——分层段汇总的井组产水量,m³/d;

s——层内与油井连通的水井数;

q_{oj}——以注水井为中心的分层汇总的方向产油量,t/d;

q_{wj}——以注水井为中心的分层汇总的方向产水量,m³/d;

Q_{wj}——注水井分层配注量,m³/d;

Z——层段注采比;

q_w——层段附加水量,m³/d。

任意一注水井的全井配注水量应为该井各层配注层段的注水量之和,即:

$$Q_{iw} = \sum_{j=1}^{n} Q_{wj} \tag{5-8}$$

式中　Q_{iw}——注水井单井配注量,m³/d。

3. 连通厚度比例法

连通厚度比例法是注水井配注的定量化配置的计算方法,它以与某一注水井连通的所有油井规划的地下产液量体积之和为基础,以"油井射开连通(与注水井)有效厚度之和"与"油井射开有效厚度之和"之比作为系数,定量计算该注水井配注量。其计算公式为:

$$Q_{iw} = \frac{H_{oc}}{H_o} \cdot L_{oc} \tag{5-9}$$

式中　H_{oc}——油井射开连通(与注水井)有效厚度之和,m;

H_o——油井射开有效厚度之和,m;

L_{oc}——连通油井地下产液量体积之和,m³/d。

4. 平均注水强度法

平均注水强度法是另一种注水井配注的定量化配注的概算方法,它以某一注水井与油井连通层间的平均注水强度为基础,以注水井与油井连通的储层的所有射孔厚度之和作为权重系数,并引入该注水井的连通油井系数作为修正系数,定量计算该注水井配注量,其计算公式为:

$$Q_{iw} = d \cdot e \cdot H_{wc} \tag{5-10}$$

式中　d——连通(受益)水井系数,一般 $d=0.8\sim1.4$;

e——连通层注水强度,一般 $e=1.5\sim2.0\text{m}^3/(\text{d}\cdot\text{m})$;

H_{wc}——注水井连通层射孔厚度,m。

5. 按可驱替体积分配注水法

该方法以维持油田开发所需的注水量的经济消耗为依据,以油田实际地层的注入能力和产油能力的限制为基础而算出整个注水开发过程的注水量的上限值。

例如在一个反九点的注采井网中,四口注水井围绕着一个油井,每口注水井注水量的多少决定了这四口井的注入水向中心油井的接受程度,因此若是想在生产井见水的时候达到最好的驱油效率,这四口注水井的注入水应该同时到达该油井。在理论上,如果每口注水井与中心油井的连通油层孔隙度、渗透率都一致的情况下,只要让四口注水井的注水量一样,就可以实现最高的驱油效率。但是在油田的实际情况中,地层是极其复杂的,所以每口注水井与油井的连通程度不可能一样,为了在这种现实情况中达到驱油效率的优化,在每单位时间内注入的可驱替体积量应该是相同的。

$$in = ip \frac{(DPV)_n}{(DPV)_p} \tag{5-11}$$

式中　in——要求的目的井组的配注量;

　　　ip——整个开发所需的注水量;

　　　$(DPV)_n$——目的井组内部可驱替的孔隙体积;

　　　$(DPV)_p$——整个油田内部可驱替的孔隙体积。

关于整个工程注水量的上限 ip,最终将根据经济因素加以确定,经济分析将以维持一定的注水量所需的费用水平为依据,而注水量以地层注入能力和生产能力的限制为基础。

6. 劈分系数法

劈分系数法的原理是根据注水开发油田的注采平衡原理,结合油层条件、驱油条件和开采条件,提出的通过注水井分层注水量计算采油井分层产液量的方法。当今油田对于劈分系数的计算方法主要有静态劈分地层系数(KH 法)、渗流阻力系数法、综合多因素动态劈分系数法等。

1) 静态劈分地层系数法

静态劈分地层系数法又称为 KH 法, KH 法是对有效厚度法(H 法)的优化发展,其中 K 表示油层层段的渗透率, H 即为油层有效厚度, KH 则为地层系数。基本原理是利用地层系数的加权计算,进而得到每个层段的流量劈分系数,其公式如下:

$$Y_i = \frac{K_i H_i}{\sum_{i=1}^{n} K_i H_i} \tag{5-12}$$

2) 渗流阻力系数法

此方法通过计算出注水井的各个层段向周围连通生产井方向的渗流阻力系数值,由此来判断各个层段是多注还是少注,从而确定最终的注水量。该方法需要掌握每个油水井每个层段单元的产量值、地层油黏度、有效渗透率、有效厚度及油水井井距等生产参数。每个层段单元的渗流阻力系数计算公式如下:

$$R_i = \mu_o \frac{L_i}{M_i H_i K_i} \tag{5-13}$$

式中　R_i——层段 i 的渗流阻力系数;

　　　μ_o——地层油的黏度;

M_i——层段 i 的产量系数；

H_i——层段 i 的有效厚度；

K_i——层段 i 的渗透率；

L_i——层段 i 的油水井距。

3）综合多因素劈分系数法

当油田开发进入一段时间，拥有了足够多的动态生产资料，在开发动态分析的过程中提出了动态劈分系数法。此方法综合考虑了每个注水井和生产井的地址情况、生产动态资料、开采的条件及人工影响等多种因素建立劈分系数公式，最后求得层段的劈分量。

选取出影响劈分系数的多种因素构成劈分条件值，通过以下公式进行计算劈分系数：

$$C_i = \frac{Y_i}{\sum_{i=1}^{n} Y_i} \tag{5-14}$$

式中　C_i——该层段的劈分系数；

Y_i——各类劈分系数影响因素值。

根据劈分系数与单井的注水量，进而可以计算出层段的注水量，其公式如下：

$$Q_i = QC_i \tag{5-15}$$

式中　Q_i——层段配注量；

Q——单井配注量。

第四节　分层测试及验封技术

一、分层流量测试

1. 浮子式流量计

常见浮子式流量计技术规范见表 5-1，下面以庆 106 浮子武流量计为例简要说明其工作原理。庆 106 浮子式流量计结构图如图 5-18 所示。

表 5-1　常见井下浮子流量计技术规范

项目	庆 106	凸轮	胜 108	辽 76	江 101	新双	江 102
直径，mm	上部 38 下部 44	最大 45	35.5	最大 44	36	35	42
长度，mm	960	1520	1000	1050	770	1228	690
质量，kg	6	8.5	4		3.5	7.5	4.3
最高温度，℃	80		80		120		150
最高压力，MPa	25		35		45		50

续表

项目	庆106	凸轮	胜108	辽76	江101	新双	江102
量程 m³/锥度	(250~350)/6°;700/79°	5~350	(5~100)/3° (5~320)/6°	0~200 0~500 0~800	60/2° 120/4° 190/6°	0~40 0~100	(15~30)/16°
记录笔位, mm	100						105
精度等级	2.5		2		2.5		
备注			弹簧长160mm 钢丝外径 1.4mm（1.2mm）			密封外径 54mm, 52mm, 44mm, 40mm, 38mm, 32mm	

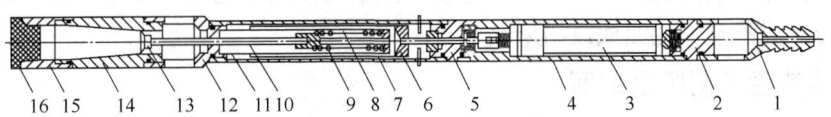

图 5-18 庆106浮子式井下流量计

1—绳帽；2—钟机压紧接头；3—钟机；4—钟筒；5—密封接头；6—记录筒；7—记录纸；8—记录笔；9—弹簧；10—笔杆；11—导向管；12—进液管；13—浮子；14—锥管；15—接头；16—护丝

其工作原理为：流量计依靠定位、密封装置坐在配水器上，使注入液体全部流过仪器的锥管，冲动浮子，带动记录笔产生位移，流量稳定后，记录笔静止；时钟带动记录纸筒旋转的同时，笔尖在记录卡片上画线。流量不同，划线高度也不同，在记录卡片出现不同高度台阶，记录出流量的变化。将台阶高度与标定图版对照，即可确定对应流量大小。

2. 电子存储式流量计

常用电子存储式流量计按信号采集方式分为涡轮式和电磁式井下电子流量计，常用电子存储式流量计技术规范见表5-2。

表5-2 电子存储式流量计技术规范

项目	涡轮式存储流量计		电磁式存储流量计		
型号	ELM-23	ELM-25 ELM-28 ELM-32	ZDL-C38N	ZDL-C43Z	ZDL-C35W
直径, mm	23	25, 28, 32	38	38	38
长度, mm	420	800	1150	1150	1150
质量, kg	1	3~6	4.5	6.5	5
最高温度, ℃	125	125, 150	90, 125	90, 125	90, 125
最高压力, MPa	65	65	50, 70	50, 70	50, 70
量程, m³/h	2~300	2~350	0.2~400	1~700	1~1000
测量准确度, %	1.5	1.5	1	1 ($Q<100$) 3 ($Q>100$)	2
采样间隔, s	15主	10, 60	上210	二元10	10

续表

项目	涡轮式存储流量计			电磁式存储流量计		
数据容量，kB	8	8、32	8	8	8	
工作电压，V	6~7.5	6~7.5	6~7	6~7	6~7	
测量方式	集流	集流	集流	分流	外流	

（1）涡轮式井下电子流量计。涡轮式井下电子流量计采用涡轮和霍尔元件作传感器，被测流体集流后流过仪器，冲动涡轮转动，其中磁柱随之转动，霍尔元件产生与涡轮转速同步的脉冲信号，输入数据处理单元，将数据保存，地面回放结果。

（2）电磁式井下电子流量计。电磁式井下电子流量计采用电磁感应原理研制，当导电流体流经仪器测量探头时，产生感应电动势，电极测出电动势大小并存储，得到流体流速大小，转换成流量，地面回放结果。

3. 连续流量计测吸水剖面

（1）水井连续流量计。水井连续流量计由流量传感器、磁性定位器、扶正器、加重杆四部分组成，是一种涡轮型非集流式井下仪器，通过油管起下，在套管中测量，用于笼统注水井中测吸水剖面。测量时，扶正器使仪器位于井筒中央，当仪器匀速运动时，测得的涡轮转速是由流量和测速决定的，消除测速影响后，可以获得该井的注入剖面测量结果。常用水井连续流量计技术规范见表 5-3。

表 5-3　常用水井连续流量计技术规范

长度，m	3.96（包括加重）
最小外径，mm	45
胀开后最大外径，mm	250
下井供电电流，mA	40
耐压，MPa	60
耐温，℃	120（测量范围 6~200m³/d）
线性范围，cm/s	2~400

（2）PLSS 五参数组合仪。PLSS 五参数组合仪由连续流量计、压差式密度计、井温仪、伽马仪、磁性定位仪组成，一次下井可测流量、视含水率、流体密度、温度、自然伽马和接箍深度，能够满足分层配注管柱内测吸水剖面工艺的要求。仪器主要指标见表 5-4。

表 5-4　PLSS 五参数组合仪主要指标

外径，mm		36.5
耐压，MPa		100
耐温，℃		150
测量范围，m³/d	φ62mm 油管	2~500
	φ140mm 套管	5~1000

二、分层压力测试

分层压力测试仪器有机械压力计和电子压力计，由于电子压力计测试精度高，已取代机械压力计。电子压力计测试系统分为地面直读式和井下存储式两种类型。

（1）地面直读式电子压力计测试系统：由井下电子压力计、单芯铠装电缆和地面压力测读系统组成。测试方法为：把压力传感器（应变式、压电式、电容式、振弦式、固态压阻式）用单芯电缆下入井内预定深度，将被测压力转换成电信号，经单芯电缆传输至地面，地面压力测读系统将信号放大，经模—数转化成数字形式，实时显示、打印、绘图和处理。其特点是测试直观，便于地面控制。

（2）井下存储式电子压力计测试系统：由压力温度传感器、电子存储器、电池组和地面回放设备四部分组成。测试方法为：将压力传感器用录井钢丝下入井内预定深度，压力传感器将被测压力转换成频率信号，在电子存储器内进行数字处理并存储，起出仪器地面回放，可显示、打印、绘图和解释。其特点也是测试直观，便于地面控制。

常用井下存储式电子压力计型号较多，但原理基本相同，以下以 EPT 井下存储式电子压力计为例进行介绍，其技术规范见表 5-5。

表 5-5　EPT 井下存储式电子压力计技术规范

外径，mm	19，22，25，36
长度，mm	≤1200mm
压力量程，MPa	25，35，40，60，80
压力分辨率，%	0.005
压力精度，%	0.05，0.08，0.1，0.2
温度范围，℃	0~125，0~140，0~150
温度计分辨率，℃	0.1
温度精度，℃	±0.2，+0.5
采样间隔	48s，1min，2min，5min，10min，30min
最大存储量	64000 组数据，180000 组数据
连续试时间，d	≤100

三、分层注水管柱验封、定位校深

1. 分层注水管柱验封

分层配水管柱下井坐封后，首先要检验封隔器的工作状态，即验封。验封方法有多种，分单压力计验封、双压力计验封、测压堵塞器验封等。

（1）单压力计验封。图 5-19 是 2 级 3 段偏心分注管柱，验封顺序自下而上逐级验封。测试密封段下端接一支压力计，把它下入井内坐在偏心配水器上，在井口操作注水阀门,进行"开—关—开"操作,使井口压力发生变化,每个动作10~15min,压力变化大于2MPa以上,若密封,压力计接收到的油层压力值是一条直线(图5-20),若不密封,井口压力通过封隔器传输到压力计上,压力计卡片记录的压力是井口压力变化值,是一条凸曲线(图5-21)。

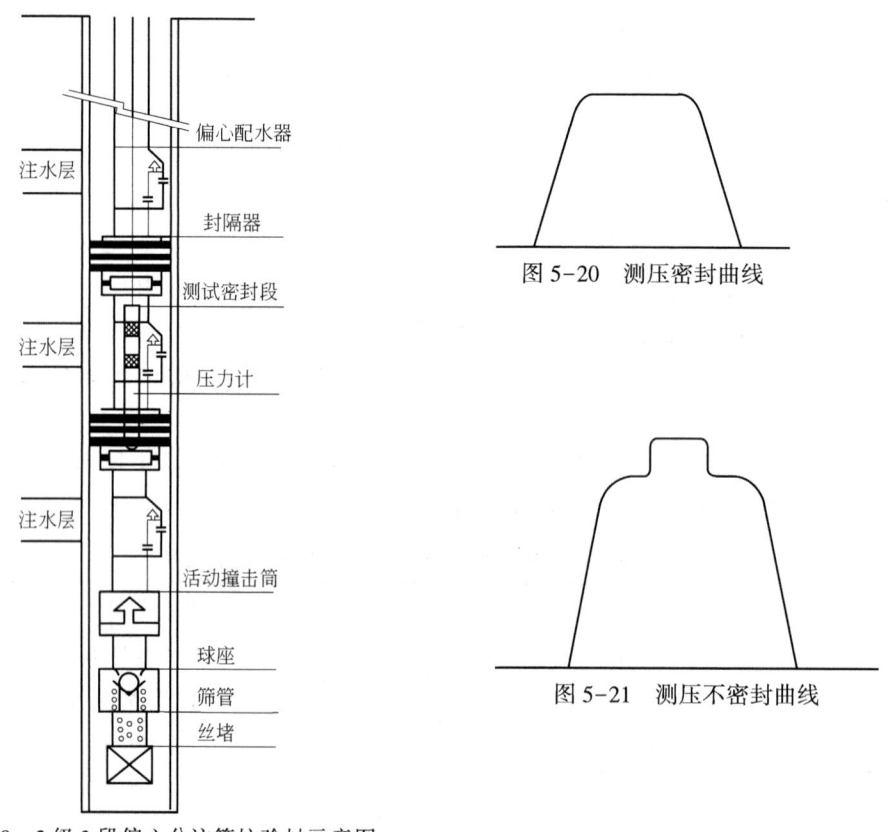

图5-19 2级3段偏心分注管柱验封示意图

(2)双压力计验封。双压力计验封与单压力计验封不同之处在于其测试密封段上、下端各装一支压力计,上端压力计接受的是井口操作"开—关—开"压力变化信号,下端压力计接受的是两级封隔器之间油层压力变化信号。若封隔器密封,上压力计记录的是凸曲线(开—关—开信号),下压力计记录的是一条直线。若不密封,下压力计记录的也是凸线,两条曲线所记录的压力值完全一样,其比值为1。若比值小于1,则表明封隔器密封程度不同(或油层内部串通程度或水泥环胶结程度)。

(3)测压堵塞器验封。将测压堵塞器投入偏心配水器工作筒偏孔内,使压力计传压孔直接对准油层,在井口操作注水阀门,进行"开—关—开"操作,使井口压力发生变化,每个动作10~15min,压力变化大于2MPa以上,若密封,压力曲线是油层压力恢复直线(图5-22);若不密封,压力曲线是随井口压力变化而变化的凹曲线(图5-23)。

2. 分层注水管柱的定位校深

(1)磁定位校深。磁定位校深是常用的管柱精确定位技术,在管柱下井前和下井后,测井电缆携带磁性接箍定位器下井，磁性接箍定位器通过套管接箍或者井下工具时会产生变化信号，在射孔段附近测出套管接箍和下井工具相对位置曲线，结合标准短套管接箍深度数据，确定下井工具位置。

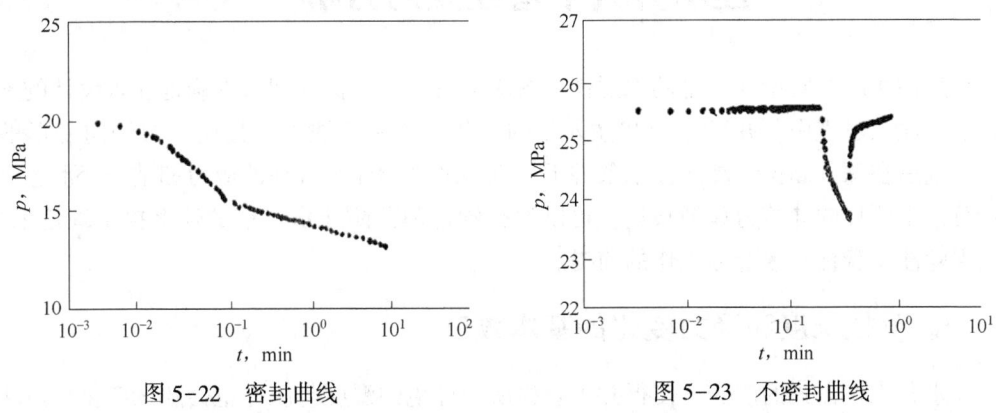

图 5-22　密封曲线　　　　　　　　图 5-23　不密封曲线

（2）机械定位校深。机械定位校深是新近发展起来的一项管柱精确定位技术，如图 5-24 所示，机械定位器随生产管柱下至标准短套管附近，缓慢匀速上提管柱，通过记录机械定位器过标准短套管时产生的信号，结合地面二次仪表，确定机械定位器的准确位置，从而调整井下工具的位置，实现井下管柱精确定位。

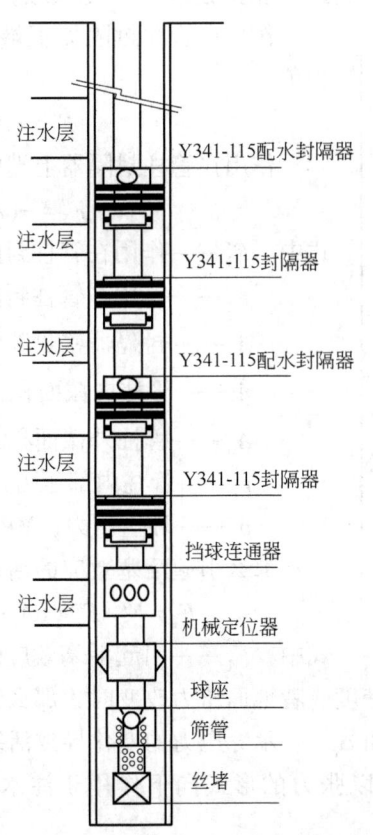

图 5-24　组合式细分注水机械定位管柱

第五节 注水井井下管柱受力分析

分层注水时要对所需注水的地层使用封隔器密封,以保证把水准确地注入设计的配注层位。在注水过程中,井口压力和注入量的变化,会引起注水管柱应力及轴向变形的改变,特别是在深井高温、高压注水条件下,准确地掌握注水管柱的应力和轴向变形,合理地计算注水管柱的伸缩力和伸长量,可以为有效合理预防注水管柱的伸缩提供理论依据,也是保障注水管柱有效合理工作的前提。

一、管柱长度和受力变化的基本效应

注水井工作方式的改变,使得井下管柱所处环境的温度与压力也会随之变化,虽然管柱受力情况非常复杂,但其受力与形变大致可归结为以下四种效应所引起:活塞效应、螺旋弯曲效应、鼓胀效应、温度效应。

1. 活塞效应

管柱内外压力所引起的作用于管柱上的力为活塞力,因管柱内外压力作用在管柱直径变化处和密封管的端面上所引起管柱形变的现象称为活塞效应。活塞效应示意图如图5-25。

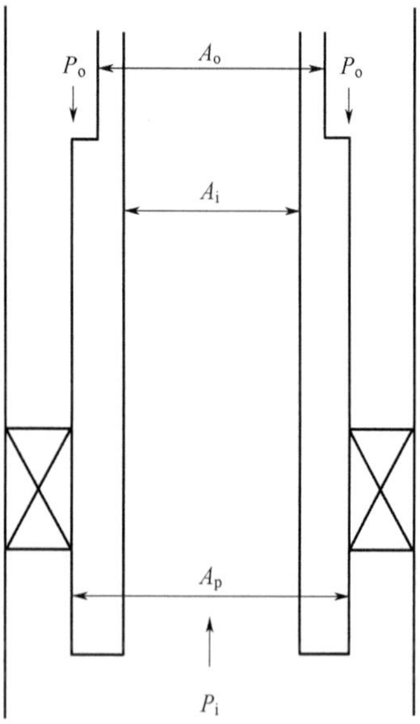

作用在管柱封隔器下端的力为(取向上为正,向下为负):

$$F_1' = (A_p - A_i) p_i \tag{5-16}$$

作用在管柱封隔器上端的力为:

$$F_1'' = -(A_p - A_o) p_o \tag{5-17}$$

式中 F_1'——作用在管柱封隔器下端的力,kN;
F_1''——作用在管柱封隔器上端的力,kN;
A_p——封隔器密封腔的横截面积,m^2;
A_i——管柱内截面积,m^2;
A_o——管柱外截面积,m^2;
p_i——管柱内部压力,MPa;
p_o——环空压力,MPa。

那么引起活塞效应的活塞力(也称为实际力)为:

$$F_1 = F_1' + F_1'' = (A_p - A_i) p_i - (A_p - A_o) p_o \tag{5-18}$$

式中 F_1——引起活塞效应的活塞力或实际力,kN。

图5-25 活塞效应

当注水管柱内外流体的密度或者地面压力改变时,那么管柱内部压力和环形空间压力也会随之改变,分别用 Δp_i 和 Δp_o 表示。压力的变化导致活塞力的改变,它以压缩力的形式向上作用于注水管柱或者以张力的形式向下作用于注水管柱。活塞力的变化可以表示为:

$$\Delta F_1 = (A_p - A_i) \Delta p_i - (A_p - A_o) \Delta p_o \tag{5-19}$$

式中 ΔF_1——活塞力的变化，kN；

Δp_i——管柱内压力变化，MPa；

Δp_o——管柱外压力变化，MPa。

式(5-19)中 $(A_p - A_i) \Delta p$ 表示管柱内部压力的改变而产生的活塞力，$(A_p - A_o) \Delta p_o$ 表示环形空间压力的改变而产生的活塞力。

根据虎克定律可以计算出由于活塞力的改变所引起的管柱的形变量 ΔL_1（取管柱伸长为正，缩短为负）：

$$\Delta L_1 = -\frac{\Delta F_1 L}{E A_s} = -\frac{L}{E A_s} [(A_p - A_i) \Delta p_i - (A_p - A_o) \Delta p_o] \tag{5-20}$$

式中 ΔL_1——管柱由于活塞效应而引起的形变量，m；

L——管柱长度，m；

E——杨氏模量，MPa；

A_s——管柱壁的横截面积，m^2。

ΔL_1 的方向与压力变化方向有关，同时也与封隔器密封腔尺寸和管柱的相对尺寸有关。封隔器密封腔与管柱的相对尺寸只有如下三种可能：（1）管柱内径大于封隔器密封腔直径 [图5-26(a)]；（2）管柱内径小于封隔器密封腔直径 [图5-26(b)]；（3）封隔器密封腔直径介于管柱内径与外径之间 [图5-26(c)]。

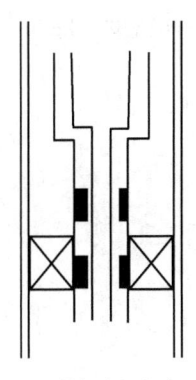 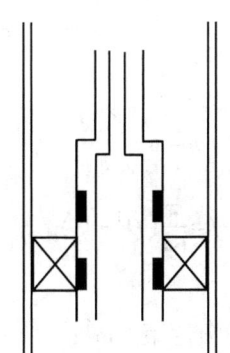 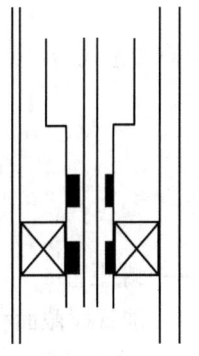

(a) 管柱内径大于密封腔直径　　(b) 管柱内径小于密封腔直径　　(c) 密封腔直径介于管柱内径与外径之间

图 5-26　密封腔与管柱的相对尺寸

2. 螺旋弯曲效应

压力在沿注水管柱轴线作用于封隔器坐封处的密封管与注水管柱上的同时，也沿水平方向作用于从井口到封隔器处整个注水管柱的壁面上。当封隔器上端的注水管柱内部压力大于对应位置环形空间中的压力，那么套管中的注水管柱将会发生螺旋弯曲效应。

按照使注水管柱发生螺旋弯曲效应的力消失后注水管柱是否恢复原来的直线状态，可将注水管柱的螺旋弯曲分为两种，即弹性螺旋弯曲和永久螺旋弯曲。

一根注水管柱在只有自身重力作用的情况下悬挂在不含任何流体的套管中 [图5-27(a)]，此时，若有一个力 F_2 由下向上作用在这根管柱的下端并且 F_2 很大，那么将会造成管柱下端的弯曲螺旋,如图 5-27(b) 所示。

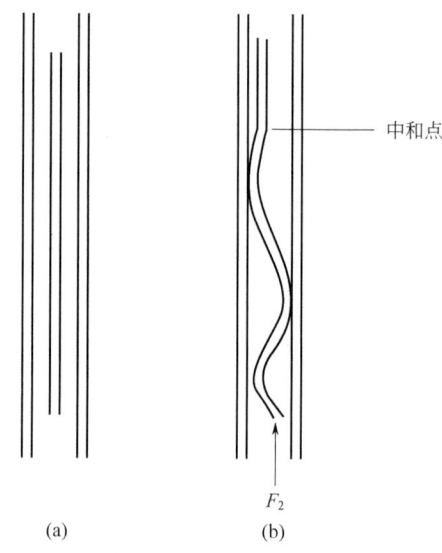

图 5-27 自由悬挂的注水管柱螺旋弯曲

F_2 作用在注水管柱上产生的形变随着 F_2 距离底部的距离增加而减小,在中和点处 F_2 减小为 0,即在中和点处管柱既不受向上的力也不受向下的力,中和点上方的管柱仍然受到重力的作用并处于拉伸的状态。

中和点到注水管柱底部的距离为:

$$n=\frac{F_2}{Wg} \tag{5-21}$$

式中 n——中和点到注水管柱底部的距离,m;
F_2——管柱底部受到的压缩力,kN;
W——单位长度管柱的平均重量,kg/m。

当井筒中有流体存在时,W 的表达式可写为:

$$W=W_S+\rho_i A_i - \rho_o A_o \tag{5-22}$$

式中 W_S——单位长度管柱在空气中的平均重量,kg/m;
ρ_i——管柱内液体密度,kg/m³;
ρ_o——油套环空内液体密度,kg/m³。

螺距的表达式为:

$$h=\pi\sqrt{\frac{8EI}{F_2}} \tag{5-23}$$

其中

$$I=\frac{\pi}{64}(D^4-d^4)$$

式中 h——螺距,m;
I——油管横截面积对其直径的惯性矩,m⁴;
D——管柱外径,m;
d——管柱内径,m。

现假设有一个作用在封隔器处注水管柱外部的压力 p_o,在内部压力 p_i 和外部压力 p_o 的共同作用下,管柱就好像承受了一个外加的力使其发生螺旋弯曲变形,假设这个外加的力为 F_2,那么:

$$F_2=A_P(p_i-p_o) \tag{5-24}$$

管柱由于螺旋弯曲而引起的轴向长度缩短的计算如下:

用 ε 表示由于螺旋弯曲引起的管柱的相对伸长,结合图 5-28,ε 可表示为:

$$\varepsilon=\frac{h-\sqrt{h^2+4\pi^2 r^2}}{h}=1-\sqrt{1+\frac{4\pi^2 r^2}{h^2}} \tag{5-25}$$

将其按照泰勒公式展开得到:

$$\varepsilon = -\frac{2\pi^2 r^2}{h^2} \quad (5-26)$$

对于重量不计的管柱，有：

$$\varepsilon_z = -\frac{r^2}{4EI}F_z \quad (5-27)$$

假设自由悬挂在井筒中的管柱下端承受了一个压缩力 F_2，如图 5-27(b) 所示，则可得出：

$$F_z = \frac{z}{n}F_2 \quad (5-28)$$

假设中和点在管柱内部，对式(5-27) 进行从下端到中和点的积分，就可以得出由于螺旋弯曲引起的管柱伸长量：

$$\Delta L_2 = \int_0^n \varepsilon_z \mathrm{d}z \quad (5-29)$$

式中 ΔL_2——管柱由于螺旋弯曲效应引起的形变量，m。

图 5-28 螺旋展开图
θ—螺旋升角；r—螺旋半径；
s—导程；h—螺旋高度

将式(5-28) 代入式(5-27) 后再将所得结果代入式(5-29) 中，积分之后将式(5-21) 代入，得到管柱因螺旋弯曲而产生的纵向缩短量的计算公式：

$$\Delta L_2 = \int_0^n \varepsilon_z \mathrm{d}z = \int_0^n \frac{-r^2}{4EI} \cdot \frac{z}{n}F_2 \mathrm{d}z = -\frac{r^2 n F_2}{8EI} = -\frac{r^2 F_2 \frac{F_2}{Wg}}{8EI} = -\frac{r^2 F_2^2}{8EIWg} \quad (5-30)$$

3. 鼓胀效应

如果注水管柱中的压力大于套管中压力，那么压力在水平方向上的分量将会作用于管柱管壁上从而使其直径变大，这种效应即为正鼓胀效应 [图 5-29(a)]。与之相对，如果注水管柱中的压力小于套管中压力，压力在水平方向上的分量将会使管柱直径变小，这种效应为反鼓胀效应 [图 5-29(b)]。

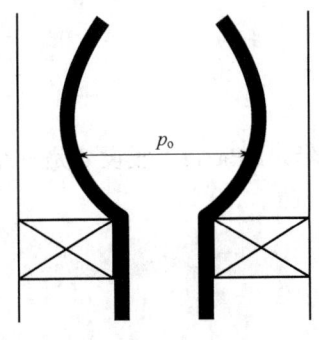

(a) 正鼓胀效应示意图

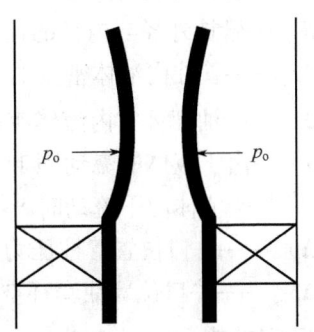

(b) 反鼓胀效应示意图

图 5-29 鼓胀效应示意图

如果有压力作用于注水管柱内，管柱直径将变大，长度变小；如果有压力作用于注水管柱外，管柱直径变小，长度变大。若注水管柱下端被封隔器固定而不能移动，则正鼓胀效应将使管柱受到张力作用，反鼓胀效应将使管柱受到压缩力作用，不论张力或者压缩力都会作用于坐封该管柱的封隔器上。

压力作用的面积直接影响鼓胀效应的大小。管柱外壁的面积大于其内壁面积，因此在固定压力条件下，正鼓胀效应会比反鼓胀效应稍小。

活塞效应与螺旋弯曲效应发生在管柱的一部分区域，而鼓胀效应则不同，它发生在整个管柱上。所以，在计算活塞效应与螺旋弯曲效应时一般主要考虑井底的压力变化，而在计算鼓胀效应时主要考虑管柱内平均压力的变化值，其中平均压力等于井口压力与井底压力和的一半。

若将管柱的鼓胀效应用受力的变化来表示，有：

$$\Delta F_3 \approx 0.6A_i(\Delta p_{ia}) - 0.6A_o(\Delta p_{oa}) \tag{5-31}$$

式中　ΔF_3——使管柱发生鼓胀效应的力的变化，kN；

Δp_{ia}——管柱内平均压力变化，MPa；

Δp_{oa}——管柱外平均压力变化，MPa。

在式（5-31）中 $0.6A_i(\Delta p_{ia})$ 项表示使管柱长度减少的正鼓胀力，$0.6A_o(\Delta p_{oa})$ 项表示使管柱长度增加的反向鼓胀力。

如果管柱内有流体流动，流体不仅会产生压力降，也会改变管柱受到的径向力，同时还会施加一个力在管柱管壁。同理，在油套环空也有相似的情况发生。在用一种流体替代管柱或者油套环空中原来的流体时，无论流体处于静止状态或者流动状态，管柱内外流体密度都会发生改变，随之也会导致管壁的径向力发生变化。上述两种情况的结果就是使管柱的长度发生改变。如果管柱内流体流动而油套环空内的流体静止时，注水管柱的长度变化可以表示为：

$$\Delta L_3 = -\frac{\mu}{E}\frac{\Delta\rho_i - R^2\Delta\rho_o - \frac{1+2\mu}{2\mu}\delta}{R^2-1}L^2 g - \frac{2\mu}{E}\frac{\Delta p_{is} - R^2\Delta p_{os}}{R^2-1}L \tag{5-32}$$

式中　ΔL_3——管柱由于鼓胀效应引起的形变量，m；

μ——管柱材料的泊松比；

R——管柱外径与内径的比值；

$\Delta\rho_i$——管柱内液体密度的变化量，kg/m³；

$\Delta\rho_o$——油套环空内液体密度的变化量，kg/m³；

δ——由于液体的流动引起的单位长度上的压力降，MPa/m；假设 δ 是一个常数，当流体向下流动时 $\delta>0$，当流体不流动时 $\delta=0$；

Δp_{is}——井口位置管柱压力的变化，MPa；

Δp_{os}——井口位置油套环空压力的变化，MPa。

4. 温度效应

井筒内温度一般随着井深的增加而增加，当井筒内温度发生改变，注水管柱也会因温度的升高而伸长或因温度的降低而缩短。

与鼓胀效应类似，温度效应也是发生在整个管柱上。因此，在计算温度效应产生的相关参数时也应用管柱的平均温度 $\overline{T}$，其表达式为：

$$\overline{T} = \frac{T_s + T_b}{2} \tag{5-33}$$

式中　T_s——管柱井口温度，℃；

　　　T_b——井底温度，℃。

管柱井口温度与井底温度不是一个固定值，它们随着作业方式与作业参数的改变而改变。在没有注入流体的情况下，一般认为平均温度等于地面年平均温度与井底温度和的一半；在注入流体时，井口温度即为注入流体的温度，井底温度可以根据相应的公式进行推算。

由平均温度的变化 ΔT 引起的使管柱长度变化的力 ΔF_4 和管柱长度的变化 ΔL_4 的表达式为：

$$\Delta F_4 = \beta E A_s \Delta T \tag{5-34}$$

$$\Delta L_4 = \beta L \Delta T \tag{5-35}$$

式中　ΔF_4——由于平均温度的变化而引起的使管柱长度变化的力，kN；

　　　ΔL_4——管柱由于温度效应而引起的形变量，m；

　　　β——管柱材料的热膨胀系数，℃$^{-1}$。

上述四种效应既可以单独作用在一个管柱上，也可以共同作用管柱上。当两种或多种效应共同作用在一个管柱上时，管柱长度的变化总量等于各效应单独作用在管柱上时引起的变化量的和。

二、管柱与封隔器的关系

上述四种基本效应可以根据注水管柱长度或者作用在其上的力的变化进行计算。若要正确理解压力与温度对注水管柱的影响，必须弄清管柱与封隔器之间的关系。管柱与封隔器的关系大致可以分为以下三类：自由移动、有限移动和不能移动。

1. 自由移动

自由移动是指注水管柱下端的密封管可以在封隔器的密封腔内上下自由移动。这种情况下，注水管柱发生的各种效应的形变可以按照各个效应引起注水管柱长度变化的叠加来计算。整个注水管柱长度的变化为：

$$\Delta L = \Delta L_1 + \Delta L_2 + \Delta L_3 + \Delta L_4 \tag{5-36}$$

式中　ΔL——整个管柱的形变量，m。

2. 有限移动

有限移动是指注水管柱下端的密封管在封隔器的密封腔内只能沿固定方向移动（图5-30）。

当注水管柱中压力温度发生改变时，管柱将受到相应力的作用。如果管柱向有台阶一侧移动（在图5-30中为向上移动），则其形变量的计算与注水管柱可以自由移动情况下

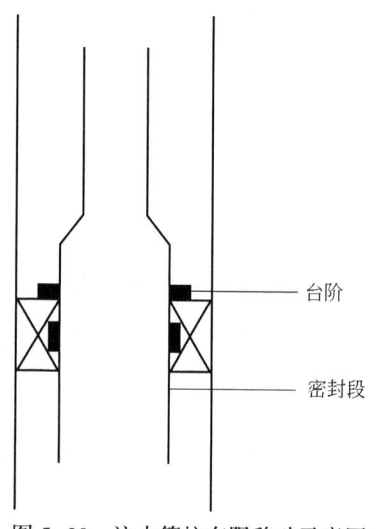

图 5-30 注水管柱有限移动示意图

的计算方法一致。如果注水管柱向没有台阶一侧移动（在图 5-30 中为向下移动），由于封隔器顶住了注水管柱上的台阶，管柱会在封隔器上施加一个向下的作用力。

在封隔器坐封时，有时会将管柱的部分重量压放在封隔器上，通常将这一过程称为油管压重。油管压重之后，会有一个力作用在封隔器上，称这个力为松弛力（F_S）。压力和温度变化后，计算注水管柱的形变量可以先假设压力和温度变化之前，注水管柱悬挂在井筒中，如果没有台阶，在松弛力的作用下管柱会有一个伸长量用 ΔL_5 表示。这时，管柱与封隔器的关系与管柱可自由移动的情况相似，可以根据（5-35）算出压力与温度变化引起的注水管柱长度的改变 ΔL。两种长度变化的和为 ΔL_6。

$$\Delta L_6 = \Delta L - \Delta L_5 \tag{5-37}$$

ΔL_5 的计算方法如下：

（1）当松弛力 $F_S > 0$ 时：

若 $\dfrac{F_S}{Wg} < L$，则有：

$$\Delta L_5 = -\frac{F_S L}{EA_s} - \frac{r^2 F_S^2}{8EIWg} \tag{5-38}$$

若 $\dfrac{F_S}{Wg} \geqslant L$，则有：

$$\Delta L_5 = -\frac{F_S L}{EA_s} - \frac{r^2 F_S^2}{8EIWg}\left[\frac{LWg}{F_S}\left(2 - \frac{LWg}{F_S}\right)\right] \tag{5-39}$$

（2）当松弛力 $F_S \leqslant 0$ 时：

$$\Delta L_5 = -\frac{F_S L}{EA_s} \tag{5-40}$$

如果根据上述方法计算得到的 ΔL_6 是一个负值，即注水管柱缩短，那么这就是压力和温度的改变使管柱在封隔器中的移动量；如果是一个正值，即表示注水管柱伸长，但由于台阶的存在，管柱的伸长不可能发生。封隔器对管柱有一个沿管柱向上的作用力，若要求这个作用力可以先假定台阶不存在，这时注水管柱会有一个伸长量，计算出将管柱推回到原来的位置所需要的力即为所求的力。

有限移动的封隔器管柱相对比较常见，对于这种类型的封隔器注水管柱需要考虑以下两点：

（1）注水管柱收缩后使管柱密封段跑出封隔器的密封腔造成窜通，从而使封隔失效的可能性；

（2）注水管柱有伸长的趋势时，封隔器对注水管柱的反作用力使管柱弯曲从而造成解封封隔器和绳索作业困难，或者造成永久螺旋弯曲的可能性。

3. 不能移动

不能移动是指注水管柱下端的密封段完全限制在封隔器中无法上下移动（图5-31）。

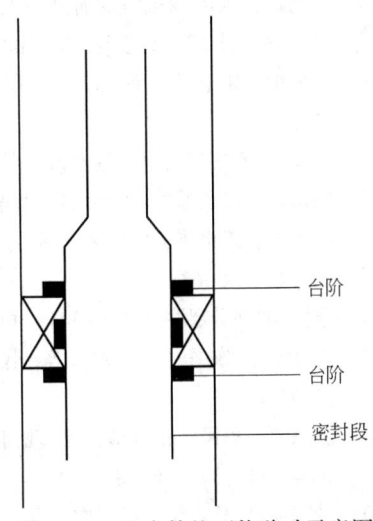

图5-31 注水管柱不能移动示意图

由于注水管柱被固定，既不能向上移动也不能向下移动，如果压力和温度发生改变，封隔器必然会对管柱施加一个力，用 F_p 表示。F_p 即为阻止注水管柱移动所施加的力，或者说 F_p 即为抵消注水管柱由于活塞效应、螺旋弯曲、鼓胀效应和温度效应发生的形变的力。对于允许自由移动的封隔器和允许有限移动的封隔器管柱向无限制的方向移动时，F_p 都等于0。在紧接封隔器上端的油管上作用的力只有由液压引起的实际压力 F_1。当存在 F_p 时，注水管柱受到的实际力 F_1^* 就等于由液压引起的实际压力与封隔器对管柱施加的力 F_p 的和：

$$F_1^* = F_1 + F_p \qquad (5-41)$$

产生螺旋弯曲效应的虚力 F_2 由式（5-24）可以计算求得，但在注水管柱不能移动的情况下，虚力 F_2^* 应为：

$$F_2^* = F_2 + F_p \qquad (5-42)$$

封隔器对注水管柱施加的力 F_p 如果过大会破坏封隔器，同时在计算 F_1^* 和 F_2^* 时也需要 F_p 的值，求出这两个力就可以推算出注水管柱所处的状态，可见 F_p 有着重要的意义。在计算 F_p 时可以先假定注水管柱可以自由移动，算出此时管柱的形变量，F_p 的值即为使注水管柱恢复到原来状态时机械力的值。

对于不能移动的封隔器注水管柱，必须考虑以下两点：

（1）注水管柱由于收缩产生的张力导致管柱或者封隔器中心管断裂的可能性；

（2）注水管柱由于伸长产生的力使管柱发生永久性螺旋弯曲的可能性及弯曲的管柱对抽油生产与绳索作业产生的有害影响。

思考题

1. 为什么要进行分层注水？
2. 分层注水实践的两种思想是什么？有何异同？
3. 引起注水管柱受力变形的四种基本效应是什么？分别加以说明。
4. 井下注水管柱与封隔器的关系有哪些？
5. 注水管柱受哪些力的作用？有何特点？
6. 空心分层注水工艺有哪些？各自有何技术特点？
7. 偏心分层注水工艺有哪些？各自有何技术特点？
8. 分层注水配注量的计算方法有哪些？各自有何特点？

参考文献

[1] 王鸿勋，张琪.采油工艺原理［M］.2版.北京：石油工业出版社，1993.

[2] 吴奇.注水技术研讨会论文集2005［C］.北京：中国石化出版社，2005.

[3] 马来增，隋春艳，许翠娥.分层注水管柱的改进及应用［J］.石油矿场机械.2001，30（B5）：77-79.

[4] 侯守探.常规偏心分层注水改进技术研究［J］.石油天然气学报.2001，29（2）：112-113.

[5] 闫乐好，段长军.油田注水用封隔器密封性能的分析与研究［J］.阀门.2002，3：22-24.

[6] 吴柏志，王世杰，缪明才，等.新型分层注水分层测试管柱研究及应用［J］.石油钻采工艺.2000，22（4）：66-68.

[7] 连伟.油井分层注水用KZ344-114型扩张式封隔器［J］.石油机械.2007（3）：27-28.

[8] 栾中伟，陈平，王学宏，等.小直径分层注水工艺技术［J］.石油地质与工程.2007，21（2）：69-71.

[9] 游龙潭，孙民，张红梅，等.现河庄油田分层注水管柱配套模式及应用［J］.油气地质与采收率.2004，11（3）：76-78.

[10] 杨康敏，马宏伟，杨军虎，等.河南油田特高含水期分层注水配套工艺技术［J］.钻采工艺.2002.

[11] 周望，李志，谢朝阳.大庆油田分层开采技术的发展与应用［J］.大庆石油地质与开发.1998，17（1）：36-39，54.

[12] 张洪明，王松波.注水井层段细分在"稳油控水"中的应用［J］.大庆石油地质与开发.1997，16（1）：64-66.

[13] 王中国，王清发，贺贵欣.井下测调仪［J］.地面油气工程.2005，24（2）：插页.

[14] 邓刚，王琦，高哲.桥式偏心分层注水及测试新技术［J］.油气井测试.2002，11（3）：45-48.

[15] Willie Vance, Graham Kent. PuMPing equipment for offshore deep water & marginaloilfields［J］.World PuMPs. 2001，14-17.

[16] 李明，王治国，朱蕾，等.桥式偏心分层注水技术现场试验研究［J］.石油矿场机械，2010，39（10）：66-70.

[17] 裴承河，陈守民，陈军斌.分层注水技术在长6油藏开发中的应用［J］.西安石油大学学报（自然科学版）2006，21（2）：33-36.

[18] 丁晓芳，范春宇，刘海涛，等.集成细分注水管柱研究与应用［J］.石油机械，2009，37（3）：61-63.

[19] 于宝新，陈刚.油田开发实用技术.北京：石油工业出版社，2010.02.

[20] 季华生，付余.分层注水的两种思想辨析［J］.石油科技论坛，2005，5：24-28.

[21] 孙爱军，徐英娜，李洪冽，等.注水管柱的受力分析及理论计算［J］.钻采工艺，2003，26（3）：55-57.

[22] 张玉荣.分层注水储层参数变化机理与配注参数动态调配方法研究［D］.大庆：东北石油大学，2011.

第六章
特低渗透油藏超前注水技术

特低渗透油藏岩性致密、渗流阻力大、天然能量不足、单井产量低、压力传导能力差，导致油井自然产能极低，采用天然能量开发产量递减速度快，一次采收率低，注水（注气）开发人工补充能量提高单井产能是实现低渗透油藏经济有效开发的关键。

超前注水技术作为特低渗透油田有效开发的技术核心之一，就是在特低渗透油田开发过程中，通过不断探索，针对低渗透油藏岩性致密、渗流阻力大、天然能量不足、单井产量低、压力传导能力差导致油井自然产能极低而形成一项有效提高单井产量的开发技术。

第一节 超前注水概述

一、超前注水技术的提出

超前注水技术就是注水井在采油井投产之前投注，并且要求地层压力达到一定水平，建立起有效驱替压力系统的一种注采方式。

大量生产实践表明，特低渗透油田投产后，如果能量补充不及时，地层压力会大幅度下降，油田产量迅速递减，采油指数大大减小，年递减率可达25%~45%，采出1%的地质储量地层压力下降3~4MPa。以后即使提高地层压力，油井产量和采油指数也难以恢复，这就是压敏效应即"流固耦合"作用的结果。

特低渗透油藏储层弹塑性比较突出，这种储层压力敏感性很强，就是当孔隙压力下降后，储层孔隙度，特别是渗透率急剧减小，而孔隙压力再上升时，其值恢复得很少，如渗透率可降低70%~80%，而恢复值不到20%~30%。这就是特低渗透油藏油井产量、采油指数下降后难以恢复的主要原因。从生产实践到理论研究，对特低渗透油藏要保持初期的生产能力和较好的开发效果，最好不要造成地层压力下降，为此应采用超前注水的开发方式。

广大石油科技工作者针对特低渗储层启动压差较大、压力敏感性较强、油藏压力系数低、地饱压差小等特点，通过深入研究渗流规律、不断开发实践，创造性地提出了超前注水理论，并研究了超前注水的注采井距、注水时机、地层压力保持水平、注水压力、注水强度等技术政策，形成了特低渗油藏超前注水开发配套技术。

二、超前注水的作用

超前注水开发特低渗油田能合理地补充地层能量，提高地层压力，降低因地层压力下降造成的渗透率伤害，使油井在开井生产后建立较大的生产压差，以克服启动压力梯度，从而使油井能够较长期地保持较高的生产能力。同时超前注水可防止原油物性变差，有效地保证原油渗流通道的畅通，提高注入水波及体积，并最终提高原油采收率。

1. 超前注水能保持较高的地层压力，建立有效的驱替压力系统

特低渗透油田存在启动压力梯度，渗流呈非线性特征，根据国内外大量实验，当储层渗透率降低到一定程度后，其渗流特征不符合达西定律，存在一定的启动压力梯度。因此要建立有效的驱替压力系统，必须使油水井之间的驱替压力梯度大于启动压力梯度。

为研究在注水过程中，特低渗储层表现出的启动压力梯度现象，首先来认识原油的边界层，它是由原油与储层岩石颗粒表面接触时，通过相互作用形成的一种富有极性的液体层。这个液体层多为原油的重组分，具有黏度大、密度大的特点。边界层的厚度与多孔介质的结构和原油性质有关，多孔介质的孔隙喉道越小，原油的黏度越大，则原油的边界层越厚，对储层的渗透率产生重大的影响。

苏联学者通过采用不同的油样进行边界层的实验，发现在同一压力梯度下，毛管半径减小，原油边界层厚度增加。由于边界层内的原油组分有规律地变化，越靠近固体颗粒表面的地方原油黏度越大，其流动时需要克服的极限剪切应力就越大。此外，特低渗储层是由无数的孔隙组成的，可近似为众多的毛细管，因此也会产生毛管力 p_c，公式表示为：

$$p_c = \frac{2\delta\cos\theta}{r} \tag{6-1}$$

式中 δ——界面张力；

θ——润湿角；

r——毛管半径。

由式(6-1)可以看出，在界面张力和润湿角一定的情况下，毛管力的大小与毛管半径成反比，即毛管半径越小，毛管力越大。特低渗储层的喉道半径很小，其产生的毛管力就越大。

通过以上两方面的分析，边界层和毛细管力对特低渗储层的流体渗流具有重要的影响，也是低渗、特低渗储层存在启动压力梯度的主要原因。

特低渗储层的孔隙比低渗储层小，则特低渗储层的启动压力、驱动压力梯度都比一般的低渗储层大，原油流动就更困难。

根据渗流流体的理论，在极限供油半径内，可动用原油的动用程度 F 可用下式表示：

$$F=\frac{(r_0-h)^2}{r_0^2} \tag{6-2}$$

式中 r_0——孔道半径；

h——在某一压力时不可动油膜的平均厚度，是压力梯度的动用函数。

对于砂岩油藏，考虑到渗透率与平均孔道半径的关系：

$$r=0.35\sqrt{K} \tag{6-3}$$

根据式(6-2)、式(6-3)得到可动原油的动用程度与渗透率、压力梯度的关系为：

$$F=1-\frac{5.714A}{\sqrt{K}\left(\frac{\Delta p}{L}\right)^n}+\frac{8.163A^2}{K\left(\frac{\Delta p}{L}\right)^{2n}} \tag{6-4}$$

$$\frac{\Delta p}{L}=\frac{dp}{dr}-\frac{\Delta p_o}{L} \tag{6-5}$$

式中 K——渗透率；

$\Delta p/L$——驱动压力梯度；

A——横断面积；

n——渗流指数；

$\dfrac{\Delta p_o}{L}$——启动压力梯度。

由于在低渗或特低渗储层中，原油存在边界层，有一部分原油不可动，如果还用渗透率和孔隙度两个重要参数来表征，常出现很大误差，因此用渗透率和孔隙度两个重要参数不能正确地表征低渗或特低渗储层的可动资源量。可动油的动用程度与驱动压力梯度和渗透率之间的关系公式为式(6-4)。根据式(6-4)对不同的渗透率 K 得到 F 与 $\Delta p/L$ 的关系曲线。图6-1为在不同渗透率情况下，原油动用程度与压力梯度的关系曲线，从图中可以看出，可动油的动用程度与驱动压力梯度成正比，驱动压力梯度越大，则可动油的动用程度也越大，相应的驱动效率也越大。

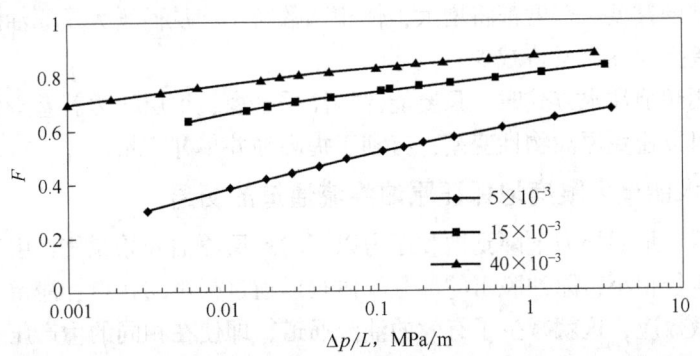

图6-1 不同渗透率下原油动用程度与压力梯度的关系曲线

低渗透油层的孔道半径很小，原油边界层影响显著，在渗流过程中会出现启动压力梯度。随着注水量的增加，地层压力不断提高，注入水不断克服界面张力和黏滞阻力，加快了注入水的流动能力和速度，增加了水驱油的通道，注入水由大孔道进入小孔道，将其中的油不断驱出，提高了驱油效率。研究表明，启动压力梯度与渗透率成反比，渗透率越低，启动压力梯度越大。特低渗透油田的渗流特征为非达西渗流，流体流动需要一定的启动压差，超前注水提高了地层压力，使油层更多孔道内的压力梯度大于启动压力梯度，增大了生产压差和驱动压力梯度，改善了地层的渗透率。因此超前注水可以使地层具有较高的压力梯度及较大的生产压差，当油层中任一点的压力梯度均大于启动压力梯度时，便建立起有效的压力驱替系统。

2. 超前注水降低了地层压力下降造成的渗透率伤害

油井投产后，排出了井眼附近储层中的流体。由于特低渗透油藏天然能量小、传导能力差、短时间难以补充油井能量的消耗，于是出现压力下降的现象。而油层压力下降，导致储层骨架发生变形而造成渗透率降低，这样就加剧了压力的降低和油井产量的递减。即使采用注水补充能量的方式使地层压力恢复到原始压力水平，储层渗透率也不会恢复到原来水平。而从岩石弹塑性变形实验可得，特低渗储层物性随着地层压力的波动而改变，当地层压力变化到一定程度时，储层岩石由弹性变形变为塑性变形，也能导致储层物性变差。

对特低渗透油藏而言，采用超前注水的开采方式可以保持地层压力水平，将储层介质压力敏感、岩石弹塑性变形及启动压力梯度的影响降低到最小限度。因此从保持地层压力水平分析，采用超前注水的方式开发特低渗透油田是非常必要的。

3. 超前注水能有效防止地层原油性质改变

由于特低渗透油藏油层物性差、渗流阻力大、压力消耗大，生产较短时间后，地层压力就降低到饱和压力以下，地层原油开始脱气，脱出气体部分随原油流入井底，部分滞留于地层之中，脱气原油在新的地层压力下建立新的相平衡。随着地层压力的下降，溶解气含量减小，原油密度、黏度变大，原油流动性变差，开发难度加大。

即使当注水井开始注水之后，地层压力回升，地层原油又在新的相平衡状态下随地层压力的升高连续建立新的原油物性体系。此时由于原油的脱气作用，即使在相同的地层压力下，地层原油的黏度、密度都将增大，体积系数减小，从而增大了原油的渗流阻力，在相同的生产压差下原油产量将减少。

当油田采用超前注水方式时，只要能保持注采平衡，地层压力就基本保持在原始地层压力附近，这可以避免原油物性变差，有利于提高油井单井产量。

4. 超前注水能最大限度地保证原油渗流通道的畅通

油井投产后，地层压力下降到饱和压力以下时地层原油开始脱气，由于特低渗透油层中，部分孔喉半径很小，原油脱出的部分气体难以通过很小的孔道，滞留于地层之中，形成气锁或称贾敏效应，这就减少了有效的油流通道，即使在相同的生产压差下原油产量也将减小。超前注水可以使地层压力基本保持在原始地层压力附近，避免原油中溶解气的脱出，有利于油井有较高的产量。

5. 超前注水有利于提高油相渗透率

图6-2是特低渗透岩心在不同驱替压力下的油水相对渗透率曲线。从图中可看出，

当驱替压力增加时，水相相对渗透率曲线变化不大，而油相相对渗透率曲线上移。这是由于当渗透率很低时，油水两相渗流区非达西效应比较显著。同时试验过程中，提高驱替压力以后，残余油饱和度略有降低。

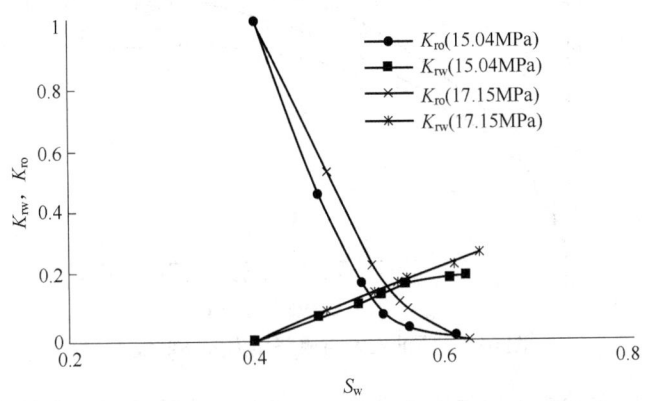

图 6-2　不同驱替压力下油水相对渗透率曲线

6. 超前注水可以提高注入水波及系数，有利于提高采收率

油田在投入开发前地层处于原始压力平衡状态，各点处的压力基本保持一致。此时，采用超前注水方式投注，由于均衡地层压力的分布，注入水在井底周围地层中向外推进是均匀的，首先沿渗流阻力小的较高渗透段推进，当较高渗透层段的地层压力升高后，注入水推进阻力加大，同时因高特低渗透层段之间的压力差，迫使注入水进入较特低渗透层段，提高了较特低渗透层段的地层压力，缩小了两者之间的压力差，从而有效地提高了注水平面波及系数，也提高了油田开发效果。低渗油田水驱油试验表明，随着驱替压力梯度的增大，水驱油效率逐渐增大，提高和保持了较高的地层压力，提高了驱替压力，增大了生产压差，克服了毛管力及其他阻力的作用，可以使更细小孔道的原油被驱出。

当特低渗透油藏采用滞后注水方式时，采油井首先采较高渗透层段的油，然而，由于特低渗透油层的渗流阻力大、供液能力差、能量消耗快，使较高渗透层段的压力降较大。当注水井投注之后，注入水将沿渗流阻力小的较高渗透层段突进，加上较高渗透层段较大的压力降落，加剧了注入水"舌进"现象的发生，使注入水的波及系数减小，驱油效率降低。如果油田采用先注后采方式，由于油田在投入开发前地层处于原始的平衡状态，各点的原始地层压力基本保持一致。此时，注水井投注时，由于均衡的地层压力作用，注入水在地层中将相对均匀推进，首先沿渗流阻力小的较高渗透层段突进，当较高渗透层段的地层压力升高后，注入水再向较特低渗透层段流动，从而有效地提高了注入水的有效波及体积。

根据室内不同驱替压力下的水驱油试验，提高水驱油的驱替压力梯度，可以使更细小孔道的油被驱出，提高驱油效率（图 6-3）。同时采用超前注水，由于均衡的地层压力作用，注入水在地层中将均匀推进，有效地提高了注入水的有效波及体积，从而达到提高采收率的目的。数值模拟结果表明，超前注水可提高采收率 3%~5%。

7. 超前注水可以减缓产量递减

特低渗透油田开发的关键是提高单井产量和稳产时间，从而有效改善特低渗透油田开

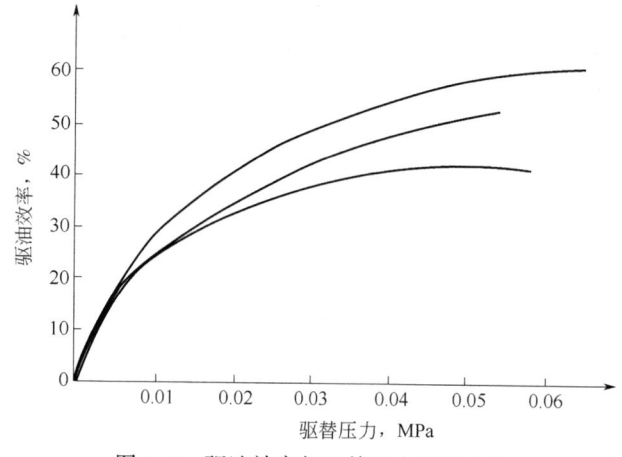

图 6-3 驱油效率与驱替压力关系曲线

发的经济效益。通过实施整体超前注水措施,油井初期产能递减比非超前注水区块递减小一半左右,单井产量高,并且产量稳定时间长。

8. 超前注水提高油井产能

依据变形介质的压敏效应机理,建立特低渗储层启动压力梯度和流体边界层的非达西渗流数学模型;创建提高地层能量、克服启动压力梯度、建立有效驱替压力系统的超前注水技术,使得油井平均单井产能提高 15%~20%。

9. 极限注采井距和注入水有效影响范围大幅度增大

当地层压力超过微裂缝开启临界压力后,储层渗透率大幅度提高,而理论与实践表明启动压力与渗透率成反比。特低渗储层极限井距与驱动压力成正比,与启动压力梯度成反比(图 6-4)。

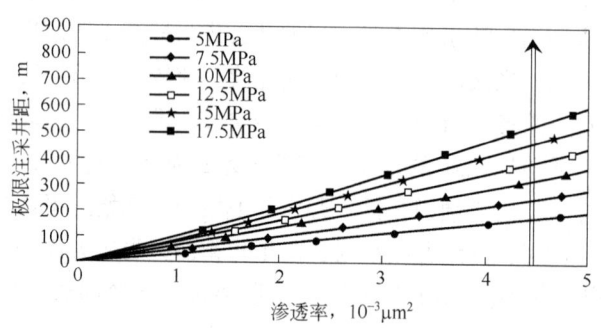

图 6-4 不同注采压差下渗透率与极限注采井距的关系

三、超前注水的适用条件

(1)油藏原始压力系数低。油藏边底水不活跃,天然能量不足,主要表现为油井投产初期,产量和压力下降较快,油井动液面下降较快。

(2)孔隙喉道较细。特低渗储层中值喉道半径较小,中值压力大,渗流阻力大,采用超前注水，将会有利于保持地层压力，缩短注水见效时间。

（3）启动压力梯度大。特低渗透油田开发的一个重要问题是地层能量不足，相当一部分油层的压力系数很低，这是单井产量不高的直接动力学原因。超前注水就是从根本上解决这一问题，努力提高单井产量。超前注水总的做法是在采油井投产前超前投注注水井，由于在超前的时间内只注不采，从而有效提高了地层压力。当压力达到某一值后，合理的注采井距可使油层中任一点的压力梯度均大于启动压力梯度，从而建立有效的驱替压力系统。

（4）地层原油饱和压力高，地饱压差小。地饱压差小，地层压力很容易降低到饱和压力之下，如果流动压力低于饱和压力太多，会引起油井脱气半径扩大，使液体在油层和井筒中流动条件变差，对油井生产造成不利影响，因而地层压力应控制在正常合理范围内。

（5）水敏性矿物含量较少。

第二节 特低渗透油藏非线性渗流理论

一、特低渗储层非线性渗流机理

流体在特低渗透油藏中的渗流规律，取决于渗流的四大要素：一是流体的组成和物理化学性质；二是多孔介质的孔隙结构和物理化学性质；三是流动状况，主要是流动的环境、条件及流体与流体、流体与多孔介质之间的相互作用；四是有效应力的影响。

许多研究资料表明，由于固体与液体的界面作用，在油层岩石孔隙的内表面，存在一个原油的边界层。在边界层内，原油的组成和性质与体相原油的差别很大，存在组分的有序变化，存在结构黏度特征、屈服值。边界层的厚度，除了与原油本身性质有关外，还与孔道大小、驱动压力梯度等有关。一般认为水是牛顿流体，但是它在很细小的孔道中流动时呈现出非牛顿流动特性，具有启动压力梯度，原油更是这样。人们成功地用达西定律解决了大量中高渗透性稀油油藏的工程设计计算问题，这是因为对中高渗透稀油油藏来说，原油流动的孔道不算太小，原油边界层不太厚，边界层中的原油占总油量的比例小，边界层原油的非牛顿性对线性渗流规律影响不明显。然而，对低渗透油藏和稠油油藏来说，这个影响则是不可忽视的。它会使渗流规律发生明显的变化，出现启动压力。

流体在低渗透油层孔隙中流动时，其渗流规律呈现出图6-5所示的"非达西"渗流特征。在图6-5中，a点是最大毛管半径的启动压力梯度；b点对应的是平均毛管半径的启动压力梯度；c点是最小毛

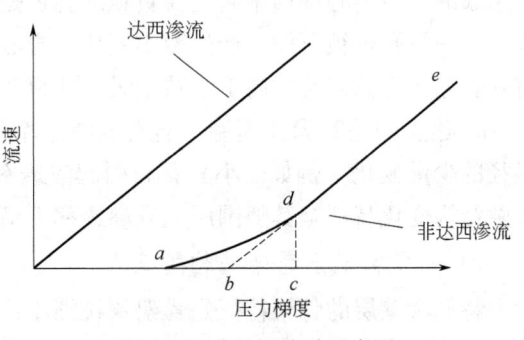

图6-5 非达西流动示意图

管半径的启动压力梯度；d 点对应的是由非达西渗流到达西渗流的过渡点。a、b 两点对应的分别为真实启动压力梯度和拟启动压力梯度。ad 线段为液体流动的速度随压力梯度凹型增加的实测曲线，为非线性渗流；de 线段为实测的直线段，为拟线性渗流。

启动压力的大小表征了油水渗流的难易程度。由于 b 点对应的是平均毛管半径的启动压力梯度，它基本代表了流体在岩心的渗流过程的平均启动压力梯度。因此研究 b 点对应的拟启动压力大小具有较强的实用性，在实际的工程中，常采用它进行分析计算低渗透油藏启动压力梯度的影响。

二、特低渗储层应力敏感

油藏岩石是典型的多孔介质，有着复杂内部结构的物质形式，它由形状各异、大小不等的固体物质单元体（骨架颗粒）组合而成，单元体之间是形状极其复杂的孔隙空间。孔隙可以是互不连通的，也可以是相互连通的，其中都充满着一种或几种流体。独特的物质结构使得多孔介质的受力状态十分复杂，它通常受到外部应力和内部应力的共同作用。油气储层多孔介质之所以发生变形，最直接的原因就是其所处的应力状态发生了改变。

1. 特低渗储层应力敏感特征

岩石孔隙空间的压缩对油气生产有两方面的影响。一方面是由于孔隙缩小而释放出的岩石弹性能是驱使孔隙中油气流动的动力，这是有利的；另一方面，由于孔隙通道变窄造成渗透性变差，流动阻力增大，会导致油气井产量降低，这种影响是负面的。

低渗、特低渗储层的渗透率随压力变化比中高渗储层敏感，尤其是异常高压的低渗油气藏，其地层渗透率对压力的敏感性更为显著，这与低渗、特低渗储层岩石的结构、骨架特征及微观渗流尺度下低渗岩石的渗流特征密切相关。

1) 特低渗透储层的孔隙结构特征

高渗、特低渗储层的孔隙结构有较大的差异。高渗储层的孔隙结构类型通常为大孔粗喉型，大孔隙的体积占总孔隙体积的比例很大；特低渗储层的孔隙结构通常为小孔细喉型，大孔隙的体积占总孔隙体积的比例很小。图 6-6（$K=1.94\times10^{-3}\mu m^2$）和图 6-7（$K=127.24\times10^{-3}\mu m^2$）分别是特低渗、高渗储层毛管力曲线（图中 1 曲线）及孔隙大小分布曲线（图中 2 曲线），由图可知特低渗储层的有效孔隙是由几何尺寸绝对值较小的孔隙组成的，对岩心渗透率起主要贡献的孔道是其中相对较大的孔道，在有效压力增大的情况下，一旦孔道被压缩，产生微小变化，岩心的渗透率就会明显下降。相反，高渗储层的有效孔隙比低渗储层的高 1 个数量级，孔道产生的微小变化，对渗透率的影响不大。根据 Kozeny 建立的毛管渗流模型，岩石的渗透率与毛管平均半径的 4 次方成正比。毛管平均半径的少量变化（例如变小）都将引起渗透率的显著变化（变小）。因此，特低渗储层的孔隙结构变化特征是其随围压上升渗透率下降的原因之一。

2) 特低渗储层骨架结构特征

特低渗储层的骨架特征是骨架颗粒细小、比表面极大，通过储层特征统计分析得出，储层岩石大多数为细砂岩—粉砂岩，胶结物和泥质含量较高，并且伴生大量自生黏土，胶结类型以基底—孔隙胶结和孔隙胶结为主。特低渗透岩石骨架结构特征表现在两个方面：一是岩石骨架颗粒细小，比表面极大；二是岩石骨架的力学性质有显著的特点。

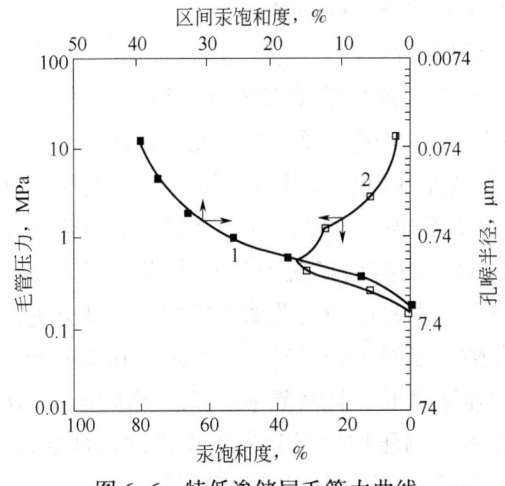

图 6-6　特低渗储层毛管力曲线　　　　图 6-7　高渗储层毛管力曲线

(1) 渗透率与岩石骨架颗粒的关系：比表面是指单位体积岩石中骨架颗粒表面积的总和。它表示储层岩石的分散程度，与骨架颗粒半径的分布和大小有关。岩石骨架颗粒越细小，岩石的比表面越大。根据 W. C. Krumbein 和 G. D. Monk 发现的经验公式：

$$K = Cd^2 e^{-1.35a} \tag{6-6}$$

式中　C——常系数，与岩石成熟度有关；
　　　d——骨架颗粒平均直径，μm；
　　　a——骨架颗粒的标准偏差；
　　　K——渗透率，$10^{-3} \mu m^2$。

由式(6-6) 可以看出：岩石渗透率与平均颗粒直径的平方成正比，与颗粒的分选性成反比。在围压作用下岩石的骨架颗粒有变小的趋势，因此，在围压作用下岩石的渗透率趋于降低。

(2) 岩石骨架力学性质：岩石受力时，骨架结构容易变异，进而引起岩石孔隙结构的变化。岩石骨架结构变异特征通常以岩石应力—应变关系曲线表示（图6-8）。图 6-8 表明：含有一定量胶结物的岩石，由于胶结物强度低于骨架颗粒，在受力时，首先发生变化。图中 OA 段曲线稍向上凹，表明在围压作用下，胶结物结构发生了应变，被压实并发生变形，使颗粒间的距离相对变小，进而引起孔隙喉道缩小。OA 段变形具有软塑性变形特点，围压复原后，压实和变形的胶结物不能恢复原状。这一梯度反映在围压—渗透率关系曲线和围压循环渗透率关系曲线上即渗透率下降幅度大和围压松弛后渗透率恢复率不高。

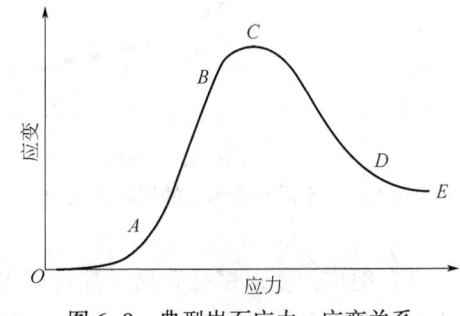

图 6-8　典型岩石应力—应变关系

随着围压增加,联结颗粒的胶结物进一步被压密,其强度趋近于岩石骨架颗粒的强度,其变形空间和程度也与岩石骨架颗粒趋于一致。图中 AB 段曲线的斜率为常数或接近常数,具有弹性变形特点,在围压松弛后,这种变形基本可以恢复。

3)特低渗储层发育有微裂隙,在低压下会闭合

一般来说,砂岩储层越致密,渗透率越低,裂缝、微裂隙发育的概率和强度也越大。对图 6-8 中的 OA 段和 AB 段可做如下描述:OA 段——"做功硬化"阶段,该曲线向上弯曲,表明随应力的增加,应变增长速度减慢,仿佛岩石随应力增加(做功)而变硬,从微观机制来看,OA 段的弯曲是岩石中存在的许多微孔隙和微裂纹在应力作用下闭合而造成的;AB 段——线弹性阶段,AB 段的斜率(即岩石的有效杨氏模量)由岩石固态物质的弹性常数和包含的孔隙情况所确定。假设岩石中孔隙是由两类孔隙组成的,一部分为易变形的软孔隙,另一部分为具有一定弹性的硬孔隙。当围压较低时,岩心内软孔隙就开始变形、缩小甚至闭合,所以该阶段岩石的渗透率显著降低,且恢复率不高。当围压进一步升高时,软孔隙变形基本结束,剩余的弹性硬孔隙在围压作用下只发生少量的弹性变形,因而在这一阶段岩石的渗透率随围压升高呈线性降低,且随围压松弛而恢复。

4)微观渗流尺度下特低渗储层的渗流特征

低渗、特低渗储层的渗透率应力敏感性比中高渗储层强,还与微观渗流下低渗储层的渗流特征有关。实际上渗透率是一个功能性参数,与岩石的孔隙结构、尺寸和流体有关,流体在孔道内会与岩石发生相互作用,对渗透率产生影响。对特低渗岩心,其孔隙系统基本上是由小孔道组成的,比表面极大,孔道表面对流体的吸附作用增强,孔道内流体边界层的影响较大,流体在岩石中渗流时会存在启动压力梯度,当驱替压力小于某些孔道的启动压力时,这些孔道就会丧失渗流功能。当岩石受力增大后,孔道缩小,造成启动压力梯度增大,使更多的小孔道丧失渗流功能,渗透率的降幅进一步增大,使得特低渗储层的渗透率较中高渗储层的渗透率具有更强的应力敏感性。其影响的强弱与流体的成分(如胶质、沥青质含量、矿化度等)及流体的 PVT 状态有关。分别用氮气和标准盐水为流体测量过岩石的应力敏感性,结果表明:用标准盐水测量时岩石的应力敏感性强于用氮气测量的(图 6-9)。

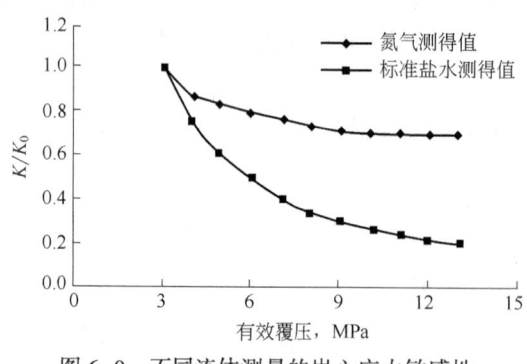

图 6-9 不同流体测量的岩心应力敏感性

2. 渗储层应力敏感影响因素分析

多孔介质的变形主要是多孔介质内部各质点相互之间的位置有了改变而造成的。特低渗储层应力敏感影响因素主要表现在以下几个方面:

(1)组成。变形多孔介质骨架可以由单一物质组成,也可以由多种物质组成,例如石英砂岩,就主要由石英(SiO_2)一种矿物成分组成;而杂砂岩则由石英、长石、云母、黏土等多种矿物成分组成。不同类型的矿物成分具有不同的硬度,在外力作用下,硬度越高,越容易发生变形。就杂砂岩来说,石英的硬度最高,长石次之,而云母和黏土最低。

在外力作用下，容易变形或破碎并发生位移，使变形多孔介质的孔隙体积缩小，甚至堵塞孔隙和喉道，降低了多孔介质的孔隙度和渗透率。

（2）类型。固体物质的单元体主要有三种类型，即线状、面状和粒状。在实际具有变形性质的多孔介质中，线状和面状的单元体少见，多为不规则的粒状单元体。例如石英砂岩中，主要是磨圆较好的石英颗粒。因为变形介质的单元体类型主要为粒状，在外力的作用下容易发生位移而产生变形，但又不是绝对的，还要看各单元体之间的接触关系及胶结方式。

（3）颗粒的接触关系。一般来说，颗粒之间的接触关系主要有以下几种类型（图6-10）：点接触、线接触、凹凸接触及缝合接触等，其中点接触属于不稳定接触，在外力作用下容易发生变形；而线接触、凹凸接触和缝合接触都属于稳定接触，在外力作用下很难发生变形。对于深层油气藏储层来说，岩石颗粒之间的接触方式以线接触、凹凸接触为主。

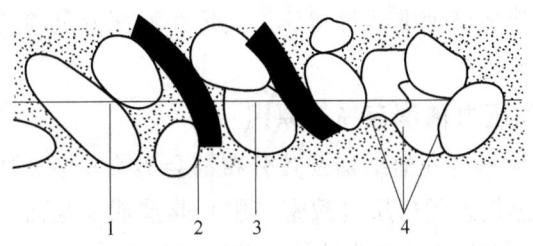

图 6-10　颗粒间接触关系示意图
1—线接触；2—点接触；3—凹凸接触；4—缝合接触

（4）颗粒的排列方式。由于变形介质内部单元体的形状和大小十分复杂，因而其相互之间的排列也极其复杂。为了便于研究，采用简化的等大球形颗粒材料来说明（图6-11）。假定等大球形颗粒呈规则对称排列，其排列形式有两种典型方式：立方体排列和菱面体排列。立方体排列的孔隙度可达47.6%，但配位数较小，因而又常称为松散排列；菱面体排列的孔隙度为26%，但配位数较大，因而又常称为紧凑排列或致密排列。以立方体排列的介质类型在外力作用下，容易发生变形。对于致密的低渗储层来说，孔隙度一般比较低，远低于26%，岩石颗粒之间的线接触和面接触占了大部分，点接触只占了少部分。以上模型只是一种简化的理想形式，与实际情况有很大差别。

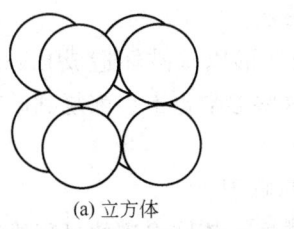

(a) 立方体　　　　(b) 菱面体
图 6-11　等大球形颗粒的典型排列方式

（5）胶结方式。岩石的颗粒与颗粒之间并非都是孔隙，在漫长的沉积和成岩过程中，发生了各种各样的胶结作用。依据沉积岩石学理论，颗粒与胶结物之间的关系可以分为基底胶结、孔隙胶结、接触胶结和镶嵌胶结四种类型；也可根据胶结物的不同而分为泥质胶结、钙质胶结、硅质胶结等。胶结作用增强了岩石内部的稳定性，使颗粒在外力的作用下难以发生移动和变形，但胶结类型对岩石的物理性质有很大的影响，如钙质和硅质胶结的砂岩，在地层压力明显变化时只发生弹性变形，而泥质胶结的砂岩，在同等情况下则要发生弹塑性变形。

（6）孔隙流体类型和特征。储层中通常饱含油、气、水中的一种或多种。不同的流体类型和特征，具有不同的体积弹性模量，并且孔隙流体压力的变化规律也不同，因此对多孔介质的变形也具有很大的影响作用。例如，含水饱和度（即岩石力学中的湿度）越大，岩石的弹性模量越小，产生相同的变形所需要的有效应力也越低。

三、特低渗储层启动压力梯度

特低渗储层由于油、气、水赖以流动的通道很细微，渗流阻力很大，渗流规律已经不再符合经典达西定律，形成低速非线性渗流。其重要特征就是渗流过程中存在启动压力梯度。

1. 特低渗储层启动压力梯度存在的原因

（1）孔隙大小、孔隙喉道几何结构及其分布都会影响其中流体的渗流速度。孔隙喉道狭窄、连通性差、渗透性差的岩层（致密储层）是造成非达西低速渗流的重要地质因素。流体在其中通过时，渗流阻力使得流体的渗流速度很低。

（2）流体在多孔介质中渗流时，固液（气）相间始终存在着界（表）面作用。流体中的表面活性物质在岩石颗粒的表面形成吸附层，黏附在孔隙喉道壁上，或使喉道减小，或部分或全部堵塞孔道，使渗透率急剧下降，渗流速度减小；另外，组成黏土的薄晶片具有吸引水的极性分子的能力，当流体在黏土中渗流时，在孔壁上形成牢固的水化膜，同样会堵塞孔道。固液界面间的分子力是形成特低渗透储层非达西流的重要原因，特别是对于地层原油和地层水在低渗储层中的渗流。

（3）地层黏土矿物接触到矿化度较低的外来流体（注入水）后，原有的物理化学平衡体系被打破，引起黏土矿物的膨胀、分散和运移。黏土膨胀及膨胀水化扩散后形成的黏土溶胶对于注入水来说也是影响其渗流特征的一个不可忽视的因素。

（4）页岩、泥岩等致密岩石对水中盐组分会产生渗吸作用，使水中的盐分被过滤而沉淀下来，堵塞喉道，影响流体在其中的渗流。

（5）有效应力的上升迫使岩石的格架变形以致破坏造成孔隙度、渗透率急剧下降，即使岩石中的压力恢复到它原来的水平，这些参数也不会恢复到原来的值，渗透率对压力很敏感。

（6）流体本身的流变性质也是重要的影响因素。

通过理论和实验研究，可以将特低渗储层中流体渗流的过程描述为：在压力梯度较小时，固体表面分子的表面作用力俘留了束缚水形成不动层，不动层的厚度可以表示为 $h_s = h_0 \exp(-c_1 \mathrm{grad} p)$。不动层的厚度随着压力梯度的增加而呈指数递减，即体相流体横截面积增大。这样，在多孔介质中，由于原油边界层的存在，实际上可供流动的横截面积小于孔道的横截面积。另外，流体通过多孔介质的横截面积与压力梯度有关，当压力梯度变化时，运动流体占的份额发生变化，因此流动的流体体积是压力梯度的函数。

总之，特低渗透多孔介质边界层的存在导致流体在渗流过程中不遵循达西定律。边界层的存在，不仅使流体在特低渗透多孔介质的流动横截面积发生变化，降低了流动饱和度，更严重的是，还使得某些细小孔隙中的流体很难流动，且随着驱替压力梯度的增加，流体边界层是逐渐减小的，并最终趋于稳定，渗透率也趋于一常数。

2. 特低渗储层启动压力梯度影响因素分析

1) 流体类型的差异

理论上讲，渗透率相同时，流体黏度越大，启动压力也越大。但从实验结果来看，相同条件下，地层水测得的启动压力梯度值最小，模拟油次之，注入水居中，蒸馏水最大。与之相对应的是模拟油和地层水测得的岩样渗透率基本相当，大于同级别的注入水和蒸馏水测得的渗透率。用注入水和蒸馏水测得的启动压力梯度远大于地层水和模拟油测得的启动压力梯度值，可能有以下几个方面的原因。

其一，与低渗岩心中所含的黏土矿物膨胀有关。在地层条件下，与黏土矿物接触的原生水矿化度约是注入水的 30 倍，岩心中黏土矿物遇到矿化度较低的注入水引起颗粒的膨胀、分散和运移，堵塞较小的孔隙喉道，使得原本液体可以流过的孔喉丧失部分导流能力，甚至是完全被封堵，岩样渗透能力变差，渗流阻力增大。

其二，与黏土膨胀及扩散后形成黏土溶胶有关。岩石中的硅质成分进入水中使靠近颗粒壁面的水成为塑性流体引起水的黏度发生变化。根据 Einstein 黏度定律，当溶液中的黏土体积分数增大到一定值以后，溶液的黏度会发生显著的增加。

所以说，黏土矿物的膨胀、分散和运移，以及扩散后形成黏土溶胶是引起特低渗透油藏注入水非线性渗流的重要原因。对注水井来说，必须要注意注入水的防膨处理。

2) 储层渗透率与原油黏度的影响

从图 6-12 中实验结果可以看出，不同黏度模拟油测得的启动压力梯度随岩心渗透率的变化趋势基本相同，但也表现出一定的差异：渗透率一定的情况下，油品黏度越高，岩心测得的启动压力梯度就越大；同时，随着渗透率的增大，不同黏度模拟油测得的启动压力梯度值的差异也逐渐变小。

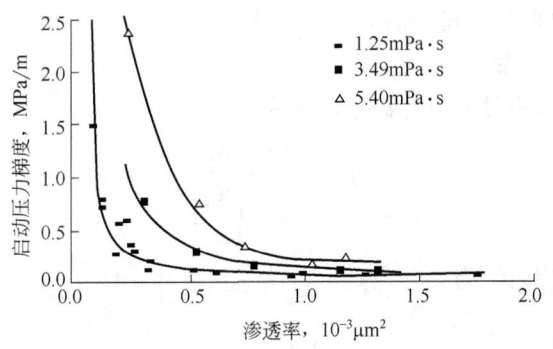

图 6-12 不同黏度模拟油启动压力梯度对比

渗透率相同的情况下，储层岩石的孔道半径基本相似。用同种原油和煤油配制的模拟油，高黏油边界层厚度比低黏油边界层厚度要大；同时，不同黏度的油对应不同的结构力学性质，不同结构力学性质的原油有各自相应的极限剪切应力；当剪切应力大于等于极限剪切应力时，油品方能流动，不同的压力梯度只能驱动具有相应结构力学的原油，高黏原油极限剪切应力要高于低黏油的极限剪切应力，因此，对于高黏油需要更大的压差才能将其驱动；高黏油的启动压力梯度大于低黏油的启动压力梯度。

在其他条件相同的情况下，启动压力梯度与油品黏度的变化成正比，与由黏度变化引起的流度变化成反比。

3）启动压力梯度与含水饱和度关系

油田实施注水开发时，由于油水黏度的差异（$\mu_o > \mu_w$）、束缚水的存在及油水多相渗流特征的综合影响，启动压力梯度受到流体饱和度的影响。当含水饱和度增大时，（$K_o + K_w$）减小，拟启动压力梯度增大，并在 $K_o = K_w$ 时出现最大值，但当含水饱和度增大到一定程度后，继续增大含水饱和度，反而会使得拟启动压力梯度降低，因此认为，油田注水开发过程中，不同注水时期的拟启动压力梯度可能不同。

四、特低渗储层渗流机理及稳定渗流理论

1. 低速非达西渗流对油藏单井产量递减规律影响研究

假设条件：

(1) 无限大等厚各向均质同性油层中心一口井以产量 q 稳定生产；
(2) 油藏各点的温度保持不变，即渗流过程为等温渗流；
(3) 考虑启动压力梯度影响，流体服从低速非达西渗流规律；
(4) 单相流体渗流，忽略重力和毛管力影响。

在恒定地层压力情况下，油井产油量可以写成下式：

$$q_o = \frac{2\pi K K_{ro}(S_w) h}{B\mu_o} \frac{\Delta p - \delta p}{\ln\left(\frac{R_e}{r_w}\right)} = \frac{2\pi K h \Delta p \left(1 - \frac{\delta p}{\Delta p}\right)}{B\mu_o \ln\left(\frac{R_e}{r_w}\right)} K_{ro}(S_w) = q_{oi} E K_{ro}(S_w) \tag{6-7}$$

式中　δ——油水界面张力，mN/m；
　　　B——原油体积系数。

无启动压力梯度影响时的单井稳定产量为：

$$q_{oi} = \frac{2\pi K h \Delta p}{B\mu_0 \ln\left(\frac{R_e}{r_w}\right)} \tag{6-8}$$

启动压力梯度影响因子为：

$$E = 1 - \frac{\delta p}{\Delta p} \tag{6-9}$$

基于恒定地层压力下产量与地层含水饱和度之间的关系和低渗透油田的油相相对渗透率曲线呈直线形式，张英芝等人导出了启动压力梯度对油藏单井产量递减规律的影响关系

表达式：

$$q_o = EAe^{-DEt} \qquad (6-10)$$

其中

$$A = q_{oi}e^c, \quad D = \frac{q_{oi}B_ob}{V_p} \qquad (6-11)$$

累积产量 N_p 与瞬时产量 q_o 之间的关系表达式为：

$$N_p = \int_0^t q_o dt = \frac{A}{D}(1 - e^{-DEt}) \qquad (6-12)$$

从式(6-10)至式(6-12)可以看出：启动压力对低渗透油藏产量的递减有明显影响。对于不存在启动压力（$E=1$）的中、高渗透层，式(6-12)变为 $q_{(t)} = Ae^{-Dt}$，即 Arps 公式中的指数递减公式。

（1）当 $t=0$ 时，则 $q_{o1} = EA$。如果 $E=1$，则 $q_{o2} = EA$，所以 $q_{o1} < q_{o2}$，也就是说有启动压力存在的初始产量比没有启动压力存在的初始产量要小。

（2）当存在启动压力时，初始产量随启动压力的增大而变小，但没有启动压力时的递减速率比有启动压力时的递减速率要大。

（3）从式(6-7)可以看出当启动压力增大（E 变小）时，N_p 减小，即累积产量随启动压力的增大而减小。

2. 低速非达西渗流对油藏水驱特征规律影响研究

根据流线模型，可把油水渗流简化为图 6-13 所示的渗流物理模型。

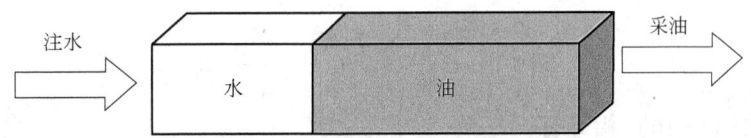

图 6-13　油藏水驱特征规律论证模型

假设条件：
（1）地层温度恒定；
（2）无毛管力和重力作用；
（3）刚性水驱，且见水后保持油水同产；
（4）油水相对渗透率满足 $\dfrac{K_{ro}}{K_{rw}} = ae^{-bS_{wc}}$ 关系式。

渗流属于非达西渗流；油相在低渗透油藏中存在启动压力梯度，水相在低渗透油藏中不存在启动压力梯度。油水渗流满足下式：

$$f_w = \cfrac{1}{1 + \cfrac{KK_{ro}\rho_o}{\mu_o B_o}A\left(\cfrac{dp}{dx} - \cfrac{\delta p}{dx}\right) \Big/ \left(\cfrac{KK_{rw}\rho_w}{\mu_w B_w}A\cfrac{dp}{dx}\right)} = \cfrac{1}{1 + \cfrac{\mu_w K_{ro}B_w\rho_o}{\mu_o K_{rw}B_o\rho_w}\left(1 - \cfrac{\delta p/dx}{dp/dx}\right)} \qquad (6-13)$$

$$f_w = \cfrac{1}{1 + \cfrac{\mu_w K_{ro}B_w\rho_o}{\mu_o K_{rw}B_o\rho_w}E} \qquad (6-14)$$

由于：

$$\frac{K_{ro}}{K_{rw}} = Ce^{-aS_w} \tag{6-15}$$

则：

$$f_w = \frac{q_w}{q_w+q_o} = \frac{1}{1+\frac{\mu_w B_w \rho_o}{\mu_o B_o \rho_w}ECe^{-aS_w}} \tag{6-16}$$

解出 S_w，得：

$$S_w = \frac{1}{a}\ln(\alpha CE) - \frac{1}{a}\ln\frac{1-f_w}{f_w} \tag{6-17}$$

其中

$$\frac{1-f_w}{f_w} = \frac{1}{WOR} \tag{6-18}$$

$$\alpha = \frac{\mu_w B_w \rho_o}{\mu_o B_o \rho_w} \tag{6-19}$$

另外：

$$R = 1 - \frac{B_{oi}}{B_o}\frac{1-S_w}{1-S_{wi}} \tag{6-20}$$

解出 S_w 有：

$$S_w = 1 - \frac{B_o(1-S_{wi})}{B_{oi}} + \frac{B_o(1-S_{wi})}{B_{oi}}R \tag{6-21}$$

式(6-12)与式(6-16)相等有：

$$\frac{1}{a}\ln(\alpha CE) - \frac{1}{a}\ln\frac{1-f_w}{f_w} = 1 - \frac{B_o(1-S_{wi})}{B_{oi}} + \frac{B_o(1-S_{wi})}{B_{oi}}R \tag{6-22}$$

在 $p_{地} > p_b$ 且刚性驱动条件下，B_o、B_w、ρ_o、ρ_w、μ_o、μ_w 都为常数，则式(6-22)可改写为：

$$\frac{1}{a}\ln(\alpha CE) - \frac{1}{a}\ln\frac{1}{WOR} = 1 - 1 + S_{wi} + (1-S_{wi})R \tag{6-23}$$

解出 $\ln WOR$ 得：

$$\ln WOR = aS_{wi} + a(1-S_{wi})R - \ln(\alpha CE) \tag{6-24}$$

令：

$$B = a(1-S_{wi}) \tag{6-25}$$

$$A = aS_{wi} - \ln(\alpha CE) \tag{6-26}$$

则式(6-24)可演变为典型的乙型水驱特征曲线：

$$\ln WOR = BR + A \tag{6-27}$$

由于甲、乙型水驱特征曲线方程可以相互演变，因此可以推断，低渗透油藏水驱特征规律仍满足常规油藏水驱特征曲线方程。

3. 影响半径确定的常规分析理论

由于超前注水期注水井影响半径内可处理为拟稳态流，其压力分布及压力梯度分布可近似用稳态流处理。根据液体平面径向流理论，t 时刻影响半径 R 的表达式为：

$$R = \sqrt{3.6\eta t} \tag{6-28}$$

影响半径内的压力分布公式为：

$$p(r,t) = p_w(t) - \frac{p_w(t) - p_i}{\ln\dfrac{R}{R_w}} \ln\frac{r}{R_w} \tag{6-29}$$

影响半径处的压力梯度分布公式为：

$$\frac{\mathrm{d}p}{\mathrm{d}R} = \frac{p_w - p_i}{\ln\dfrac{R}{R_w}} \frac{1}{R} \tag{6-30}$$

影响半径内的平均地层压力公式为：

$$\bar{p} = p_i + \frac{p_w - p_i}{2\ln\dfrac{R}{R_w}} \tag{6-31}$$

式中　η——压力传导系数，m^2/h；

　　　t——注水时间，h；

　　　p_i——油层压力，在这里应等于影响半径处的地层压力，MPa；

　　　p_w——井底流压，MPa；

　　　R——影响半径，m；

　　　R_w——井底半径，m。

4. 考虑启动压力梯度时不同注水时间的影响半径常规确定方法

考虑到压降漏斗特征及影响半径前缘处的压力与地层压力间存在着启动压差的特点，可以以储层启动压力梯度为约束条件或以排驱门限压力为约束条件，采用物质量平衡原理确定正确的影响半径。

在超前注水或注采井压力波叠加前，由于无流体流出影响半径内，根据物质量平衡原理，其注入的体积与地层压力有如下关系：

$$V_L = C_t V_f (p_i - \bar{p}) \tag{6-32}$$

其中

$$V_f = \pi(R^2 - R_w^2) h$$

式中　$\bar{p}$——平均地层压力，MPa；

　　　p_i——原始地层压力，MPa；

　　　V_f——地层在 ($R-R_w$) 范围内的体积，m^3；

　　　C_t——综合压缩系数，1/MPa；

　　　V_L——注入的流体体积，m^3。

对式(6-32)两边求导有：

$$Q = \frac{dV_L}{dt} = -C_t \pi (R^2 - R_w^2) h \frac{d\bar{p}}{dt} \tag{6-33}$$

因 $R \gg R_w$，且在拟稳态时各点压升速度相同，所以有：

$$\frac{\partial p}{\partial t} = \frac{d\bar{p}}{dt} = -\frac{Q}{C_t \pi R^2 h} \tag{6-34}$$

五、特低渗透油田考虑启动压力时的超前注水稳定渗流理论

1. 常规等注入、二源渗流场分析

假设在无限大地层中，存在着等注入量的两口注水井 A 和 B，两井相距 2δ，如图 6-14 所示。

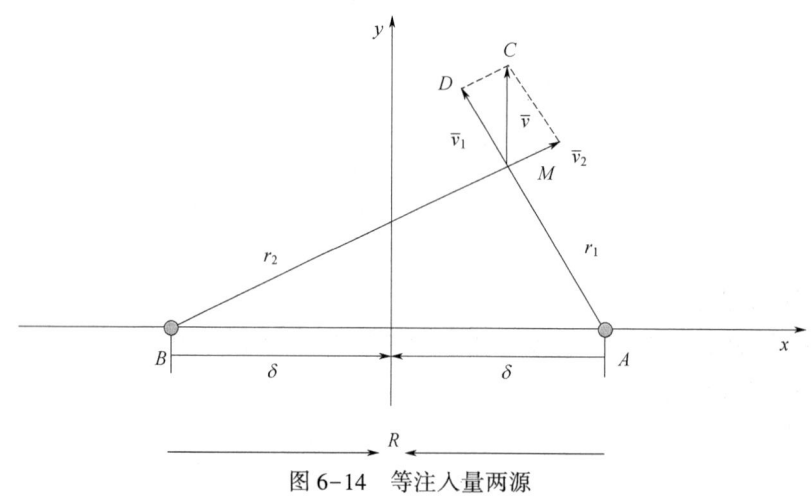

图 6-14　等注入量两源

两口注水井单位厚度注入量均为 $-q$，根据平面上势的迭加原理，地层任一点 M 的势差为：

$$\Phi_e - \Phi_M = -\frac{q}{2\pi} \ln \frac{r_e}{r_1} - \frac{q}{2\pi} \ln \frac{r_e}{r_2} = -\frac{q}{2\pi} \ln \frac{r_e^2}{r_1 r_2} \tag{6-35}$$

地层中任一点 M 的势为：

$$\Phi_M = \Phi_e + \frac{q}{2\pi} \ln \frac{r_e^2}{r_1 r_2} \tag{6-36}$$

由势的定义及式（6-36）可以得到地层中任一点 M 的压力表达式：

$$p_M = p_e + \frac{q\mu}{2\pi Kh} \ln \frac{r_e^2}{r_1 r_2} \tag{6-37}$$

式中　r_1——M 点到注水井 A 的距离；

　　　r_2——M 点到注水井 B 的距离；

　　　r_e——井到供给边界的距离。

从式（6-36）可以看出：凡是 $r_1 r_2$ 乘积相等的点其势值也相同。故等势线的方程为：

$$r_1 r_2 = C_0 \tag{6-38}$$

若用直角坐标代替极坐标,由于:
$$r_1^2 = y^2 + (\delta - x)^2$$
$$r_2^2 = y^2 + (\delta + x)^2$$

将以上两式代入式(6-37)中,则得到以直角坐标表示的等势线方程:
$$(x^2 + y^2)^2 + 2(y^2 - x^2)\delta^2 + \delta^4 - C_0^2 = 0 \tag{6-39}$$

与等势线族正交的流线族是一个双曲线族,其方程为:
$$x^2 - y^2 - C_1 xy - \delta^2 = 0 \tag{6-40}$$

式中 C_1——曲线族的参数。

当 $C_1 = \infty$ 时,式(6-40)可以转化为 x 轴和 y 轴的方程式,可知 x 轴和 y 轴都是流线。

等注入量两源的渗流场图如图6-15所示。由图可以看出 y 轴具有分流性质,它将其两侧的液流分开,液流不会穿过分流线而流动,通常将具有这种性质的流线称为分流线(中流线)。

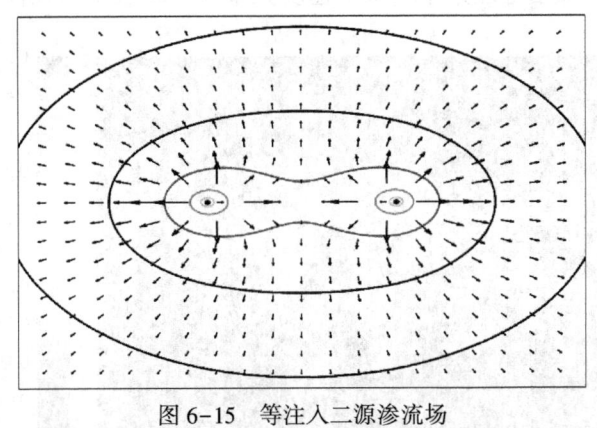

图6-15 等注入二源渗流场

2. 等注入量二源速度场与压力梯度场分析

当只有 A 井工作时,则 M 点的速度为 v_1,当只有 B 井工作时,则 M 点的速度为 v_2;当两井同时工作时,则 M 点的速度为两井单独工作时的速度矢量叠加。由余弦定理可得:

$$R^2 = r_1^2 + r_2^2 - 2r_1 r_2 \cos\angle AMB \tag{6-41}$$

$$v^2 = v_1^2 + v_2^2 - 2v_1 v_2 \cos\angle CDM \tag{6-42}$$

同时:
$$\cos\angle ANB = -\cos\angle CDM \tag{6-43}$$

联立式(6-41)、式(6-42)可得 M 点的速度 v 为:

$$v = \frac{\sqrt{q^2(2r_1^2 + 2r_2^2 - R^2)}}{2\pi r_1 r_2} \tag{6-44}$$

根据达西定律,速度 v 的矢量方向应是该点最大压力梯度矢量方向,即:

$$\mathbf{v} = -\frac{K}{\mu}\frac{\mathrm{d}p}{\mathrm{d}x} \tag{6-45}$$

或：

$$\frac{dp}{dx} = -v\frac{\mu}{\kappa} \quad (6\text{-}46)$$

将式(6-44)代入式(6-46)可得到计算当两井同时工作时,地层中任意一点 M 处的最大压力梯度,数值上由公式(6-48)确定：

$$\frac{dp}{dx} = \frac{\mu\sqrt{q^2(2r_1^2+2r_2^2-R^2)}}{2\pi K r_1 r_2} \quad (6\text{-}47)$$

凡是 $\dfrac{\sqrt{q^2(2r_1^2+2r_2^2-R^2)}}{r_1 r_2}$ 相等的点其最大压力梯度值也相同,故等最大压力梯度线的方程为：

$$\frac{\sqrt{q^2(2r_1^2+2r_2^2-R^2)}}{r_1 r_2} = C_0 \quad (6\text{-}48)$$

根据式(6-44),做出等注入量二源的速度分布图,如图 6-16 所示。

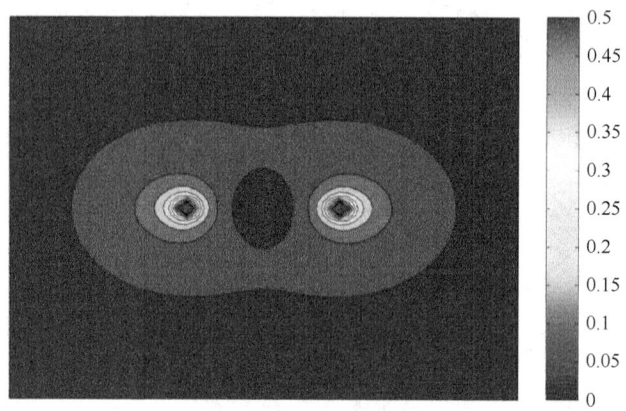

图 6-16　等注入二源速度分布

从图 6-15 可以看出在两口注水井距离中线处具有分流性质,它将其两侧的液流分开,液流不会穿过分流线而流动,所以从图 6-16 可以看出,在两口注水井中间存在明显的注水波及不到的范围。

3. 存在启动压力时二源注入水有效影响范围分析

由低渗透油藏渗流理论可知,其油层存在着启动压力梯度 λ。当 $\dfrac{dp}{dx} < \lambda$ 时,流体不能流动,只有当 $\dfrac{dp}{dx} > \lambda$ 时才能流动。因此可令：

$$\frac{dy}{dx} = \lambda \quad (6\text{-}49)$$

将上式代入式(6-47),结合式(6-48)可得：

$$C_0 = \frac{2\pi K \lambda}{\mu} \quad (6\text{-}50)$$

可知，等最大压力梯度线曲线形态由 C_0、δ、q 确定。

第三节 特低渗透油藏超前注水开发设计

特低渗透油藏最显著的特征是存在启动压力梯度和介质变形现象，这将导致开发过程中渗流阻力增大，单井产量降低，递减速度加快，稳产难度加大，并降低了最终采收率。本节在室内实验、渗流理论、油藏工程及矿场试验研究的基础上，从井网参数优化、注水时机、采油井投产时机、注水井最大流动压力、采油井合理流压、压裂时机、超前注水实施要求等方面对超前注水技术政策进行了阐述。

一、井网系统

1. 井网形式

特低渗透油藏具有储层物性差、生产能力差、注水开发所需要的驱动压力梯度较大等特点，多采用面积注水方式进行开发。合理部署注采井网是开发好油田的基础，总井数一定的情形下，采用不同的井网形式进行开发会有不同的开发效果。

1）裂缝不很发育油藏的井网形式

考虑储层中的人工裂缝和渗透率的各向异性，建立地质模型，数值模拟结果表明，对于正方形反九点井网，井排方向与裂缝方向夹角为45°的开发指标优于夹角为0°的开发指标（图6-17）。

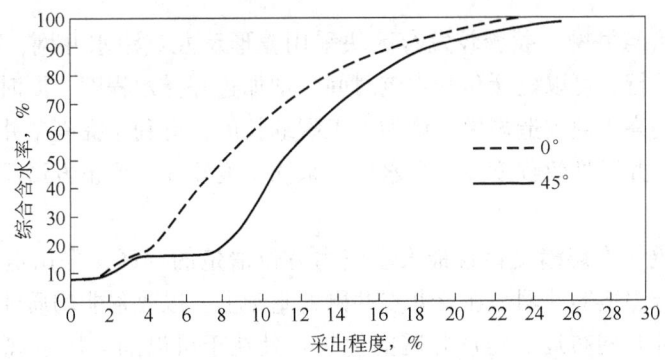

图6-17 正方形反九点井网不同井排方位开发效果对比

对于天然微裂缝不很发育、注水后见水方向不很明显的区块，采用正方形反九点面积注水井网，正方形对角线方向与最大地应力方向平行（井排方向与裂缝方向呈45°夹角）。这种井网加大了裂缝主向油井与水井的距离，能减缓裂缝主向油井见水速度，但由于这种井网侧向油井排距仍较大，见效较慢，且侧向排距始终为井距之半，使得进一步放大井距或缩小排距都受到限制。

2）裂缝发育油藏的井网形式

多数特低渗透油藏具有储层物性差、天然裂缝比较发育、渗透率各向异性明显、基质渗透率低、不进行人工压裂就没有产能、注水开发所需要驱动压力梯度较大等特点，该类油藏多采用面积注水方式进行开发。

考虑正方形反九点井网的上述优点和缺点，以井网与裂缝的合理匹配为中心，开展了大量室内研究及特低渗油田井网调整试验。研究及实践表明，对于特低渗油田裂缝发育区，要求注水井和角井连线平行裂缝走向，同时还要增大裂缝方向的井距，缩小排距。因此提出菱形反九点井网及矩形井网。既有利于提高压裂规模，增加人工裂缝长度，提高单井产量及稳产期，减缓角井水淹速度；同时又提高侧向油井受效程度，后期可逐步转为线状面积注水，最大限度地提高基质孔隙的波及体积。数值模拟结果表明，在井网密度相同条件下，菱形反九点井网和矩形井网的采油速度及最终采收率高于正方形反九点井网（图6-18）。

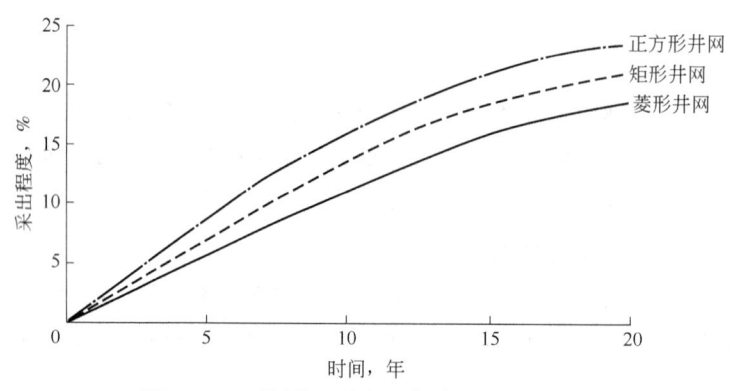

图6-18 不同井网采出程度随时间变化曲线

（1）菱形反九点井网。裂缝较发育区块采用菱形反九点注水井网，菱形长对角线与最大主应力方向平行，可以延缓角井水淹时间，增加边井受效程度；同时由于放大了裂缝方向的井距，可提高压裂改造规模，增加人工裂缝长度，有利于提高单井产量和初期采油速率。菱形反九点井网见效程度高，含水低，采油程度较高，比正方形反九点井网更适合这类储层的开发。

（2）矩形井网。在裂缝发育且最大主应力方位清楚的井区，采用矩形井网，井排方向与裂缝方向平行。矩形井网是在反九点井网的基础上，以改善非均质油藏开发效果为出发点而改进的一种井网布局。矩形井网的优越之处在于可以加大压裂规模，提高注水强度，改善裂缝侧向水驱效果，提高单井产量。

2. 合理井排距

合理的井排距有助于建立合理的注采压差，取得比较好的注水效果。特低渗透油藏排距的大小与低渗透油藏基质岩块渗透率和裂缝密度有关，基质岩块渗透率越低，裂缝密度越小，排距应该越小，反之可以增大。因此，特低渗透油藏开发井网的排距主要根据油藏基质岩块渗透率大小决定。

1) 建立有效压力驱替系统的合理排距

对于裂缝发育的特低渗透储层,要建立起有效的压力驱替系统,关键是解决侧向驱油问题,即确定合理的排距。

大量室内试验表明,特低渗透储层中的油气渗流具有非达西流特征,存在启动压力梯度。根据试验资料,渗透率越低,启动压力梯度越大,特别是当渗透率小于 $0.5×10^{-3} \mu m^2$ 后,随着渗透率的降低,启动压力梯度急剧上升(图6-19)。根据启动压力梯度确定合理的排距,是建立有效的驱替压力系统的前提。渗透率越低,排距越小。为建立有效的驱替压力系统,首先要保证油层中任一位置其驱动压力梯度均大于启动压力梯度。

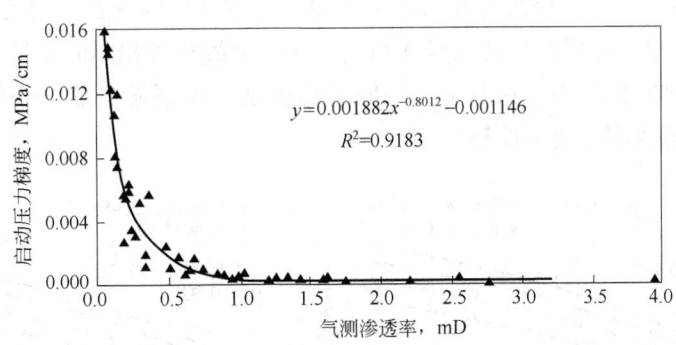

图 6-19 渗透率与启动压力梯度关系曲线

2) 合理注采井距的油藏工程计算

(1) 合理井网密度研究。

井网密度越大,采收率越高,但当达到一定值后再增加井网密度时,采收率的增加变缓,且经济上不合理,这个值就是合理井网密度,或者称为最低井网密度。

若油田钻井和地面建设的单井总费用为 F 元,则油田总的建设投资为 $A×f×F$。如果原油的采油成本为 C 元/t,则总的采油成本为 $N×E_R×C$。若原油税后价格为 P 元/t,则开发油田的销售收入为 $N×E_R×P$,投资贷款利率为 R,评价年限为 T。因此,油田开发总赢利为:

$$M = NE_R(P-C) - AfF(1+R)^{\frac{T}{2}} \tag{6-51}$$

为求最优井网密度,对式(6-51)的 f 求导,得:

$$\frac{\partial M}{\partial f} = \frac{NI_x E_R}{f^2}(P-C) - AF(1+R)^{T/2} \tag{6-52}$$

因此,最优井网密度 f_{opt} 满足下面的超越方程,需要利用迭代法进行求解:

$$\frac{NI_x E_R}{f_{opt}^2}(P-C) - AF(1+R)^{\frac{T}{2}} = 0 \tag{6-53}$$

其中

$$I_x = \frac{-a\phi S_o h}{R^{0.5} K_e^{1.5} A_c} \tag{6-54}$$

(2) 合理井排距确定。

求得最优井网密度 f_{opt} 之后,可以计算单井最优控制面积:

$$A_{opt} = \frac{1}{f_{opt}} = d_x d_y \qquad (6-55)$$

不考虑油水井的压裂，则井距和排距在各向异性地层中的调整原则为：

$$\frac{d_x/2}{d_y} = \sqrt{\frac{K_x}{K_y}} \qquad (6-56)$$

式中 K_x、K_y——x、y 方向上的渗透率，$10^{-3} \mu m^2$；

d_x、d_y——x、y 方向上的井距、排距，m。

考虑压裂和井网因素时，利用油藏数值模拟方法分别得到菱形反九点井网和交错排状井网各向异性（K_x/K_y）与合理井距（d_x）排距（d_y）比（d_x/d_y）的关系（图 6-20）。由图 6-20 可以看出，储层基质各向异性相同、压裂裂缝规模相同的条件下，储层渗透率越高，对应的井排距比越小。这是由于相同裂缝密度（即裂缝参数）条件下，基质渗透率越低，储层的渗透率各向异性越大。

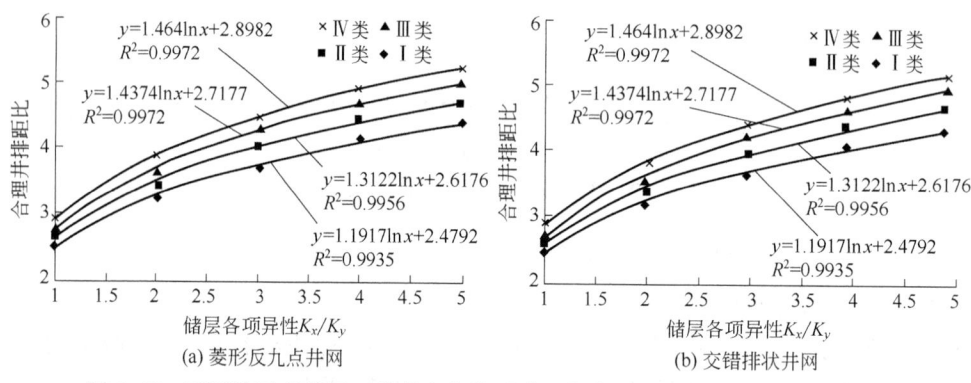

图 6-20 不同渗透率储层（考虑生产井压裂）各向异性与合理井排距比的关系

利用图 6-20 中的拟合公式计算不同类型储层不同渗透率各向异性下井排距比（表 6-1），然后综合利用井排距比和井网密度的关系，得到不同各向异性储层不同井网形式的合理井排距（图 6-21）。

表 6-1 不同类型储层不同渗透率各向异性的井排距比参照

井排距比 d_x/d_y	菱形反九点			交错排状		
	$K_x = 5K_y$	$K_x = 3K_y$	$K_x = K_y$	$K_x = 5K_y$	$K_x = 3K_y$	$K_x = 1K_y$
Ⅰ	4.40	3.79	2.48	3.77	3.34	2.41
Ⅱ	4.73	4.06	2.62	4.16	3.63	2.50
Ⅲ	5.03	4.30	2.27	4.73	4.07	2.65
Ⅴ	5.25	4.51	2.90	5.08	4.37	2.38

据式（6-55）和式（6-56），可以计算不同原油价格下，不同最优井网密度、不同各向异性储层的井排距。

利用油藏工程方法和油藏数值模拟方法得到采收率与井网密度的关系，再利用投入产出理论得到不同原油售价条件下的最优井网密度；同时建立储层各向异性与合理井排距的

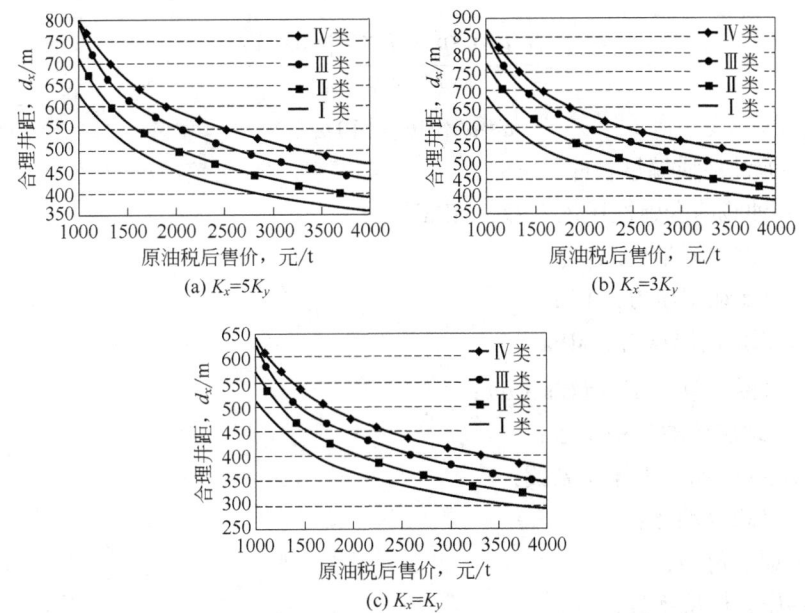

图 6-21 菱形反九点井网原油售价与井距的关系

关系，利用井排距与井网密度的关系得到不同各向异性储层合理的井排距；建立了特低渗透油田开发井网系统评价标准图版，为油田开发井网的部署提供科学依据。

二、超前注水时间

物性越差，原始地层压力越高，所需超前注水时间越长，但适当提高注水强度，可以缩短超前注水时间。

注水时间与累计注入量、合理注水强度、经济效益有关。在超前注水开发低渗及特低渗油田中，随着超前注水时间的延长，累计注入体积增大，单井产量成一曲线趋势上升，但由于受地面注入设备及地层条件、原油物性、井网方式、井网密度、超前注水成本等方面因素的限制，超前注水时间不可能无限期延长，即存在合理超前注水时间和极限超前注水时间。合理超前注水时间是指从经济指标的角度讲，经济效益达到最大值的超前注水时间；极限超前注水时间是指总的利润为零时的超前注水时间。

根据未饱和油藏物质平衡方程，可以推导出超前注水时累计原油产量公式：

$$N_\mathrm{p} = \frac{(N \times B_\mathrm{oi} \times C_\mathrm{e} + k)\,[a \times \ln(t+1) \times p_\mathrm{i} - p]}{B_\mathrm{o} + B_\mathrm{w} \times \lambda} \tag{6-57}$$

若采用超前注水技术采出的原油是同步注水采出原油的 $(1+\beta)$ 倍（β 的取值范围一般为 30%~40%），则超前注水较同步注水多采原油量为：

$$\beta N_\mathrm{p} = \frac{\beta(N \times B_\mathrm{oi} \times C_\mathrm{e} + k)\,[a \times \ln(t+1) \times p_\mathrm{i} - p]}{B_\mathrm{o} + B_\mathrm{w} \times \lambda} \tag{6-58}$$

再根据原油的价格与油田注水的投资，当多产出原油的产值与随超前注水时间 t 变化的油田投资 M 的差值达到最大时，所对应的时间即为合理超前注水时间，因此可推导出计算

公式:

$$t = \frac{\beta \times a \times \eta \times p_i \times (N \times B_{oi} \times C_e + k)}{b \times (B_o + B_w \times \lambda)} \tag{6-59}$$

其中

$$a = p'/[\ln(t+1)p_i]$$

式中 N——原油地质储量,t;
C_e——油藏综合弹性压缩系数,MPa^{-1};
N_p——累计原油产量,t;
p——目前地层压力,MPa;
p_i——原始地层压力,MPa;
k——水侵系数,$m^3/(MPa \cdot d)$;
B_{oi}——地层原油体积系数;
B_o、B_w——油、水体积系数;
λ——平均水油比;
η——原油价格,元/t;
a——压力保持系数;
p'——超前注水的地层保持压力,MPa;
b——油藏每天超前注水投资,元/d。

随超前注水时间 t 的变化,当多产出原油的价值和随超前注水时间 t 变化的超前注水投资相等时的对应注水时间即为极限超前注水时间 t:

$$\beta\eta(NB_{oi}-C_e+k)[a\ln(t+1)p_i-p] = b(B_o+B_w k)t \tag{6-60}$$

三、注采参数

1. 注水压力

注水压力与井底流压、油管摩擦压力损失、水嘴压力损失及井底液面深度有关:

$$p_f = p_{wf} + p_{tl} + p_{mc} - \frac{H}{100} \tag{6-61}$$

式中 p_f——注水井最高注入压力,MPa;
p_{wf}——注水井井底压力,MPa;
p_{tl}——油管摩擦压力损失,MPa;
p_{mc}——水嘴压力损失,MPa;
H——注水井深度,m。

注水压力主要受地层破裂压力的限制。为了防止地层破裂造成注入水沿裂缝窜流,一般注水井最大流压以不超过地层破压的90%为准。

2. 累计注水量

不同物性地层压力恢复目标不同,而相同的物性条件下,地层压力不同,提高相同的压力保持水平时压力差也不同,因此,需要注入的孔隙体积倍数受物性和地层压力的双重控制,理论计算图版如图6-22所示。

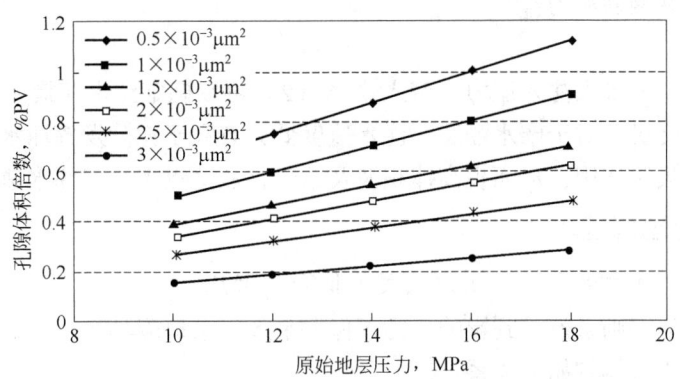

图 6-22 不同渗透率下孔隙注入体积倍数与原始地层压力的关系

采用数值模拟技术（渗透率 $2.0×10^{-3}\mu m^2$，原始地层压力 12MPa），超前注水 0.48%PV、4.1%PV、5.9%PV、7.0%PV，单井产量、采出程度及开发效果相差不大，因此，对于该地层以超前注水 0.48%PV 为宜，此结果与理论计算的 0.41%PV 基本一致。

三叠系油藏超前注水方案对比结果见表 6-2。

表 6-2　三叠系油藏超前注水方案对比

方案	油井生产时间	单井日产油 t	含水率 %	日注水量 m³	地层压力 MPa	采油速度 %	采出程度 %
方案一：滞后 12 个月注水	第 1 年	2.7	7.5	0	6.3	1.20	1.81
	第 10 年	1.6	71.5	234	16.2	0.67	16.53
方案二：注采同步	第 1 年	6.4	5.3	310	9.9	2.78	2.60
	第 10 年	1.6	83.0	305	15.6	0.65	19.23
方案三：超前注水 0.48%PV	第 1 年	6.9	5.1	298	10.6	3.01	2.91
	第 10 年	1.7	82.4	279	16.1	0.72	19.82
方案四：超前注水 4.1%PV	第 1 年	7.3	5.0	280	11.4	3.18	2.97
	第 10 年	1.6	82.5	279	16.1	0.71	19.86
方案五：超前注水 5.9%PV	第 1 年	7.3	4.9	263	12.2	3.19	2.98
	第 10 年	1.6	82.5	279	16.1	0.71	19.88
方案六：超前注水 7.0%PV	第 1 年	7.3	4.8	239	12.2	3.19	2.98
	第 10 年	1.6	82.4	279	16.1	0.71	19.89

3. 注水强度

对于菱形反九点井网，在考虑启动压力梯度影响时，注水井注水强度公式为：

$$\frac{Q_\mathrm{i}}{h_\mathrm{r}}=\frac{0.5429K\left[(p_\mathrm{H}-\bar{p})+\lambda(0.610\sqrt{A}-r_\mathrm{w})\right]}{B_\mathrm{w}\mu_\mathrm{w}\left(\ln\dfrac{0.610\sqrt{A}}{r_\mathrm{w}}-\dfrac{3}{4}\right)} \quad (6-62)$$

式中　p_H——井筒液柱压力。

菱形反九点井网面积为：

$$A = 4ab \tag{6-63}$$

根据前面确定的最大注入压力，带入式(6-62)可以确定注水井最大注水强度。

但从微观角度讲，对于亲水油层，注水速度低，有利于充分发挥油水前缘后的水由高渗层向低渗层的吸渗作用，从而提高体积波及系数，从这点来说，注水速度慢一点好。

4. 采油井合理流压

1) 根据满足最大生产要求泵效确定最低合理流压

油井流压过低，则泵效受到影响。为了保证泵效，泵口应具有一定的压力，不同流压下的泵效与泵口压力具有如下关系：

$$N = \frac{1}{\left[\left(\frac{R}{10.197 p_p} - a\right) + B_t\right] \times (1 - f_w) + f_w} \tag{6-64}$$

式中 N——泵效；

a——天然气溶解系数，$m^3/(m^3 \cdot MPa)$；

p_p——泵口压力，MPa；

f_w——综合含水率；

R——气油比，m^3/t；

B_t——泵口压力下的原油体积系数。

2) 启动压力梯度和介质变形对井底流压的影响

图6-23、图6-24分别为启动压力梯度和介质变形对井底流压变化影响曲线。随时间的延长，定产生产时井底流压均不断降低，且生产初期井底压力的降幅要远远大于生产中后期井底压力的变化。随启动压力梯度G和应力敏感系数S的增大，相同时间内井底压力降得更低，定产生产保持的时间缩短。当生产进行到一定时间时，油井将由定产生产转为定压生产。

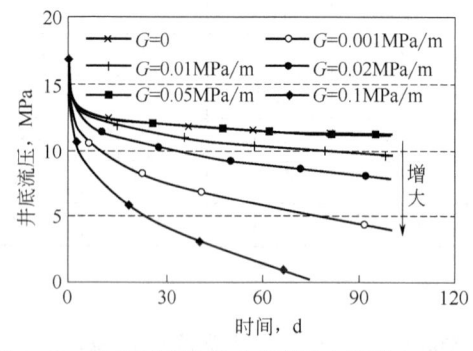
图6-23 启动压力梯度对井底压力的影响（$S=0$）

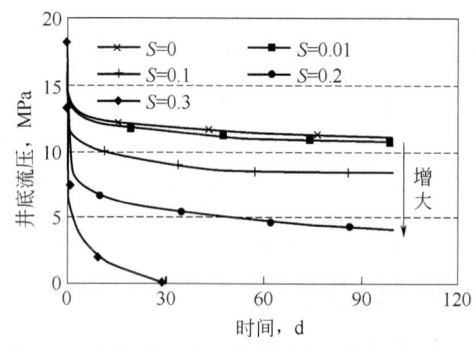
图6-24 介质变形对井底压力的影响（$G=0$）

3) 启动压力梯度和介质变形对油井流入动态的影响

我国特低渗透油藏一般属于低压油藏，溶解气较少，以水驱开发为主。图6-25是不同渗流条件下油井流入动态对比图，图中曲线1和曲线5是达西渗流条件下油井日产油量的变化；曲线 2 仅考虑介质变形的影响；曲线 3 仅考虑启动压力梯度；曲线 4 和曲线 6 同时考虑两者的综合影响。可以看出，在同一压力下，达西渗流条件下油井日产油量最高，综合考虑启动压力梯度和介质变形时，油井日产油量最低。同时考虑曲线 4 和曲线 6，当地层压力由 20MPa 降为 15MPa 后，地层压力越低、启动压力梯度越大、介质变形越严重，油井产量越低。

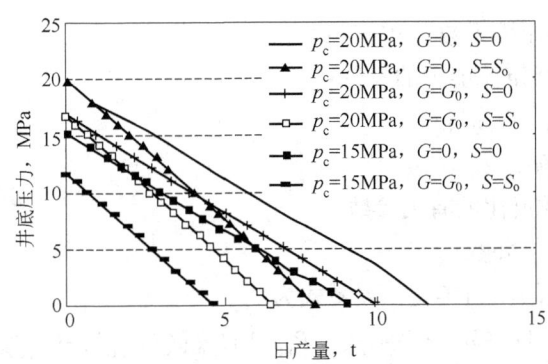

图 6-25　启动压力梯度和介质变形程度对油井流入动态的影响

5. 合理注采比

油田注水开发过程中注采平衡状况由注采比表示，是反映注水量、产液量与地层压力之间联系的一个综合性指标，是设计和规划油田注水量的重要依据。合理的注采比可以保持合理的地层压力，使得油田具有旺盛的产油、产液能力，降低无效能耗，以取得较高的原油采收率。因此，通过油田实际地开发状况和质特点，调节合适的注采比，对地层压力水平进行能动地控制，是使得整个开发注采系统实现最优化的一个重要方面。

运用等产量一源一汇（注采比为 1.0）径向流叠加原理可求得油井、水井间地层压力差：

$$p_w - p_o = 0.4413 q\mu/(Kh) \tag{6-65}$$

式中　p_w——水井地层压力，MPa；

　　　p_o——油井地层压力，MPa；

　　　q——油井产液量，m^3/d；

　　　μ——原油黏度，$mPa \cdot s$；

　　　K——油层渗透率，$10^{-3}\mu m^2$；

　　　h——油层厚度，m。

式（6-65）说明：在一定井网的条件下，决定水井、油井地层压力和其不同的主要因素是参数团 $q\mu/(Kh)$，定义为水井、油井地层压力差别准数，就算注采比恒等于 1.0，油井、水井地层压力差别随 $q\mu/(Kh)$ 值增大而越大。从 $q\mu/(Kh)$ 可以得知，在其他条件不改变的情况下，油井、水井地层压力差别随产量越高而越大，含水越高，$q\mu/(Kh)$ 越小，水井、油井地层压力差别就越小，油井地层压力相对会越高。

油井地层压力与累积注采比的关系可以写成下式：

$$p_o - p_i = [(1-a)/(V\phi C_t)](R_c - 1)Q_{cL} - CQ_{aL} \qquad (6\text{-}66)$$

其中
$$C = 0.4413 n_w / [(n_w + n_o)(Kh/\mu)]$$

式中 R_c——累积注采比；

Q_{cL}、Q_{aL}——累积产液量和年产液量，$10^4 t$；

p_i——油井原始地层压力，MPa；

C_t——综合弹性压缩系数，MPa^{-1}；

a——描述区块间窜流能力的参数；

V——油层体积，$10^4 m^3$；

ϕ——油层孔隙度，%；

C——与 Kh/μ 成反比的有关参数；

n_o、n_w——油、水井数。

年注采比与油井地层压力年变化关系式为：

$$p_t - p_{t-1} = [(1-a)/(V\phi C_t)](R_{at} - 1)Q_{at}[(CQ_{aL})_t - (CQ_{aL})_{t-1}] \qquad (6\text{-}67)$$

式中 R_{at}——年注采比。

下标 t、$t-1$ 表示第 t 年，第 $t-1$ 年。

累积注采比与年注采比的关系为：

$$R_{ct} = R_{c(t-1)} + (R_{at} - R_{c(t-1)})(Q_{aL}/Q_{cLt}) \qquad (6\text{-}68)$$

油井地层压力相对变化与绝对变化可分成两部分。第一部分是年注采比与累计注采比的作用（反映整体油层亏空状况），第二部分则是油层性质和产液量所决定的油水井地层压力区别准数对于改变油井地层压力的作用（反映油层内部油、水井区压力差别）。这表明年注采比或油田累积注采比并不是决定油井地层压力的唯一因素，影响油井地层压力的因素还包括产液量。年注采比大于1时，年产液量增加，使油井地层压力呈下降趋势，而较高的年产液量，又会使注入采出体积之差增大，使油井地层压力呈上升趋势。年注采比等于1或小于1时，年产液量的上升幅度就越大，油井地层压力下降幅度也会越大，总的效果要取决于二者的代数和，在地下亏空一定的情况下，油井地层压力随产液量越高水平越低。

6. 单井产量

在油井投产后，注水井和油井之间形成了压降漏斗，因为生产时一般油井井底流压不高于饱和压力，因此在油井供液半径的某一区域内地层压力也不高于饱和压力，以至于产生脱气（图6-26）。

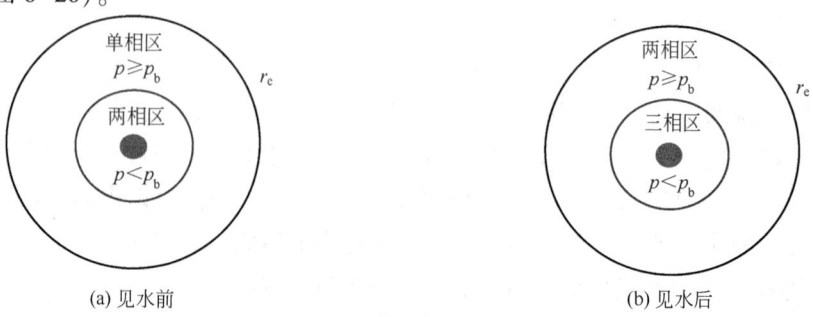

图 6-26 油井见水前后泄油区内渗流变化示意图

已知考虑启动压力梯度影响的定压边界圆形油层中心一口垂直井的拟稳态流动产量公式,则假设在 $p \geqslant p_b$ 区域原油体积相对渗透率、系数、黏度均为常数,在 $p<p_b$ 区域原油体积相对渗透率、系数、黏度都随压力变化而变化,忽略 $p<p_b$ 区域内启动压力梯度的影响,就可以得出油井见水前和油井见水后的产量公式。

油井见水前在 $p<p_b$ 区域是油气两相渗流,$p \geqslant p_b$ 区域是油单相渗流,则油井产液量公式为:

$$Q_L = Q_o = \frac{0.5429KK_{ro}h[(\bar{p}-p_b)-\lambda(r_e-r)]}{B_o\mu_o\left(\ln\frac{r_e}{r}-\frac{3}{4}+S\right)} + \frac{0.5429Kh}{\ln\frac{r}{r_w}-\frac{3}{4}+S}\int_{p_{wf}}^{p_b}\frac{K_{ro}}{B_o\mu_o}dp \tag{6-69}$$

式中 r——地层压力等于饱和压力处的半径,m。

油井见水后在 $p<p_b$ 区域是油气水三相渗流,在 $p \geqslant p_b$ 区域是油水两相渗流,则油井产液量公式为:

$$Q_L = \frac{0.5429Kh[(\bar{p}-p_b)-\lambda(r_e-r)]}{\ln\frac{r_e}{r}-\frac{3}{4}+S}\left(\frac{K_{ro}}{B_o\mu_o}+\frac{K_{rw}}{B_w\mu_w}\right)$$

$$+ \frac{0.5429Kh}{\ln\frac{r}{r_w}-\frac{3}{4}+S}\int_{p_{wf}}^{p_b}\left(\frac{K_{ro}}{B_o\mu_o}+\frac{K_{rw}}{B_w\mu_w}\right)dp \tag{6-70}$$

由于式(6-69)、式(6-70)的计算非常复杂,因此一般用近似的 Vogel 方程来处理。

油井见水前:

$$Q_L = Q_o = Q_b + Q_v\left[1-0.2\frac{p_{wf}}{p_b}-0.8\left(\frac{p_{wf}}{p_b}\right)^2\right] \tag{6-71}$$

其中

$$Q_b = J_o(\bar{p}-p_b) \tag{6-72}$$

$$Q_v = \frac{J_o p_b}{1.8} \tag{6-73}$$

单相油流采油指数 J_o 可根据测试得到:

当 $p_{wftest} \geqslant p_b$ 时:

$$J_o = \frac{Q_{otest}}{\bar{p}-p_{wftest}} \tag{6-74}$$

当 $p_{wftest} < p_b$ 时:

$$J_o = \frac{Q_{otest}}{\bar{p}-p_b+\frac{p_b}{1.8}\left[1-0.2\frac{p_{wftest}}{p_b}-0.8\left(\frac{p_{wftest}}{p_b}\right)^2\right]} \tag{6-75}$$

油井见水后:

$$Q_L = Q_o + Q_w = Q_B + Q_V\left[1-0.2\frac{p_{wf}}{p_b}-0.8\left(\frac{p_{wf}}{p_b}\right)^2\right] \tag{6-76}$$

其中
$$Q_B = J_L(\bar{p}-p_b) \tag{6-77}$$

$$Q_V = \frac{J_L p_b}{1.8} \tag{6-78}$$

采液指数 J_L 可以通过测试得到：

当 $p_{wftest} \geq p_b$ 时：

$$J_L = \frac{Q_{Ltest}}{\bar{p}-p_{wftest}} \tag{6-79}$$

当 $p_{wftest} < p_b$ 时：

$$J_L = \frac{Q_{Ltest}}{(1-f_w)\left(\bar{p}-p_b+\frac{p_b A}{1.8}\right)+f_w(\bar{p}-p_{wftest})} \tag{6-80}$$

其中
$$A = 1-0.2\frac{p_{wftest}}{p_b}-0.8\left(\frac{p_{wftest}}{p_b}\right)^2 \tag{6-81}$$

式中　p_{wftest}、p_b——测试流压、饱和压力，MPa；

　　　Q_{Ltest}、Q_B——测试流量及原油饱和压力下的产量，m^3/d；

　　　Q_L、Q_W、Q_O——油井产液量、产水量、产油量，m^3/d；

　　　f_w——含水率。

根据相对渗透率数据，可以计算得到无因次采液指数，公式为：

$$\overline{J_L} = K_{ro}+K_{rw}\frac{\mu_o}{\mu_w} \tag{6-82}$$

根据实际资料统计生产初期的采液指数，可以得到不同含水阶段的实际采液指数：

$$J_L = \overline{J_L} J_{Li} \tag{6-83}$$

式中　J_{Li}——生产初期采液指数，$m^3/(d \cdot MPa)$。

四、超前注水配套技术设备

1. 小型密闭移动注水橇

对一些零星分布的小区块或储量还未落实的建产区，注水系统无法建设期间，使用小型密闭移动注水橇，简称注水橇（图6-27），为超前注水提供了保障。

注水橇依托井场露天布置，主要由水箱、注水泵、成套水处理装置、控制系统、阀门管线、计量仪表及橇座等组成，集水源来水、过滤、加药、升压、计量、回流一体化设计，所有设备、阀门及工艺管线集中安装在8.2m×2.4m的橇座上。它是适应超特低渗透油藏注水开发的重要装备，不仅符合数字化管理、标准化设计、模块化建设的设计理念，

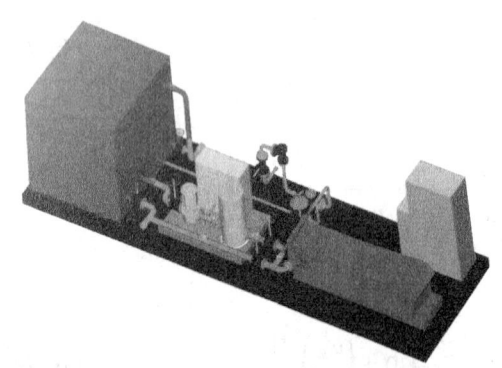

图6-27　小型密闭移动注水橇

而且突显短流程、易搬迁、快捷方便的功能优势。

工艺流程为：水源来水进水箱，经过水箱密闭缓冲、沉降、喂水泵喂水、精细过滤水处理后，通过注水泵升压，由注水干线计量、调节将达标注入水输送至站外注水管网，进行配注。

配套设施如下：小型密闭移动注水橇依托井场布置，注水橇负荷为100kW，井场新增柱上变电站1座，变压器规格为S10—M—160/10160kV·A，变频仪表柜电源引接于井场新增柱上变电站低压配电箱。

注水橇与供水水源井集中控制监测，连动设计，一起操作。距离注水橇附近不大于200m内新建水源井1口，直供注水橇。水源井深井泵由现场根据水源井完井参数进行选型，水源井深井泵额定流量为15m³/h，井口设置电磁流量计1台及数字压力变送器，并将压力信号上传至注水橇变频仪表柜，变频仪表柜根据潜水泵出口压力变化对潜水泵进行变频控制，使深井泵出口流量维持在11.5m³/h，满足深井泵正常运行。

2. 无人值守智能稳流配水阀组

在井口配水环节采用树枝状干管稳流配水阀组（图6-28），取消了配水间，实现注水系统一级布站，十分适合丛式注水井场和黄土高原的特点，节省注水管线约43.6%。

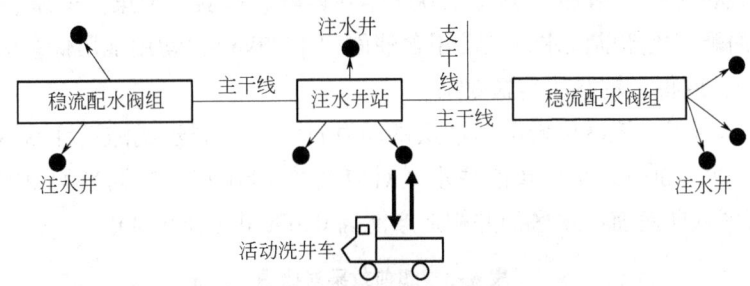

图6-28　树枝状干管稳流配水阀组

稳流配水阀组采用智能型流量自控仪（图6-29），集计量与调节为一体，具有结构紧凑、计量精度高、稳流效果好的优点，流量闭环自动调节，实现了无人值守，且具有关键生产数据的自动采集和监测功能。

图6-29　智能型流量自控仪

3. 数字化橇装增压集成装置

数字化橇装增压集成装置将分离缓冲罐、加热炉、气液分离器、外输泵等设施集成于一体,并配套了先进的智能控制系统,可实现原油集输中的加热增压外输、不加热增压外输、加热分离缓冲增压外输和加热不增压外输等多种流程远程控制。它具有功能集成、建设快捷、投产迅速、节能环保等特点,易于搬迁,可重复使用,适用于快速滚动开发建设。装置推广应用后,能优化工艺流程,实现无人值守,具有很好的经济效益和社会效益。数字化橇装增压集成装置的研制成功,填补了国内油气集输工艺设备橇装集成技术的空白,为油田超前注水技术的实施奠定了基础,是油田地面建设工程领域的重大技术创新。

超前注水设备技术保障的不断创新与完善,能使超前注水技术得到了广泛的应用,流动注水橇和稳流配水装置、数字化橇装增压集成装置的应用,将使超前注水的规模逐年增加。

第四节 超前注水开发实践

长庆油田从2001年开始推广超前注水技术,随着超前注水技术的不断完善和成熟,超前注水的规模也在逐年增加。2001—2009年在西峰、靖安、南梁、安塞、姬塬等长8、长6、长4+5油藏实施超前注水,共动用含油面积1522km^2,动用地质储量$8.2×10^8$t,建产能$1344×10^4$t,取得了较好的实施效果:

(1)有效提高了三叠系特低渗透油层的单井产量。与同步或滞后注水区相比,平均单井产量提高20%~30%。统计超前注水区对应油井1061口,初期平均单井日产油达到4.39t,比相邻区域非超前注水区油井初期产能高0.63t/d(表6-3)。

表6-3 超前效果对比图

区块	建产时间	层位	超前注水井				非超前注水井			
			井数口	日产液量 m^3	日产油量 t	含水率 %	动液面 m	井数口	日产液量 m^3	日产油量 t	含水率 %	动液面 m
王窑	2001年	长6	21	5.48	3.00	35.6	1387	14	5.08	2.10	51.4	1412
杏河	2001年	长6	14	6.10	4.50	13.2	1433	18	4.55	3.10	19.8	1467
南梁西区	2003—2004年	长4+5	72	5.52	3.97	15.4	1518	31	5.47	3.62	22.1	1597
白马区	2002—2004年	长8	298	8.61	6.92	5.4	1178	49	7.65	6.20	4.7	1281
董志	2003—2004年	长8	27	6.47	4.47	18.7	1157	17	5.65	3.97	17.3	1531
盘古梁	2002—2004年	长6	92	7.96	5.32	21.4	1292	42	7.52	4.94	22.7	1468
大路沟	2002—2004年	长6	195	8.49	5.17	28.4	1247	19	6.51	3.54	36.0	1353

续表

区块	建产时间	层位	超前注水井				非超前注水井				
			井数 口	日产液量 m^3	日产油量 t	含水率 %	动液面 m	井数 口	日产液量 m^3	日产油量 t	含水率 %	动液面 m
白于山	2002—2004年	长4+5	133	8.07	4.83	29.6	1160	27	6.92	3.98	32.3	1165
吴420	2005—2006年	长6	35	6.90	4.50	34.8	1650	120	4.20	3.80	9.5	1700
白209	2006年	长6	44	5.28	4.62	12.5	1399	72	4.66	3.98	14.7	1488
白157	2007年	长4+5	17	5.88	2.83	50.6	1320	86	5.34	3.15	40.9	1343
白168	2008年	长8	32	3.75	3.51	6.3	1659	51	3.58	3.21	10.3	1613
罗1	2008—2009年	长8	81	4.19	3.45	16.8	1596	260	4.12	3.35	18.2	1669
合计			1061	6.36	4.39	31.0	1384	806	5.48	3.76	31.3	1468

（2）减缓了三叠系特低渗透油藏的递减。西峰油田通过整体超前注水，产能到位率明显比同类油藏到位率高，递减小。统计西峰油田白马区2007—2008年，产能到位率达到75%以上，而近4年来其他三叠系油藏产能到位率平均为82%（图6-30），2004年以来产建井在第3年的综合递减一般在10%以下，而三叠系近4年的产建井综合递减为14.2%（图6-31）。

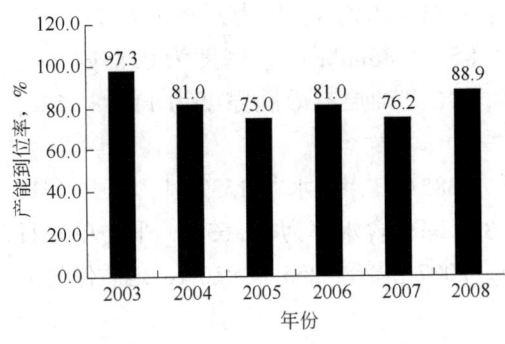

图6-30　白马区2003—2008年产建井到位率对比

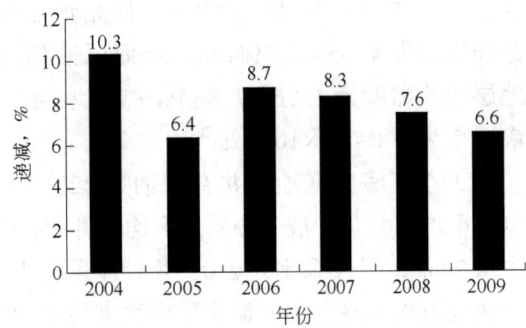

图6-31　白马区2004—2009年产建井递减对比

（3）建立起有效的驱替压力系统，改善了三叠系特低渗透油藏开发效果。超前注水区油井见效程度高，平均达到71.7%，详见表6-4。

表6-4　超前注水区见效情况

区块	建产时间	层位	见效程度, %
杏河	2001年	长6	78.6
南梁西区	2003—2004年	长4+5	75.6

续表

区块	建产时间	层位	见效程度，%
白马区	2002—2004 年	长 8	91.1
董志	2003—2004 年	长 8	68.5
盘古梁	2002—2004 年	长 6	89.2
大路沟	2002—2004 年	长 6	62.4
白于山	2002—2004 年	长 4+5	65.3
吴 420	2005—2006 年	长 6	75.3
白 209	2006 年	长 6	64.1
白 157	2007 年	长 4+5	63.8
白 168	2008 年	长 8	57.2
罗 1	2008—2009 年	长 8	68.7
平均	—	—	71.7

安塞油田超前注水开发情况如下。

一、开发简况

安塞油田发现于1983年，1985年相继开辟了塞1、塞5、塞6三个试验井组，1990年投入规模注水开发。安塞油田微裂缝较为发育，有1/3的取心井见到天然微裂缝。长6油藏平均埋深1130m，原始地层压力为8.31~10MPa，压力系数为0.7~0.9，饱和压力为4.65~6.79MPa。地面原油黏度为4.85~7.86mPa·s、密度为0.85g/cm^3，地层原油黏度为1.96~7.8mPa·s，地层温度为45℃，油层有效孔隙度为11%~15%，渗透率为 $(1~3) \times 10^{-3} \mu m^2$。

2007年底安塞油田共有采油井4281口，开井3851口，注水井1539口，开井1417口，平均单井日产液3.6m^3，平均单井日产油1.8t，综合含水率为49.63%，平均单井日注水24m^3，月注采比为2.0，累计注采比为1.74。2007年产油255.08×10^{4}t，地质储量采油速度为0.92%，地质储量采出程度为7.85%。

二、技术政策

1. 最佳注水时机的确定

根据理论研究认为王窑区最佳超前注水时间为6个月。通过对实际生产动态（图6-32）及不同超前注水时机进行对比（表6-5）可以看出，超前注水9个月与6个月的油井初期递减小，见效周期短，见效期产量明显高于超前注水3个月油井。超前注水6个月油井与超前注水9个月油井对比，见效周期、见效期日产油与稳产期日产油都基本相同，虽然由于初产较高，见效期和稳产期与初产的比值相比略低，但结合经济效益整体考虑，对于安塞特低渗长6油层，比较合理的投产时机是超前注水6个月。

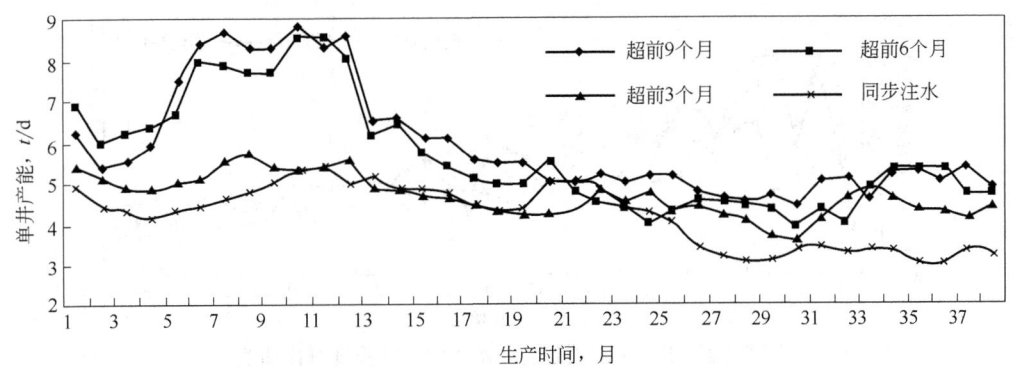

图 6-32 王窖区不同超前注水时机效果

表 6-5 安塞油田王窖区不同超前注水时机效果

注水时间	初产 t/d	见效前		见效后		见效稳产期		见效周期 月
		产量 t/d	与初产比 %	最高产量 t/d	与初产比 %	产量 t/d	与初产比 %	
超前注水 9 个月	6.2	5.38	86.8	8.6	138.7	4.64	74.8	2~4
超前注水 6 个月	6.8	5.92	87.1	8.5	125	4.63	68.1	2~4
超前注水 3 个月	5.4	4.08	75.8	5.42	100.7	4.1	76.2	4~6

2. 合理注水参数的选择

通过理论计算，认为注水强度应保持在 $2.5m^3/(d·m)$ 左右。王窖区超前 6~9 个月注水井初期单井日注水量与注水强度分别保持在 $40~50m^3$、$2.5m^3/(d·m)$ 左右，油井见效后产量高，而超前 3 个月注水井初期单井日注水量为 $35m^3$ 左右，注水强度为 $1.5~2.0m^3/(d·m)$，油井见效后产量上升幅度相对较小（图 6-33、图 6-34），因此在油井见效前，应提高注水量和注水强度。

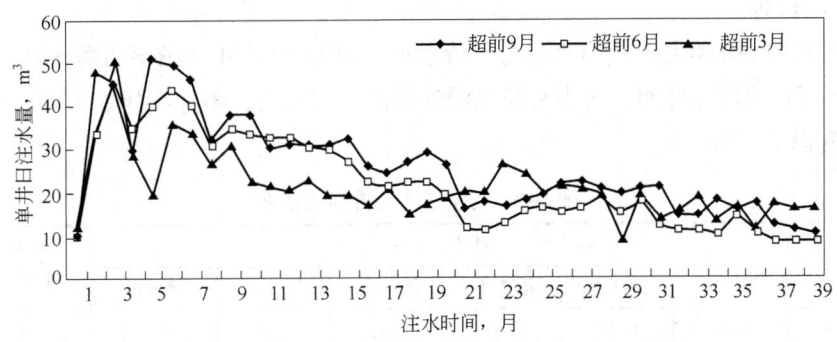

图 6-33 王窖区不同超前注水时间日注水平对比曲线

同时，根据安塞油田注水经验，在注水强度小于 $3.0m^3/(d·m)$ 时，不易造成层内突进、指进现象，可避免油井过早见水，所以超前注水的注水强度也应小于 $3.0m^3/(d·m)$，因此认为超前注水初期单井日注水量和注水强度要保持在 $40~50m^3$、$2.5~3.0m^3/(d·m)$。

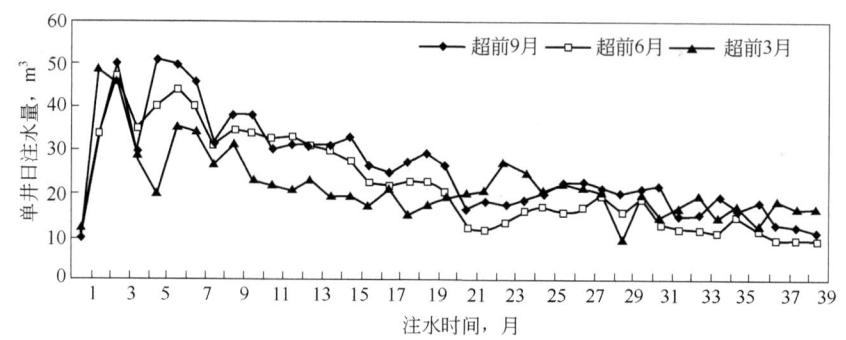

图 6-34 王窑区不同超前注水时间注水强度对比曲线

三、超前注水开发效果

针对长庆油田三叠系长 6 油藏不同注水时间表现出的不同开发效果,为了最大限度地提高单井产能、减缓油井初期递减,优化超前注水政策及有关技术参数界限,2001 年在安塞油田进行了超前注水试验,共实施超前注水井组 12 个(王窑西南 7 个,杏河西南 5 个),对应油井 47 口。王窑西南超前注水试验井组中,超前注水 33~132d,平均 80d,超前注水期平均单井日注水 41m³。杏河西南超前注水井组中,超前注水 64~107d,平均 83d,超前注水期平均单井日注水 39m³(表 6-6)。

表 6-6 超前注水油井物性参数

区块	层位	有效厚度,m	电阻率,Ω·m	渗透率,$10^{-3}\mu m^2$	孔隙度,%	含水饱和度,%
王窑西南	长6	22.0	16.9	1.67	13.1	54.7
杏河西南	长6	18.2	23.8	1.42	11.7	52.7
平均	长6	20.5	19.6	1.57	12.5	54.0

1. 压力特征

为了准确把握油井投产前合理压力保持水平,对 11 口油井(王窑西南 6 口,杏河西南 5 口)进行了压力跟踪监测,每半月对监测油井测一次压力,累计测压 53 井次(表 6-7)。压力变化有以下三个特征。

表 6-7 超前注水油井压力监测

井号	压力,MPa						平均压力上升速度,MPa/mon
	第1次	第2次	第3次	第4次	第5次	第6次	
王29-016	9.21	9.37	9.53	9.57	9.59	9.6	0.14
王30-018	9.38	9.43	9.47	9.51	9.51	9.52	0.05
王31-017	9.39	9.58	9.78	9.96	9.87	9.88	0.18
王31-018	9.22	9.32	9.44	9.55	9.57	9.58	0.13
王34-014	8.84	9.22	9.61	9.65	9.65	9.66	0.3
王35-016	9.06	9.42	9.81	9.83	9.83	9.84	0.28

续表

井号	压力，MPa						平均压力上升速度，MPa/mon
	第1次	第2次	第3次	第4次	第5次	第6次	
杏6-01	12.24	12.48	12.55	12.49	—	—	0.15
杏7-004	10.36	10.69	10.91	11.22	—	—	0.53
杏6-002	11.61	12.34	12.72	—	—	—	0.95
杏7-04	10.83	11.26	11.63	—	—	—	0.69
杏7-05	10.98	11.36	11.63	—	—	—	0.56

（1）压力上升速度由快变慢。从王窑6口压力监测井看，压力上升速度都表现出由快变慢的特征，初期（前40d）压力上升速度为0.2~0.67MPa/mon，平均为0.35MPa/mon，40d后压力上升速度变小，保持在0.02~0.08MPa/mon。如王34-015日注水40~60m³，注水强度为1.89~2.86m³/(d·m)，对应监测油井王34-014、王35-016压力上升速度由0.67MPa/mon下降到0.02MPa/mon。

（2）压力逐渐趋向相同值。从王窑西南6口监测井的压力变化看，超前注水2个月左右，油井压力基本稳定，并且各井压力逐渐趋向相同值（9.60~9.88MPa）。杏河西南压力监测点较少，大多数井压力还在上升，但从5口监测井的压力变化趋势看，各井压力也同样逐渐趋向相同值（12.55~12.8MPa）（图6-35）。

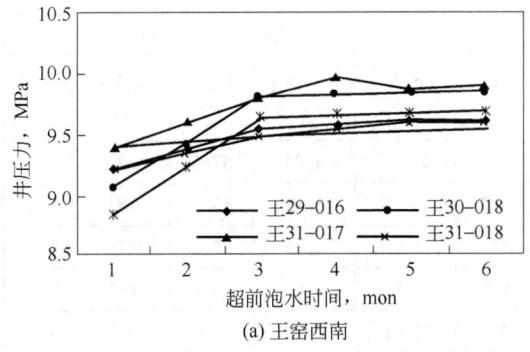
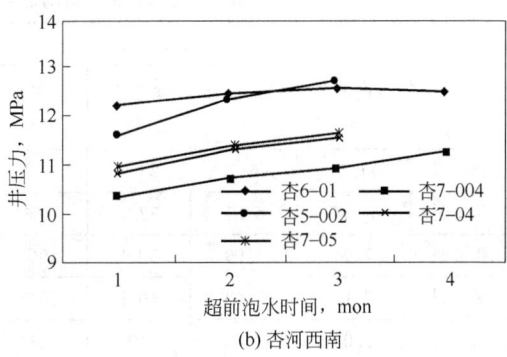

图6-35 安塞油田油井压力监测曲线

（3）压力上升速度与试油到测压的时间间隔有关。分析压力上升速度的影响因素时发现，11口测压井是在试油后的7~32d内开始测压，在这期间内，试油到测压的时间间隔越短，初期压力上升速度越大，反之，压力上升速度越小（图6-36）。另外，从11口测压井与对应注水井投注时间看，平均注水时间只超前测压时间9d，注入水对地层压力的上升影响不大。

根据以上分析认为，对于安塞特低渗油田长6层，在试油后的2~3个月内，油层还

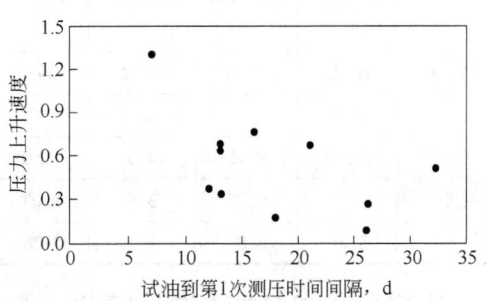

图6-36 压力上升速度与试油间隔图

处于弹性恢复阶段,油井压力逐渐趋向于原始地层压力,这期间压力恢复速度主要是由油藏物性决定的,注水对其影响不太明显。

2. 生产特征

与相邻未实施超前注水的油井相比,超前注水油井产油量明显高于邻井,表现出一定的超前注水效果(图6-37)。

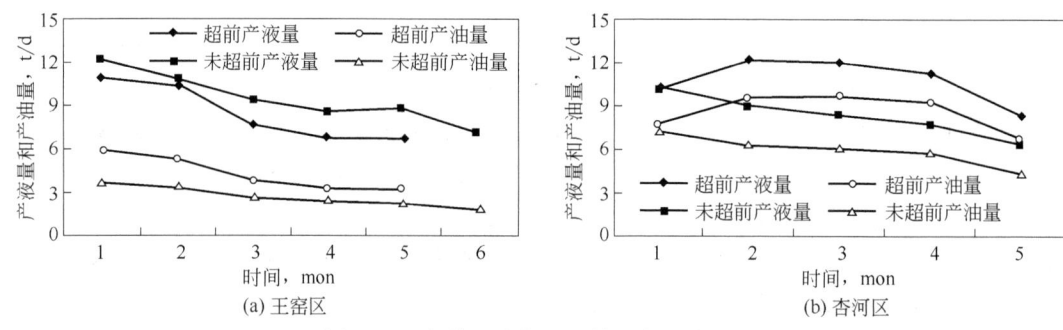

图6-37 超前注水与未超前注水油井对比

从递减上看,王窑西南超前注水井与相邻未超前注水井递减率基本相同,而杏河西南超前注水井递减率比相邻未超前注水井小(表6-8、表6-9)。

表6-8 王窑西南超前注水与相邻未超前注水井效果对比

时间	超前注水(22口)					未超前注水(14口)				
	日产液量 m^3	日产油量 t	含水率 %	动液面 m	递减 %	日产液量 m^3	日产油量 t	含水率 %	动液面 m	递减 %
第1月	11.21	6.2	33.8	612		12.32	4.04	57.5	520	
第2月	10.63	5.51	37.2	864	11.2	11.08	3.67	56.6	881	9.2
第3月	7.94	4.09	39.1	1066	34	9.61	2.96	58.3	818	26.7
第4月	7.13	3.63	40.1	1033	41.5	8.83	2.68	58.8	863	33.7
第5月	7.04	3.56	40	1041	42.6	8.92	2.68	9.3	948	33.6

表6-9 杏河西南超前注水与相邻超前注水井效果对比

时间	超前注水(11口)					未超前注水(10口)				
	日产液量 m^3	日产油量 t	含水率 %	动液面 m	递减 %	日产液量 m^3	日产油量 t	含水率 %	动液面 m	递减 %
第1月	10.22	7.7	10.2	695		10.17	7.24	15.4	834	
第2月	12.09	9.57	5.8	697	-24.2	9.06	6.45	14	1020	10.9
第3月	12.07	9.75	4.3	1060	-26.6	8.39	6.13	12.8	1158	15.4
第4月	11.37	9.25	3.8	1103	-20.2	7.79	5.81	12	1173	19.8
第5月	8.46	6.87	3.9	1126	10.8	6.4	4.56	13.5	1215	37

从不同注水时间效果表可以看出,滞后注水油井初期递减大,递减期长,一年后产量有小幅上升,整个生产过程产量明显低于同步注水和超前注水油井;同步注水井初期递减

明显小于滞后注水井，且生产半年后，开始见到注水效果，产量回升到初期较高的水平并稳产两年时间；超前注水与同步注水对比，超前注水油井见效周期短，投产4个月后就可见到注水效果，单井产能明显高于同步注水，且稳产期长（表6-10）。

表6-10 安塞油田王窑区不同注水时间效果

注水时间	初产 t/d	见效前		见效后		见效稳产期		见效周期 月
		产量, t/d	与初产比 %	最高产量 t/d	与初产比 %	产量 t/d	与初产比 %	
超前注水	5.31	5.01	94.4	7.18	135.2	4.66	87.8	4~5
同步注水	4.55	4.27	93.8	5.42	119.1	3.33	73.2	5~6
滞后半年以内	5.21	3.89	74.7	4.93	94.6	3.18	61	6~8
滞后半年以上	5.15	2.53	49.1	3.51	68.2	2.93	56.9	15

从同一注采井组中的不同注水时间看，超前注水效果也明显好于同步注水。王27-011注采井组位于王窑区中西部，注水井投注于1998年9月，井组中4口油井王26-010、王26-011、王28-010、王27-010（已见水，对比中去掉）同步投产，另4口油井王26-012、王27-012、王28-011、王28-012于2000年7~8月投产（超前注水23个月），4口超前注水油井从投产到第15个月，单井日产油均高出同步注水1.0t以上（图6-38）。

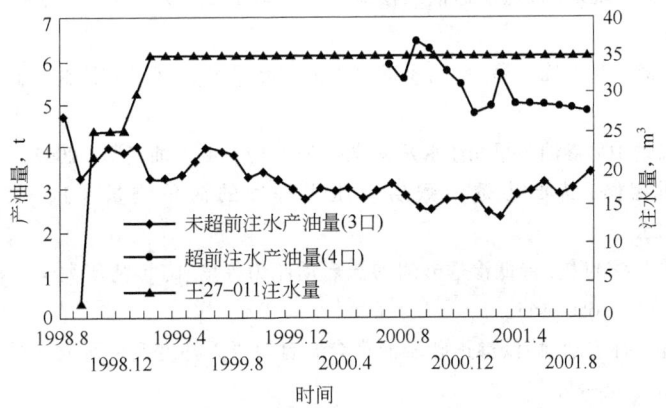

图6-38 王27-011井组超前注水与同步注水对比曲线

思考题

1. 什么是压敏效应？
2. 超前注水的概念及意义是什么？如何利用超前注水技术开发低渗透油藏？
3. 什么样的油藏可以采用超前注水的方式进行开采？
4. 低渗透油藏中流体流动的非线性渗流特征是由哪四大要素决定的？
5. 什么是储层的应力敏感？
6. 影响特低渗储层应力敏感的因素有哪些？

7. 为什么流体在低渗透储层中流动时具有启动压力梯度？影响启动压力梯度的因素有哪些？

8. 非线性渗流理论在超前注水技术开发中的应用有哪些？

9. 对于有裂缝发育的特低渗透油藏，在超前注水开发设计中如何确定合理的井排距？

10. 合理超前注水时间和极限超前注水时间的区别有哪些？

参考文献

[1] 冉新权.超前注水理论与实践［M］.北京：石油工业出版社，2011.

[2] 黄延章，等.特低渗透油层渗流机理［M］.北京：石油工业出版社，1998.

[3] 李忠兴，韩洪宝，等忠兴，等.特低渗透油藏超前注水理论及其应用［J］.石油学报，2007（6）：78-81.

[4] 郝斐，程林松，等.考虑启动压力梯度的低渗油藏不稳定渗流模型［J］.石油钻采工艺，2006，28（5）：58-60.

[5] 冯文光.非达西低速渗流的研究现状与展望［J］.石油勘探与开发，1986，13（4）：76-80.

[6] 阎庆来，何秋轩.特低渗透油层中单相液体渗流特征的实验研究［J］西安石油学院学报，1990，5（2）：1-6.

[7] 阮敏，何秋轩，任晓娟.特低渗透油层渗流特征及对油田开发的影响［J］特种油气藏，1998，5（3）：23-28.

[8] 冉新权，程启贵，曲雪峰，等.特低渗透砂岩油藏水平井井网形式研究［J］石油学报，2008，29（1）：89-93.

[9] 张建良.苏北盆地中低渗油藏早期注水开发技术研究［J］.断块油气田，2007，14（3）：50-52.

[10] 宋付权，刘慈群.特低渗透油藏启动压力梯度的简单测量［J］.特种油气藏，2000，7（1）：23-25.

[11] 杨琼，聂孟喜，宋付权.特低渗透砂岩渗流启动压力梯度［J］.清华大学学报（自然科学版），2004，44（12）：1650-1652.

[12] 吕成远，王建，孙志刚.特低渗透砂岩油藏渗流启动压力梯度实验研究［J］.石油勘探与开发，2002，29（2）：86-89.

[13] 孙黎娟，吴凡，赵卫华，等.油藏启动压力的规律研究与应用［J］.断块油气田，1998，5（5）：30-33.

[14] 刘慈群.有起始压降固结问题的近似解［J］.岩土工程学报，1982，4（3）：107-109.

[15] Latchie M A S, Hemstick R A, Joung L W. The Effective Compressibility of Reservoir Rock and its effect onPermeability［J］. JPT, 1952, 10（6）：49-51.

[16] Wu Yushu, et al. Flow and Displacement of Bingham Non—newtonian Fluids in Porous Media［J］. SPE Res ervoir Engineering, 1992：369-376.

[17] Derjaguin B V, et al. Results of Analytical Investigation of the Composition of "Anomalous water"［J］. JCIS, 1974, 46（3）.

[18] Charles W. Renew of Characteristics of Low Permeability［J］. AAPG, 1989,（5）：73.

第七章
注水井增注技术

  注水开发是最经济的提高采收率的技术手段，在国内外得到了广泛应用。注够水、注好水是油田稳产的基础。相对于中高渗油藏来说，低渗油藏的难点是注水困难，存在诸多问题，例如：注水启动压力高，渗流阻力大；储层敏感性强，注水井能量扩散慢，注水压力不断上升；吸水能力低，且吸水能力不断下降等。从而导致低渗油气藏的注水开发效果不佳，地层能量得不到有效的补充，油井产量下降快，油层动用状况差。在低渗油藏的水驱过程中，一般都要出现注入能力降低的现象。注水过程许多因素影响注入速率和注入压力，如注入指数、岩石和流体的特性、井的几何特性、运移比等，但是操作效率和地层伤害是主要影响因素。操作效率取决于如下几个因素：能量供给、井口、海上平台条件、设备设计、泵效率及操作人员的熟练程度。地层伤害是由地层细颗粒的运移、盐的沉淀、水中固相或油相堵塞孔喉造成的，这些颗粒全部保留在油藏岩石的孔隙中，并形成滤饼，使渗透率降低，注水能力下降。

  目前低渗透油藏主要采取注水开发，但低渗透油藏特殊的孔隙结构及注水伤害等，导致注水困难、波及系数降低、采收率减小。增强注水主要有物理方法与化学方法，包括常规压裂增注、酸化增注等技术，但均存在有效期短、费用较高、二次伤害等问题。创新的物理法增注技术有波处理油层技术、磁场处理油层技术，电场处理油层技术以及其他物理法增产增注技术。

  为此，针对注水井的增注，本章主要介绍压裂增注技术，酸化增注技术及物理法增注技术。

第一节　注水井欠注原因分析

  油田注水的主要目的就是为了保证油田的油层可以有一个正常的开采运行状态。目前，我国的大部分油田已经经历了长时间的开采工作，随着开采工作的持续进行，油层里面的石油含量逐渐减少，油田注水井欠注问题正逐步成为油田注水的焦点问题之一。因此，油田注水井欠注原因分析具有非常重大的意义。欠注层伤害的原因分为内因和外因两种，内因就是指储层本身所固有的伤害因素，如含有某些敏感性矿物成分及地层流体固有的伤害特性等；外因指钻井、完井、注水等外来因素引起的地层伤害。本节研究注水井欠注原因主要从内因和外因两个方面进行分析。

一、内部因素

1. 储层特征分析

对于注水井而言，储层黏土矿物、储层物性、储层敏感性等因素不同程度地影响注水的状况。因此，只有综合全面地分析这些内在因素才能得出合理的欠注原因，找到可行的治理办法。

1）黏土矿物分析

分析储层黏土矿物成分及其所占体积分数，找出可能引起储层敏感的主要矿物。

2）储层物性的影响

一般认为相对均质模型突进系数小于2，变异系数小于0.5；非均质模型突进系数为2~3，变异系数为0.5~0.7；严重非均质模型突进系数大于3，变异系数大于0.7。对于非均质模型和严重非均质模型，欠注现象很严重。因此，物性是影响注水的一个很重要因素。层内和平面的非均质性也影响注水效果，而且随着注水时间的推进，物性因素的影响程度还会越来越大。因而，在注水过程中对外在因素的要求就会越来越高，正所谓要注"好"水。

3）储层敏感性因素的影响

储层敏感性伤害是造成储层欠注的主要潜在因素。储层敏感性分析是研究储层伤害机理、保护储层或减小储层伤害的重要技术。储层敏感性强，注水井能量扩散慢，注水压力不断上升，欠注现象严重。

储层速敏性的大小主要与储层岩石矿物中各种成分的胶结程度、孔隙孔喉的分布和流体种类及其流速大小有关。通常颗粒胶结疏松、喉道弯曲、润湿性流体和流速高易将岩石颗粒冲刷下来，堵塞孔隙孔喉，降低储层的渗透率。

储层盐敏性的大小与进入储层流体的盐度有关，通常注入流体的盐度高于储层流体的盐度，不会导致储层岩石的盐敏性发生，但也有可能引起黏土的收缩、失稳和脱落。但是当较低盐度的流体进入地层，并与储层岩石矿物接触时，黏土具有的离子交换特性，使黏土中的离子朝进入水中的方向移动，黏土表面净负电荷增加，导致黏土颗粒之间因静电排斥作用而膨胀和分离，引起孔隙空间和吼道收缩，从而发生盐敏。注入淡水时岩石的渗透率与注入地层水时岩石的渗透率之比称为盐敏系数，其值越小，表示岩石盐敏性越严重。

储层水敏性的大小主要与岩石矿物中水敏性黏土矿物的含量有关，蒙脱石遇水后体积膨胀，使流动喉道缩小，而高岭石遇水后易分散运移，从而随着注入水流动造成堵塞，使储层的渗透率急剧下降。

储层酸敏性的大小与储层中的酸敏感矿物酸的类型和浓度有关，通常与储层中的绿泥石和绿蒙混层的含量直接相关，其含量越高，越易导致储层的酸敏，形成絮状胶体，堵塞储层的孔隙孔喉，使渗透率降低。砂岩的胶结物以泥岩为主，一般泥质含量为6%~21%。

构成泥质的黏土矿物主要为绿泥石和伊利石，其含量占黏土矿物总含量的60%~70%，其次是蒙脱石—绿泥石混合层和蒙脱石—伊利石混合层，结合流动实验，证明储层存在中等的酸敏性。

4）润湿性

对储层岩石进行润湿性分析，如果储层岩石为亲油型界面，而亲油型界面是不利于水驱的，就会产生大量的毛细管压力叠加，最后形成巨大的水驱阻力（即贾敏效应的叠加）。

2. 地层流体的潜在伤害

地层流体的特性是造成地层伤害的主要潜在因素。地层流体是指地层中的油、气、水，其中，地层水与地层伤害的关系最为密切，其次是原油。

例如，渤南油田五区九砂组油藏为轻质油—稀油油藏，其中原油具有"一高二低"的特征，即低密度、低黏度、高凝固点。地层水总矿化度较高，平均10000mg/L，水型为$NaHCO_3$型。一方面，高矿化度的$NaHCO_3$型水，在地层的温度场和压力场发生变化时，由于难溶的碳酸钙和碳酸镁及碳酸铁等溶解度低的物质的溶解度变化，势必会引起难溶物质的析出，产生无机垢，当注入水与地层水不配伍时，也会引起各种垢的沉积，造成渗流通道的堵塞，渗透率下降。另一方面，随着地层的大量注水，近井地层的温度场会由于冷水的不断注入而降低，由于原油中的凝固点高，在井筒的递变温度场中，原油中的石蜡等高凝固点的物质会逐渐在近井地带和井筒中析出，产生有机垢，造成渗透率下降，有机垢和无机垢共同作用，加重地层阻塞，严重影响地层的吸水能力。

二、外部因素

1. 注水流体分析

1）注入水水质分析

对注入水水样进行化验分析，验证其是否合格。当不合格水质注入地层时，在注入端及储层中将形成滤饼，使储层连通性变差甚至堵塞孔隙喉道，导致储层的吸水能力下降，同时注水压力上升，引起欠注。注入水的水质不达标不仅会伤害到储层，同时对注水管柱也会有很大的影响。

（1）悬浮固体颗粒的影响。在注水开发过程中，如果注入水水质不符合要求，悬浮固体颗粒随之侵入地层，在孔隙吼道处形成堵塞，造成地层伤害。杂质含量越高，颗粒直径越大，对地层伤害越严重。而固相颗粒侵入后使油层渗透率下降的幅度与岩石的孔隙结构有关。Barkman、Davidson和Abrams等人研究表明悬浮物固相颗粒侵入储层遵循如下规律：①颗粒粒径>1/3的地层孔喉直径，地层表面形成外滤饼；②1/7地层孔喉直径<颗粒粒径<1/3的地层孔喉直径，可侵入地层产生桥堵，形成内滤饼；③颗粒粒径<1/7地层孔喉直径，可自由通过地层。如果悬浮物粒径大于1/7地层孔喉直径，较容易形成滤饼，从而造成近井地带地层堵塞。

（2）腐蚀产物堵塞。注入水与设备和管线的腐蚀产物（如氢氧化铁及硫化亚铁等）会造成堵塞；注入水中所带的细小泥沙等杂质也会堵塞地层。

（3）细菌堵塞。注入水中所带的细小微生物（如硫酸盐还原菌、铁菌等），除了它们自身有堵塞作用外，它们的代谢产物也会造成堵塞。当过滤器和地层被腐生菌产生的荚膜黏液堵塞时，用酸化及一般解堵方法不能解堵，黏液附在设备内壁会形成浓差电池，形成有利于硫酸盐还原菌及铁细菌生长的局部厌氧环境，导致点蚀。

2）配伍性分析

分析采出水的矿化度、硬度及水型，如果注入水与地层水不配伍，注入水进入地层后容易结垢生成沉淀，堵塞地层。

2. 井筒腐蚀和套管损坏

（1）井筒腐蚀结垢。随着注水时间延长，注入水尤其是污水易造成井筒腐蚀及结垢，或在作业过程中带入井筒的固体脏物可能堵塞水嘴，都将导致井筒堵塞，注水管网、注水管柱结垢，注水井吸水指数下降，注水压力升高，严重时注不进。

（2）套损套变。根据国内外油田套管损坏资料，套管损坏基本类型有套管变形、套管破裂、套管错断、腐蚀穿孔和密封性破坏等几种。

3. 钻停、测压及修井措施

钻停、测压及各种修井措施引起的欠注量占全部欠注量的比例很大，但这部分因素是不可避免的。为了弥补此类情况导致的欠注，后期主要采取补水措施，同时严格制定统一的补水制度，并进行定期核查，确保每一口井的配注完成率。

比如安塞油田杏48-30井，七八月因钻停停注45d，实际日配30m^3，累积欠注45×30=1350（m^3）。后期补水制度为：每天按之前配注的10%进行补水，补水量为30×0.1=3.0（m^3/d），实际日注33m^3。补够1350m^3水需要的天数为1350÷3.0=450（d）。在此期间，每月单井实际日注随时按照日配注+补水量进行调整，瞬时流量按照实际日注进行调节，并要确保每天的三次资料录取，发现问题及时维护治理。

4. 生产参数不合理

注水井压力、流量、温度、射孔参数等生产参数的不合理也会导致注不进水，欠注现象严重。对注水井生产参数进行在线监控，不断调整和优化，以达到增注的目的。

5. 管理因素分析

严格执行相关注水管理标准。定期开展水质化验、注水井洗井、干线冲洗及清罐等工作，最大程度降低人为管理因素导致的欠注现象。

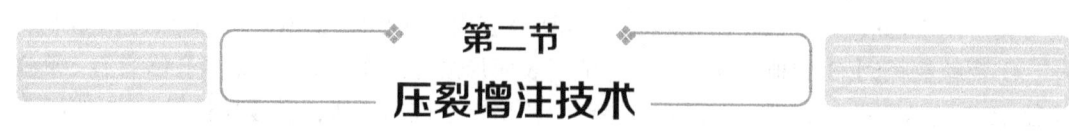

第二节 压裂增注技术

一、注水井压裂增注机理

注水井压裂后，注入水从原来的井底流向油层的径向流变为从井底线性地流向裂缝，然后再从裂缝中径向地流入油层的线性流。裂缝的产生使得注入水渗流面积增大，并且裂缝中的渗透性远远大于油层的渗透性，所以注入水从井底流向裂缝，再从裂缝中流向油层的流动阻力，远远小于注入水从井底径向地流入油层的阻力。因此，在注入条件相同的情况下，注水井经过压裂后的注入量将大幅度提高（视频7-1、视频7-2）。

视频7-1　压裂技术

视频7-2　水力压裂工作原理

二、注水井压裂选井依据

（1）物性差造成欠注的水井；
（2）污染造成欠注的水井；
（3）油水井连通较好的欠注井；
（4）其他增注措施达不到增注目的的井；
（5）裂缝方向有利于提高波及系数的水井。

三、注水井压裂增注技术分类

1. 水力压裂技术概述

1）水力压裂过程

水力压裂技术是利用地面高压泵组，将高黏液体以大大超过油层吸收能力的排量泵入井中，在井底附近地层产生裂缝，将带有支撑剂的携砂液挤入裂缝中，从而在井底附近地层内形成一条具有一定长度、宽度和高度的高导流能力的填砂裂缝。由于改变了井底附近流体的渗流状态，提高了油层的渗流能力，从而达到增产、增注的目的。水力压裂示意图如7-1所示。

压裂前流体从地层流向井底的形态，如图7-2所示。有以下两个特点：

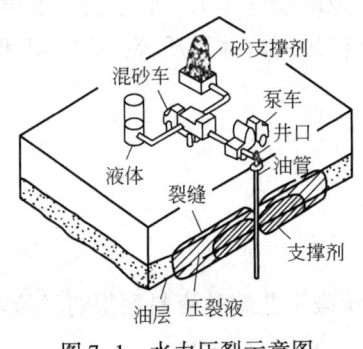

图7-1　水力压裂示意图

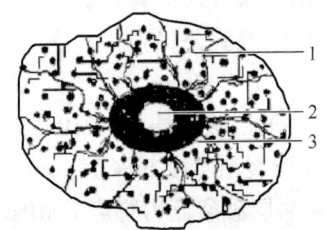

图7-2　压裂前地层渗流示意图
1—地层；2—井眼；3—污染带

（1）流体流动过程复杂。拟径向流过程中，越靠近井底，渗流面积越小，渗流阻力越大。

(2) 污染带和井底周围应力的集中，使近井地带的渗透率降低，井筒附近的渗流阻力增加。

结论：水力压裂前，由于各种阻力的影响，近井地带的渗透能力较差。

2) 压裂后流体从地层流向井底的流动形态

如图 7-3 所示，压裂后，地层流体将经历四种不同的渗流阶段：

(1) 拟径向流阶段：在供油边界，地层流体向井底流动以拟径向流为主。
(2) 地层线性流阶段：只能在裂缝导流能力很高时才能出现。
(3) 双线性流阶段：流体靠近裂缝时线性流入裂缝，裂缝中的流体线性流入井底。
(4) 裂缝线性流阶段：该流动阶段时间短，实际意义不大。

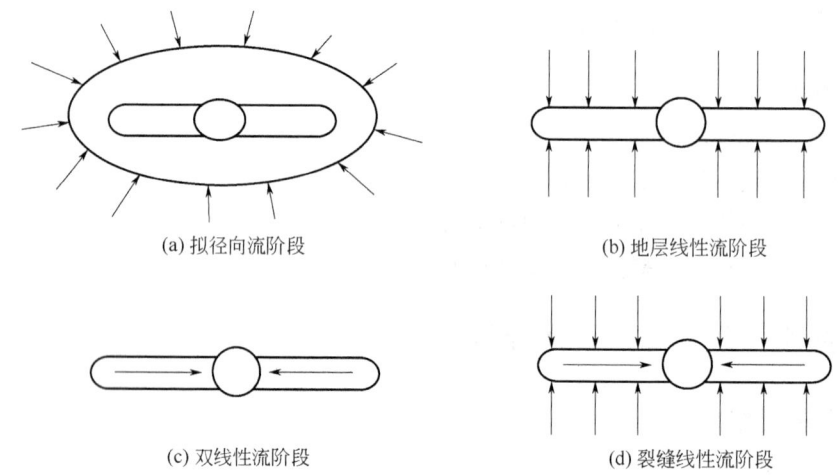

图 7-3 地层流体四种不同的渗流阶段

由此看出水力压裂结果，改变了渗流区的渗流方式，获得了双线性流动模式，提高了近井地带的渗透能力。

3) 压裂施工参数的确定

(1) 油层破裂压力的计算。

油层破裂压力是指油层被压开的瞬间被压裂层位所受的压力。它取决于油层深度、岩石强度、渗透率、油层原始裂缝发育情况及压裂所使用的液体性质等，可以用理论公式计算，也可以用经验公式估算。

目前常用的经验公式为：

$$p_{破} = \beta^2 H \tag{7-1}$$

式中　$p_{破}$——油层破裂压力，MPa；
　　　H——压裂油层中部深度，m；
　　　β——油层破裂压力梯度，MPa/m，它是由压裂工艺统计资料而得的经验常数。

(2) 施工排量的确定（先确定地层吸液量 $Q_{吸}$，满足 $Q_{排} > Q_{吸}$）。

经验公式：

$$Q_{吸} = \frac{q}{\Delta p} \cdot \Delta p_{破} \frac{B}{\rho_o} \frac{1}{1400} \tag{7-2}$$

式中　$Q_{吸}$——地层的吸液量，m^3/min；

　　　q——压裂前油井的稳定日产量，t；

　　　Δp——压裂前的地层压力与井底流动压力之差，MPa；

　　　$\Delta p_{破}$——破裂压力与压前地层压力之差，MPa；

　　　B——原油体积系数，m^3/m^3；

　　　ρ_o——地面原油密度，kg/m^3。

地面排量按 $Q_{排} > Q_{吸}$ 来确定。

（3）地面泵压的计算。

确定地面泵压的目的是为了在满足裂缝需要的压力和排量的基础上，充分发挥设备的能力，减少使用设备的台数。压裂时地面泵压可由下列公式估算：

$$p_{泵压} = p_{井口} = p_{破} + p_{摩阻} + p_{局损} - p_{液柱} \tag{7-3}$$

式中　$p_{泵压}$——地面泵压，MPa；

　　　$p_{井口}$——井口压力，MPa；

　　　$p_{摩阻}$——压裂液在管柱内流动时的摩阻压力降，MPa；

　　　$p_{局损}$——井下工具对流体的局部阻力损失，MPa；

　　　$p_{液柱}$——井筒内液柱压力，MPa。

（4）压裂车台数的确定。

压裂时所需总功率为：

$$P_p = \frac{p_{泵压} \cdot Q}{\eta_1 \eta_2 \eta_3} = \frac{1}{\eta} \cdot p_{泵压} \cdot Q \tag{7-4}$$

压裂车台数为：

$$n = \frac{P_p}{P'_p} \tag{7-5}$$

式中　P_p——压裂时所需的总功率，W；

　　　P'_p——每台压裂车的发动机功率，W；

　　　Q——压裂时泵的排量，m^3/s；

　　　η_1——发动机工作效率，取 60%~80%；

　　　η_2——泵的上水效率，取 50%~95%；

　　　η_3——发动机工作时受海拔高度影响后的效率；

　　　η——功率因数，%；

　　　n——所需压裂车台数。

2. 分层压裂技术

以往的长井段笼统压裂目的层段较长，一次施工不能压开尽可能多的油层，部分油层改造不彻底，已经不适应压裂工作的需要。而分层压裂层段跨度小且比较集中，压裂目的层比较明确，一次施工能压开较多的油层，能有效改造差油层，因此推广分层压裂工艺技术对于提高二、三类油层的动用程度，提高压裂的整体效果，具有重要意义。具体根据分层方式不同，分层压裂可以分为限流分层、投球暂堵分层、卡单封分层、卡双封分层等方式，下面分别加以论述。

1) 限流分层压裂工艺技术

限流法分层压裂是一种完井压裂技术，主要用于未射孔的新井或新层，其特点是射孔方案必须满足压裂施工要求，主要针对压裂层跨度较大、目的层段各个小层之间物性及厚度存在明显差距的新井或新层。

限流法分层压裂技术应用实例：文南油田文72-387井新投压裂。

基本地质情况：井段3359.4~3436.5m，分析该井的基础资料发现，小层比较分散，物性差异大，油层跨度77.1m，跨度较大，每个小层较薄，大部分在1.0m左右，上隔层厚度为25.4m，岩性为泥砂岩，下隔层厚度为18.7m，岩性为纯泥岩，论证后决定采用限流分层压裂方式。

根据该井的套管组合及井口情况、地面压裂设备功率情况，初步确定该井射孔方式采用89-1枪型射孔，采用ϕ89mm油管注入，施工过程中可以监测井底压力，同时可以减少顶替量，降低施工风险，井口采用700型井口。确定射孔方案及施工排量的过程如下：

（1）初步设定注入排量为4.0m³/min。

（2）根据文南油田破裂压力梯度上限值计算井底处理压力：

$$p_B = 0.02 \times 3430 = 68.6 (\text{MPa})$$

（3）计算油管沿程摩阻：根据油管尺寸初步设定排量、压裂液性能参数，查相应曲线模板，得出沿程摩阻梯度为：0.665MPa/100m，有：

$$\Delta p_f = 0.665 \times 34.3 = 22.8 (\text{MPa})$$

（4）设定井口压力为70MPa。

（5）孔眼摩阻计算：

$$\Delta p = p_s - p_B + p_h - \Delta p_f = 70 - 68.6 + 0.105 \times 10^3 \times 9.8 \times 3430 \times 10^{-6} - 22.8$$
$$= 14.6 (\text{MPa})$$

式中 p_s——井口压力，MPa；

p_B——破裂压力，MPa；

p_h——压裂液压力，MPa；

Δp_f——沿程摩阻，MPa。

（6）计算破裂压力最大差值：

$$(0.02 - 0.018) \times 3430 = 6.86 (\text{MPa})$$

因为14.6MPa>6.86MPa，即孔眼摩阻大于破裂压力最大差值，所以此井口最大压力可行。

（7）计算射孔总孔数：

$$n = \sqrt{\frac{2.25 \times 10^{-10} Q^2 \rho}{\Delta p D^4 \alpha^2}} = \sqrt{\frac{2.25 \times 10^{-10} \times 4.0^2 \times 1050}{14.6 \times 0.01^4 \times 0.82^2}} = 24.83 (\text{孔})$$

式中 Q——流量，m³/min；

ρ——密度，kg/m³；

D——孔径，m；

α——系数。

设计射孔孔数为25孔，根据每个小层的厚度、相对位置、油层物性等资料，综合考虑，每个小层的详细孔数分配见表7-1。

表 7-1 油层详细孔数分配

序号	32	33	34	35	36	37	38	40
厚度，m	1.1	1.0	0.9	1.2	1.1	0.7	0.6	2.4
孔数	4	4	3	3	3	2	2	4

现场施工，破裂压力 67.2MPa，停泵压力 43.8MPa，一般排量 4.03m³/min，施工压力范围 51.2~69.7MPa，施工顺利，压后日产油 8.5t，日产气 933m³。

2）投球暂堵分层压裂技术

一次压裂施工中，由于井况、隔层、井斜等因素导致实施机械卡封分层时目的层各个小层之间存在明显的物性差异，受层间非均质的影响，存在明显的高渗与低渗的差别，为了保证压开高渗层的同时压开低渗层，在压裂液中加入一部分蜡球或塑料球暂时封堵高渗层，从而压开低渗层。

投球暂堵分层压裂的主要原理是利用高低渗透层之间吸水能力明显不同，在压裂液中加入塑料球封堵高渗透层，压开低渗透层，达到一次施工中同时压开高渗和低渗的目的，油井投产后，塑料球随压裂液返排而带出，对地层和裂缝不会造成污染。

3）卡单封分层压裂工艺技术

压裂目的层上部存在已经射开的油层，在井况及隔层条件满足卡封条件下，利用封隔器密封油套环空，压裂时压裂液从油管注入地层，达到分层压裂的目的。如果目的层上部和下部都存在已经射开的油层，配套使用桥塞、丢手封隔器等配套工具，可以实现封上压下、封两头压中间的分层目的。其管柱结构如图7-4所示。

4）卡双封分层压裂工艺技术

卡双封分层压裂是一种利用封隔器，实现压裂层段内进一步分层的一种压裂方式，适用于目的层段上部有需要分层保护的油层，或需要卡封保护上部套管的油井，压裂目的层段内油层跨度相对较大，各个小层之间进一步划分为明显的两套层段。

卡双封分层压裂通过封隔器分层压裂管柱来实现，运用封隔器和喷砂器将压裂目的层分开，实现分层压裂的目的，压裂管柱如图7-5所示。

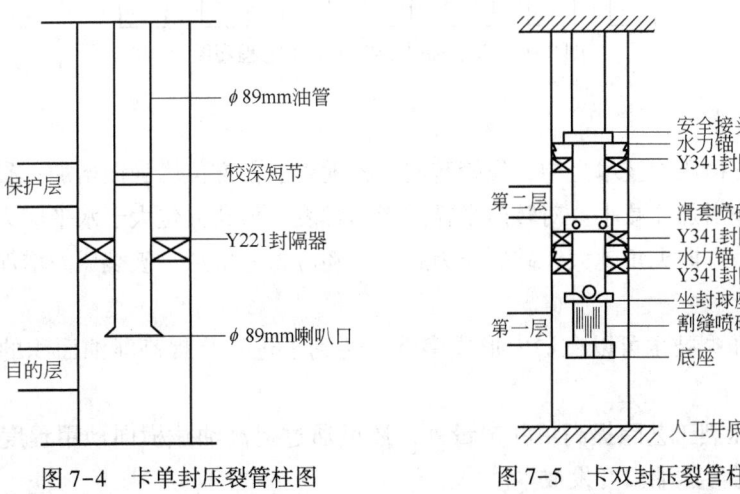

图 7-4 卡单封压裂管柱图　　图 7-5 卡双封压裂管柱图

3. 多缝加砂支撑压裂技术

多缝加砂支撑压裂技术利用一次压裂作业造成3~6条高导流能力的填砂裂缝来提高储层的产液能力，基本原理是使用爆炸脉冲压裂能在井筒周围地层产生多条放射状短裂缝的特性，首先在近井带造成短缝后，改造其地应力场，然后利用暂堵性压裂液依次压开并延伸原爆炸短缝后再填砂支撑。它是常规水力压裂和爆炸压裂的有机结合，克服了常规水力压裂受地应力控制、水力压裂裂缝具有的单一性问题，以及爆炸裂缝短且不能支撑、导流能力低的弱点，保留发扬了水力压裂作用距离远、导流能力高和爆炸压裂不受地应力控制可形成多条放射状短缝的优点，实现了储层压裂的多缝支撑，达到全方位改造储层的工艺目标。

1）技术背景

国内外与多缝相关的技术主要是暂堵转向压裂，该技术通过暂堵剂的封堵作用提高缝内净压力，迫使压裂裂缝转向或沟通天然裂缝。虽然该项技术研究时间较长，但并未成熟，形成多缝存在不确定性。近年来，国内一些专家提出了"缝网压裂"的概念，但仅属于探索性研究，并未形成成熟的技术。

研究表明，射孔方位和最大主应力方向呈一定夹角条件下裂缝会转向，由此得到启发：利用定向射孔控制裂缝起裂方位，实现裂缝硬转向。

2）压裂工艺程序

根据该技术的研究思路，设计了如图7-6所示的压裂工艺程序，其中关键环节为定向射孔和分段压裂。

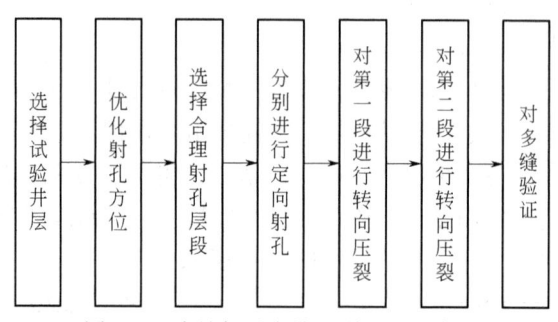

图7-6 多缝加砂支撑压裂工艺程序图

3）技术优势

多缝加砂支撑压裂技术之中，裂缝转向半径随着射孔方位增加而增加；裂缝转向半径随着水平应力差增加而减小；对转向半径的影响程度，射孔方位大于水平应力差；射孔方位与最大主应力方向夹角越大，破裂压力越大；随应力差增加，破裂压力增加。其技术优势主要如下：

（1）多缝压裂技术可以在层内形成多缝，达到了进一步提高泄油面积的目的，从而实现增产。

（2）多缝压裂工艺除提高单井产量外，还可通过提高油藏横向动用程度减小井网密度，从而降低低渗透油田开发成本。

4. 低渗油层的优化压裂技术

美国 L. K. Britt 等人通过对低渗透油藏油井压裂效果进行分析研究认为，$(1\sim10)\times10^{-3}\mu m^2$ 的低渗油层的最佳水力压裂裂缝形态是具有高导流能力的短裂缝。用二维三相模型模拟研究了压裂对五点井网注水采油的影响，模拟结果表明，当考虑的不利定向裂缝长度超过井距的 25% 时，采收率会降低。应用西得克萨斯州地层的物性模拟研究了压裂对二次采油的影响，模拟结果表明，对注采井进行压裂产生高导流能力的短裂缝，使五点法注水开发效果最佳，即最佳裂缝为导流能力高的短裂缝。这一模拟结果已由西得克萨斯州 North Cowden 和 Anton Irih 两开发区的油田实例所证实。

5. 改变应力的压裂技术

美国 L. R. Warpinski 等人在科罗拉多州的多井试验场研究了改变应力的压裂。所谓改变应力的压裂，是对某井的地层进行水力压裂时因受邻井原有压开缝产生的应力扰动的影响，使该井的新压开缝重新取向，也即当新压开缝延伸进入已发生应力扰动的区块后而产生重新取向。这种压裂极适用于天然裂缝性低渗透范围小的区块，因这种压裂的裂缝与天然裂缝不平行，可交汇更多的天然裂缝，故而造短的裂缝能够使井有更大的产率。当然为实施改变应力的压裂必须克服若干困难，如井距问题，可采用斜井、水平井等来弥补（视频 7-3）。该工艺技术还有待发展。

视频 7-3 水平井压裂

6. 整体优化压裂技术

整体优化压裂技术的总体目标是使整个油气获得最佳的开发效果，是把整个油气藏作为一个研究单元，并对油气藏的各参数进行覆盖研究。在此基础上，考虑在既定井网条件下不同的裂缝长度、导流能力场的产量和扫油效率等动态指标的变化，从中优选出最佳的裂缝尺寸和导流能力，并进行现场实施与评估研究，以不断完善整体优化压裂方案。研究的手段包括实验室试验、裂缝模拟、油气藏数值模拟、试井分析、现场测试、质量控制和现场实施与监测等。

7. 同井同层重复压裂技术

目前国内外主要在以下三个方面取得了重要进展：

（1）选井选层技术。综合应用数据库、专家经验、人工神经网络技术和模糊逻辑等技术，开发了重复压裂选井选层的模型。

（2）重复压裂前储层地应力场变化的预测技术。国外已研制成模型，可预测在多井（包括油井和水井）和变产量条件下的就地应力场的变化，研究结果表明，就地应力场的变化主要取决于与油水井的距离、整个油气田投入开发的时间、注采井别、原始水平主应力差、渗透率的各向异性和产注量等。与井的距离越小、投产投注的时间越长、原始水平主应力差越小、渗透率各向异性程度越小、产注量越大，越容易发生就地应力方位的变化；而最佳的重复压裂时机，即就地应力方向发生变化的时机，且变化越大，时机越好。

（3）改变相渗特性的压裂液技术。通过加一种改变润湿和吸附特性的化学药剂，达到增加产油量和减少含水的目的。已有该压裂液成功应用的报道，这对中高含水期的重复压裂而言，尤具吸引力。

8. 深井、超深井压裂技术

深井、超深井压裂技术主要在塔里木及华北等油田中应用。经过多年的发展，已在井深超过6000m的地层中获得成功应用。主要的技术要点有：（1）耐高温并具有延迟交联作用的压裂液体系研制；（2）中密高强度陶粒支撑剂评价与优选技术；（3）岩石的弹塑性研究与模拟；（4）支撑剂段塞技术。

9. 低伤害压裂技术

低伤害压裂技术是近些年随低伤害或无伤害压裂材料的发展而建立起来的一种新型压裂工艺设计技术。在内涵上已不仅限于压裂过程中的储层伤害和裂缝伤害，还包括在设计、实施及压后管理过程中，只要未能真正获得与油气藏匹配的优化支撑缝长和导流能力，就认为已造成了某种程度的伤害。因此，低伤害压裂技术的实质就是从压裂设计、实施，到压后管理等方面，尽最大可能获得优化的支撑缝长和导流能力。

10. 连续油管压裂技术

针对多层油藏和小井眼的压裂酸化改造，国外于20世纪90年代初研究开发了连续油管压裂酸化技术，目前该项技术主要用于陆上多层油气藏和小井眼的改造。

四、注水井压裂设计参数优化

1. 压裂液优选

注水井增注与油井增产的主要区别在于，注水井压裂增注之后注水方向与压裂时液体流向地层滤失方向一致，而油井增产措施之后储层流体流动方向与压裂液滤失方向相反。这一区别给注水井压裂液带来了降滤失添加剂和滤饼上的处理难度，这也是其不同于普通油井压裂液的地方。对压裂液分析和评价，优选性能优良、符合地层条件的压裂液。

2. 支撑剂优选

支撑剂对压裂施工后的增注效果和有效期起着主要作用，裂缝导流能力的大小是评价与选择支撑剂的最终衡量指标。同一种支撑剂，粒径越大，抗压强度越低；粒径越小，抗压强度越大。但在一定破碎条件下，粒径越大，导流能力越高；粒径越小，导流能力越低。

3. 注水井压裂裂缝参数优化

注入水在驱油过程中，油层内为油水两相流动，此时用单相流模型预测的注水量变化不能满足地层条件，因此需要用油水两相渗流模型预测注水井压裂后油、水井生产动态的变化规律，同时注水井压裂后对油井生产动态的影响程度也是注水井压裂裂缝参数优化的条件之一，因此需要结合注采井生产动态优化裂缝参数。

油藏模型：

$$\frac{\partial}{\partial x}\left[\propto(S_w)\frac{\partial p}{\partial x}\right]+\frac{\partial}{\partial y}\left[\propto(S_w)\frac{\partial p}{\partial y}\right]+q=C_e\frac{\partial p}{\partial t} \quad (7-6)$$

裂缝模型：

$$\frac{\partial}{\partial x}\left(\frac{K_f}{\mu_o}\frac{K_{mf}}{B_o}\nabla p_f\right)+q_o=\frac{\partial}{\partial t}(\phi\rho_o S_o) \tag{7-7}$$

$$\frac{\partial}{\partial x}\left(\frac{K_f}{\mu_w}\frac{K_{mf}}{B_w}\nabla p_f\right)+q_w=\frac{\partial}{\partial t}(\phi\rho_w S_w) \tag{7-8}$$

$$S_o+S_w=1.0 \tag{7-9}$$

其中

$$\partial(S_w)=K\left(\frac{K_{ro}(S_w)}{\mu_o}+\frac{K_{rw}(S_w)}{\mu_w}\right) \tag{7-10}$$

$$f(S_w)=\frac{K_{rw}(S_w)}{K_{rw}(S_w)+\frac{\mu_w}{\mu_o}K_{ro}(S_w)} \tag{7-11}$$

式中　p——地层或裂缝内任一点的压力，kPa；

S_w——地层或裂缝内任一点的含水饱和度，%；

K——地层渗透率，$10^{-3}\mu m^2$；

$K_{rw}(S_w)$、$K_{ro}(S_w)$——水相和油相相对渗透率，%；

ϕ——孔隙度，%；

q、q_o、q_w——单元体内总液流量、油流量、水流量，cm^3/s；

C_e——综合压缩系数，kPa^{-1}；

K_f、K_{mf}——裂缝、基质渗透率，$10^{-3}\mu m^2$；

ρ_o、ρ_w——油、水密度，g/cm^3；

μ_o、μ_w——地下油和水的黏度，$MPa\cdot s$。

对于不同类型的井网，可以建立不同的边界条件：

$$p\mid_{i=0}=p_i \tag{7-12}$$

$$S_w\mid_{i=0}=S_{wi} \tag{7-13}$$

式中　p_i——原始地层压力，kPa；

S_{wi}——原始地层含水饱和度，%。

根据以上模型进行注水井裂缝长度、裂缝宽度及导流能力等相关参数的优化和设计。

第三节　酸化增注技术

酸化是油（气）、水井重要的增产增注措施之一。它是利用酸液的化学溶蚀作用及向地层挤酸时的水力作用，解除油层堵塞，扩大和连通油层孔隙，恢复和提高油层近井地带的渗透率，从而达到增产增注的目的。

一、酸化机理

酸化的工作对象是油气层，油气层是具有一定数量的油、气储集空间和渗透性能的岩层。常见的油气层是砂岩层和碳酸盐层，这两种岩层的储集空间具有不同的结构特征。

砂岩地层由碎屑颗粒（砂粒）和一部分胶结物胶结而成。碎屑颗粒（砂粒）的主要成分是石英、长石、矿物颗粒和各种碎屑，胶结物主要是由黏土、二氧化硅、金属氧化物、硫、氯化物、碳酸盐岩和非结晶的硅铝酸盐矿物组成。一般黏土胶结的砂岩较疏松，二氧化硅胶结的砂岩较致密。

砂岩油层渗透率降低，往往是地层伤害、堵塞造成的。因此，砂岩油藏的处理一般采用盐酸与氢氟酸的混合酸土酸或其他能够生成氢氟酸的酸液。

1. 酸与矿物间的化学反应

盐酸与碳酸盐岩矿物及铁质矿物反应，生成可溶性盐类，可以排出地面，从而提高井底附近的渗透率。其简单反应式如下：

$$CaCO_3(方解石)+2HCl \longrightarrow CaCl_2+H_2O+CO_2\uparrow$$
$$CaMg(CO_3)_2(白云石)+4HCl \longrightarrow CaCl_2+MgCl_2+2H_2O+2CO_2\uparrow$$
$$FeCO_3(菱铁矿)+2HCl \longrightarrow FeCl_2+H_2O+CO_2\uparrow$$
$$Fe_2O_3+6HCl \longrightarrow 2FeCl_3+3H_2O$$
$$FeS+2HCl \longrightarrow FeCl_2+H_2S\uparrow$$

盐酸和氢氟酸与石英、黏土矿物中硅酸盐类反应，其化学反应比较复杂：

$$SiO_2(石英)+4HF \longrightarrow SiF_4(四氟化硅)+2H_2O$$
$$Na_2SiO_4+8HF \longrightarrow SiF_4+4NaF+4H_2O$$
$$2NaF+SiF_4 \longrightarrow Na_2SiF_6$$
$$SiF_4(四氟化硅)+2HF \longrightarrow H_2SiF_6$$
$$SiO_2(石英)+4HF \longrightarrow SiF_4(四氟化硅)+2H_2O$$
$$NaAlSi_3O_8(钠长石)+14HF+2H^+ \longrightarrow Na^++AlF_2+3SiF_4+8H_2O$$
$$KAlSi_3O_8(正长石)+14HF+2H^+ \longrightarrow K^++AlF_2+3SiF_4+8H_2O$$
$$Al_4(Si_4O_{10})(OH)_8(高岭石)+24HF+4H^+ \longrightarrow 4SiF_4+4AlF_2+18H_2O$$
$$Al_4(Si_8O_{20})(OH)_4(蒙皂石)+40HF+4H^+ \longrightarrow 8SiF_4+4AlF_2+24H_2O$$
$$CaCO_3(方解石)+2HF \longrightarrow CaF_2\downarrow+H_2O+CO_2\uparrow$$
$$CaMg(CO_3)_2(白云石)+4HF \longrightarrow CaF_2\downarrow+MgF_2\downarrow+2H_2O+2CO_2\uparrow$$

为了防止 CaF_2 和 MgF_2 沉淀的发生，一般在施工时首先泵入一定量盐酸作预处理液。

2. 反应产物的沉淀

酸化，尤其是砂岩酸化过程中最主要的问题就是酸岩反应的沉淀将产生伤害，在有氢氟酸的砂岩酸化过程中，地层中的一些沉淀是不可避免的。然而，对井的伤害主要取决于沉淀的数量和位置，这些因素可以通过合理的酸化设计得到控制。

砂岩酸化中最普遍的沉淀是氟化钙（CaF_2）、硅胶 [$Si(OH)_4$]、氢氧化铁 [$Fe(OH)_3$] 和酸渣。氟化钙是氢氟酸与方解石反应的产物，是高度不溶的，因此一旦碳酸盐与氢氟酸反应就会产生氟化钙沉淀，在盐酸、氢氟酸系统考虑采用足够的盐酸前置液可以阻止氟化钙沉淀。

在砂岩酸化中硅胶的沉淀不可避免，为了使硅胶产生的伤害最小化，以相对高的排量注入是较为有利的。除此之外,在施工完成之后残酸应立即返排,因为短期的关井将在井筒周围引起大量的硅胶沉淀产生。

当铁离子存在时,如果 pH 值大于 2,它们将以 $Fe(OH)_3$ 的形式从残酸溶液中沉淀出来。如果在残酸中出现大量的铁离子,应加入铁离子稳定剂阻止 $Fe(OH)_3$ 的产生。

在某些油藏中,原油与酸接触将产生酸渣,原油与酸的简单混合实验表明,当原油与酸接触时有形成酸渣的趋势。当酸渣成为需要解决的问题时,采用芳香族溶剂或表面活性剂可以用于防止沥青质沉淀。

二、酸液及添加剂

酸液及添加剂的合理使用,对酸处理效果起着重要作用,随着酸化工艺的发展,国内外现场使用的酸液种类和添加剂类型越来越多。酸液作为一种通过井筒注入地层并能改善储层渗透能力的工作液体,必须根据储层条件和工艺要求加入各种化学添加剂,以完善和提高酸液体系性能,保证施工效果。

酸液和添加剂的选择应符合以下几个要求:一是能与油气层岩石反应并生成易溶的产物;二是加入化学添加剂后,配制的酸液的化学和物理性质都可以满足施工要求;三是同地层矿物、流体配伍;四是施工安全、方便。

目前,添加剂品种和类型都在不断改进。最常用的主要添加剂有缓蚀剂、表面活性剂、防膨剂、铁离子稳定剂、稠化剂、助排剂、破乳剂、缓速剂、互溶剂和转向剂等。

酸液体系是酸化技术的核心部分,目前常用的酸液可分为无机酸、液体有机酸、粉状有机酸、混合酸或缓速酸等。对于中、高渗油田水井通常使用土酸、有机酸或土酸有机酸酸化来达到解堵增注的目的;对于低渗透油层油井水井则主要以有机酸酸化为主,均取得了较好的效果。

1. 常规土酸体系

土酸是砂岩酸化中最常用的酸液体系,即盐酸与地层中铁、钙质矿物的反应、氢氟酸与地层中的硅酸盐如石英、黏土、泥质等的反应。典型的配方为:(9%~12%) HCl+(0.5%~3%) HF+添加剂。常规土酸酸化解堵的优点在于溶蚀能力强,解堵、增注效果较好,动用设备少,施工成本适中,原料来源广;其缺点是酸液有效作用距离有限,腐蚀严重,易生成酸渣,引起二次伤害。

2. 氟硼酸体系

氟硼酸是一种缓速酸,它进入地层后能缓慢水解生成,可以解除较深部地层的堵塞。氟硼酸与岩石反应的速度比常规土酸慢,对岩石的破坏程度比土酸小,酸化作用距离较远。

3. 有机土酸体系

有机土酸由盐酸、氢氟酸、乙酸及多功能添加剂组成。有机土酸是弱酸,电离常数比盐酸小得多。在盐酸足量的情况下,有机土酸几乎不参与反应;当盐酸与储层矿物反应消耗后,有机土酸才与储层矿物缓慢反应,从而使氢氟酸的反应活性延长,增加了酸液的穿透距离,达到提高酸化效果的目的。有机土酸适用于解除因黏土膨胀、微粒运移造成的油层堵塞。

4. 固体硝酸体系

固体硝酸酸化解堵增注技术是针对二次加密注水井及低渗透注水井而研究的一项酸化解堵增注技术。此类井油层有效厚度小、黏土含量高，在开发过程中，由于各种因素堵塞，使地层近井地带渗透率下降，导致注水井吸水能力差、吸水层比例低。固体硝酸与其他添加剂有机结合产生协同效应，使工作液具有强酸性和强氧化性，与地层反应生成可溶性硝酸盐，可有效解除因钻井液、机械质、黏土伤害及有机质污染等造成的储层堵塞，不产生二次沉淀，对黏土矿物具有选择性溶解作用，并具备较好的黏土防膨性和稳定性，其防膨性比常规土酸高数倍。

5. 乳化酸

在乳化剂存在下，酸与油形成乳化酸。在稳定状态下，油外相将酸与岩石表面隔开，当达到一定条件后，乳化液被破坏，释放酸液，与岩石产生反应，从而达到使得酸液深穿透的目的。

6. 泡沫酸

泡沫酸实际上是一种酸外相的乳化酸，只是以酸为外相，气体为内相构成。不仅具有乳化酸的特点，而且还具有密度小、黏度大和机械性能好等特点，进入地层后，其扩散能力低、滤失量小。另外，泡沫酸与地层矿物反应后，气体游离于液体中，一方面覆盖在地层岩石表面，进一步延缓酸岩反应；另一方面，可将反应产物及时清除，从而为后来的酸液清除障碍，并在返排时携带反应产物流出井外。气体使得酸液体积增大，可增加酸液波及面积，且降低耗酸量。泡沫酸一般适用于石灰岩油井、重复酸化的老井及液体滤失性大的低压油层（视频7-4）。

视频7-4 泡沫酸酸化技术

7. 微乳酸

微乳酸是国外一种比较新颖的缓速酸（油包酸型微乳酸），其黏度很低，但其扩散速度比盐酸溶液低得多；并且由于是其以均相方式存在，故而稳定性远远优于乳化酸；酸颗粒更加细小，返排更加容易。微乳酸典型的酸液成分包括十二烷、盐酸溶液、阳离子表面活性剂及丁醇。微乳酸在北海低渗白垩灰岩的酸化中取得了较好的增产增注效果。

8. 多氢酸

多氢酸酸液体系是一种多元中强酸体系，在酸化过程中能逐渐释放 H^+，可以保持溶液的 pH 值在小范围变化，并且由于酸液体系的初始值较高，可减缓对管材和设备的腐蚀速率；多氢酸酸液体系具有缓速和水湿特性，对黏土的溶蚀率低，可实现地层深部解堵；多氢酸离解速度慢，与砂岩作用反应速度慢，具有良好的防垢和分散性能，可抑制硅酸盐在近井地带沉淀，有效避免解堵过程中的二次伤害。现场实验结果表明，多氢酸解堵增注效果明显。

三、酸化施工作业

酸化施工时应考虑以下几点：一是确定地层伤害的类型；二是液体的选择，即酸液的类型、浓度和用量；三是添加剂，即酸化过程中的其他化学剂，用于保护油管和提高酸化效果；四是泵注程序，即设计注入排量和注入流体的顺序；五是酸的分布和转向，提高酸与地层接触的范围。

制定合理的酸化工艺措施，必须准确判定施工井的伤害程度和伤害类型。固体颗粒对孔隙空间的堵塞、孔隙介质的机械破坏或物理风化、乳状液的生成、相对渗透率的变化等流体效应，都可引起地层的伤害。一般来讲，油水井在钻井和生产期间导致的伤害情况有钻井伤害、完井伤害、生产伤害、注入伤害等几种。

了解了地层伤害的类型后，通过对施工井地质结构、油层内黏土矿物种类、储层矿物成分、胶结物含量、油藏流体特性等进行调查分析，判定施工井存在以上哪一种或几种伤害，然后制定合理的酸化措施。

1. 酸化施工作业流程

1) 收集基本数据

基本数据包括完井基本数据、全井数据、酸化层段数据、以往注水及措施情况和配酸数据等。

2) 酸液用量的计算

酸液用量可根据处理半径、油层厚度和油层有效孔隙度来确定。其计算公式如下：

$$V=\pi(R^2-r^2)h\phi \tag{7-14}$$

式中　V——酸液用量，m^3；

　　　R——酸化半径，m；

　　　r——钻头半径，m；

　　　h——油层射开厚度，m；

　　　ϕ——油层有效孔隙度，$\%$。

3) 酸液用料的检测

酸化施工用盐酸、氢氟酸、硝酸、缓蚀剂、表面活性剂、防膨剂、稠化剂、助排剂、破乳剂及互溶剂等原材料及现场施工配制的酸液都需要严格检测，每一种用料检测都参照相应标准执行。

4) 酸液类型确定及选择施工工艺参数

根据施工井伤害情况，选择适应不同井层条件的酸液类型，确定施工压力、排量和关井反应时间等施工工艺参数。

(1) 施工压力。基质酸化挤酸压力不能超过地层破裂压力，由于酸化会降低地层的强度，酸的浓度和用量存在一个上限，泵入过程包括处理液和转向剂顺序和每一步的注入排量，设计方案可利用油田先前施工得到的经验规律。

(2) 施工排量。为满足各种流体类型的特定目的，可采用室内实验优化确定排量。

(3) 反应时间。不同酸液的关井反应时间根据室内岩心试验结果确定。

2. 酸化施工工艺

酸化工艺作为增产增注措施自应用于现场以来，为了满足不同改造对象和措施作业的要求，得到了不断完善和发展，形成了不同的类型酸化工艺。注水井酸化主要是进行基质酸化。为了满足不同的储层特性、污染类型及增产的实际需要，目前发展了多种砂岩酸化工艺，不同的工艺其不同之处主要体现在处理液和工序上。按其注入处理液的类型及能否实现深穿透可分为常规酸化和深部酸化技术，不同的工艺其注液顺序也不同。

1) 常规土酸酸化

常规土酸酸化是用常规土酸作为处理液的酸化工艺，也是使用时间最早，也是最为典型的砂岩酸化工艺。该酸化工艺用液包括：前置液（preflush fluid）、处理液（treating fluid）、后置液（overflush fluid）和顶替液（displacement fluid），一般注液顺序为：注前置液→注处理液（土酸）→注后置液→注顶替液。

（1）前置液。

一般用3%~15%HCl作为前置液，具有以下作用：

① 前置液中盐酸把大部分碳酸盐溶解掉，减少CaF_2沉淀，充分发挥土酸对黏土、石英、长石的溶蚀作用；

② 盐酸将储层水顶替走，隔离氢氟酸与储层水，防止储层水中的Na^+、K^+与H_2SiF_6作用形成氟硅酸钠、钾沉淀，减少由氟硅酸盐引起的储层污染；

③ 维持低pH值，以防CaF_2等反应产物的沉淀；

④ 清洗近井带油垢（加些高级溶剂清洗重烃及污物）。

（2）处理液。

在每一个施工中处理液（土酸）主要实现对储层基质及堵塞物质的溶解，沟通并扩大孔道，提高渗透性。

（3）后置液。

后置液的作用在于将处理液驱离井眼附近，否则，残酸中的反应产物沉淀会影响油气产能。一般后置液采用5%~12%HCl，NH_4Cl水溶液或柴油。

（4）顶替液。

顶替液一般是由盐水或淡水加表面活性剂组成的活性水，其作用是将井筒中的酸液顶入储层。

2) 砂岩深部酸化工艺

砂岩深部酸化是为获得较常规酸化工艺更深的穿透深度而开发的工艺，其基本原理是注入本身不含HF的化学剂进入储层后发生化学反应，缓慢生成HF，从而增加活性酸的穿透深度，解除黏土对储层深部的堵塞，达到深部解堵目的。其主要包括自生酸酸化（SHF）工艺、自生HF酸化（SGMA）工艺、缓冲调节土酸（BRMA）工艺、氟硼酸（HBF4）工艺及磷酸酸化工艺等。

酸化工艺还可以按照作业原理分为解堵酸化和深穿透酸化；按施工压力分为基质酸化（包括普通酸化、强排酸化和二级酸化）和压裂酸化；按酸化对象分为笼统酸化和分层酸化；按作业方式分为动管柱酸化和不动管柱酸化；按施工所用酸液体系分为土酸酸化、新型土酸酸化、乳化酸酸化、胶束酸酸化、稠化酸酸化、缓速酸酸化、热化学酸化、防酸敏土酸酸化、硝酸酸化（粉末硝酸酸化和液体硝酸酸化）和聚合物解堵。

酸化主要施工工序包括：探砂面、冲砂压井；起原井、下酸化管柱；洗井；试压；挤酸；替挤；关井反应；残酸返排等。

四、酸化施工井的效果分析

酸化施工井效果分析可分施工前、施工时和施工后三个阶段。每一阶段的分析对施工的成功和增产与增注措施的经济效果都是非常重要的。

1. 施工前

增产增注作业前，可进行系统试井，测量油藏压力、渗透率和表皮系数。表皮系数为正值表示井筒有伤害，改善时表皮系数为负值，当井未伤害时表皮系数等于零。目前常通过井史资料及油水井生产情况、连通状况、依靠选井选层原则，确定伤害类型，采取相应解堵措施。

2. 施工中

最近几年，已开发了确定处理过程中表皮系数变化的技术，目前常利用施工曲线检查施工是否达到工艺要求。

解堵现象在施工曲线上的反应特点是：施工初始期，在一定排量下，挤酸压力会上升到一定值，然后压力突降，呈解堵反应。这种曲线表明酸化起到了沟通裂缝的作用，酸化效果一般比较理想。如果施工初始到结束，在一定排量下，挤酸压力一直上升，一般表明施工效果不明显。

3. 施工后

酸化后，井投入生产就需做详细记录，若油井增产幅度较高，水井增注，则初步表明酸化成功。同时应对油井返排液进行取样分析，在最后分析中，增产带来的收入在除去增产费用之后可接受，则认为施工是成功的。

第四节 物理法增注技术

在油田注水过程中，由于注入水中的微小颗粒及细菌被带入地层，造成堵塞，使注水量下降。常规的油层改造措施（如压裂、酸化等）作业成本高，不能满足低渗透油田增注需要。物理法处理油层技术是近几年来在油田上应用的一项解堵增注新工艺，具有工艺简便、作业成本低、有利于提高低产低渗油田开发的经济效益等优点。

矿场应用的物理法增注技术主要有磁增注技术、超声波增注技术、水力振动解堵增注技术。

一、磁增注技术

1. 磁增注机理

注水井注入量下降的主要原因是注入水中存在的堵塞物造成油层孔道堵塞，降低了油层的渗透性。磁增注就是应用磁场对注入水进行处理，减少不利因素的危害，恢复油层渗透性，增加注水量。试验表明，注入水经过磁场处理后，发生一系列有利于增注的变化，增注是这些变化综合作用的结果之一。

1）增溶作用

当注入水流过磁场时，一方面，水及水中各种物质在磁场的作用下，一部分氢键被破坏，部分缔合状态的水分子被拆散为单个水分子，单个水分子间的相互作用力减小，分子的化学活性增强，表现之一是对溶质表现出较大的溶解力。另一方面，难溶物质在磁场中也受到磁场的作用，这种作用使溶质分子受到不同程度的极化而产生一个附加偶极，在结构上更接近于极性水分子。根据结构相似较易溶解的原理，这些难溶物经磁场处理后，在水中的溶解度将增大。

对碳酸钙等几种物质的测定表明，磁化水比未磁化水溶解能力增大15%~50%，磁化水中悬浮颗粒的粒径大小和形态均发生了明显的变化。

磁化水溶解能力的增大能使已经堵塞的油层孔隙中的堵塞物和油层中的黏土矿物部分溶解，在一定程度上对油层孔道起着疏通的作用。

2）抑制黏土膨胀和分散

磁化水溶解能力增大，使水中悬浮的固体颗粒溶解，增大了水中离子浓度。特别是带电荷多的Ca^{2+}、Mg^{2+}阳离子浓度增大，能有效抑制油层中黏土矿物的膨胀和分散。因为黏土由一些微小的粒晶组成，其基本结构单元为片状，带负电、相互排斥。水中离子进入这些结构单元，与黏土晶格上的Na^+发生交换作用，减少了黏土的结构单元之间和晶粒之间的斥力，则可抑制黏土的膨胀与分散。Ca^{2+}、Mg^{2+}等高价阳离子浓度越大，这种作用越显著。

将相同体积的同样岩心分别浸泡于磁化水和未磁化水中5d，结果表明，浸入在未磁化水中的岩心膨胀率为19.4%，而且岩心有松散现象，放在磁化水中岩心的膨胀率仅为11.4%，且岩心完整，无松散现象。

3）抑制细菌生长

实验测定磁化水中的细菌比未磁化水中少60%~70%，因此减轻了微生物新陈代谢产物对油层孔道的堵塞。

4）界面能降低

试验数据表明，注入水经磁场处理后表面张力降低6.3%~20%，润湿减少21.1%~23%，改善了水在油层中的流动性，使其易于注入地层。

5）降低腐蚀产物的堵塞

现场挂片试验证明，磁化水对注水系统的腐蚀速度比未经磁处理的情况低，未磁化水对试片的腐蚀速度为141.68μm/a，而磁处理水为121.92μm/a，降低19.76μm/a，减少了腐蚀产物对油层的堵塞。同时，注入水流经磁场时，水中的铁性物质被吸附，减少了水中堵塞物，起到一定的净化水的作用。

2. 磁增注工艺

1）磁增注装置结构

为了从水中分离出含铁化合物的机械杂质，人们设计了过滤器型的磁装置，直接安装在注水管线上。

该装置的结构如图7-7所示。带法兰的导磁型的圆柱形外壳1与抗磁心轴2相连接。在抗磁芯轴2上有导磁帽3加固,在导磁帽3上借助于螺纹连接抗磁杆4,在抗磁杆4上装有磁元件5,磁元件5的各异性极彼此对着。为了延长使用期限,在磁元件表面用聚合物涂料保护起来。在磁元件之间安装抗磁的轴套6,起固定作用。带有磁元件5的抗磁杆4加固在导磁帽3上,成45°~120°的角度分布,角度与磁元件的数量及外壳1的外径有关。角度、磁元件数、杆和外壳的直径之间比例关系列在表7-2中。导磁帽3和杆布置在轴上,因为要保证磁元件之间的间隔,上下两帽之间的距离不能超过5~15mm的范围。在抗磁杆4上,每个下面的导磁帽相对上面的导磁帽要小一些,这样的抗磁杆4的分布可以在整个外壳包围的体积内建立起多梯度磁场。这样,不仅仅是磁极平面可以有效地利用,而且磁元件的侧表面也可以有效地利用。

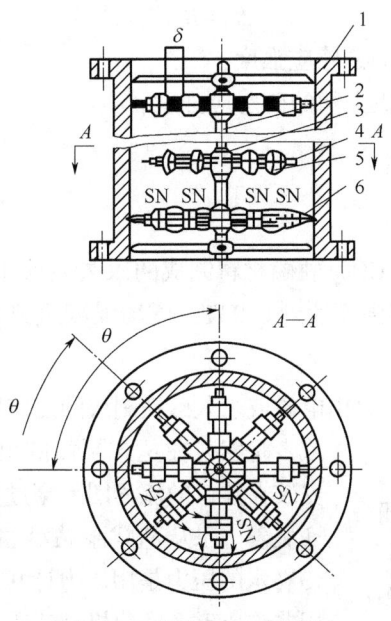

图7-7 磁增注装置结构图

1—外壳;2—抗磁心轴;3—导磁帽;4—抗磁杆;5—磁元件;6—轴套

表7-2 角度、外壳直径、杆数、磁元件数的关系

固紧角,(°)	外壳直径,mm	在帽上的杆数,个	磁元件数,个
45	300~400	8	2~4
60	200~350	4	2~3
90	150~200	6	1~2
120	100~150	3	1

在不均匀的磁场中投向磁元件粒子体积V,起作用的力为:

$$\partial F_x = XB \frac{\partial B}{\partial x} \partial V \tag{7-15}$$

$$\partial F_y = XB \frac{\partial B}{\partial y} \partial V \tag{7-16}$$

$$\partial F_z = XB\frac{\partial B}{\partial z}\partial V \tag{7-17}$$

式中 X——粒子的容积磁化率；

B——磁场感应矢量。

磁通势下的作用力（有质动力的力）为：

$$F_M = 0.5XV\nabla B^2 \tag{7-18}$$

质点偏转到该磁场的梯度方向并固着在磁极表面。

为了有效地分离出铁（二价铁）和顺磁粒子，即磁特性大不相同的粒子，必须在容积内建立最大的磁场感应梯度强度。因此，在杆上安装磁元件时极间距离 σ 递减为 $25\sim1.5$mm。在这种状态时，垂直于两极表面的感应场分布为：

$$B_y = B_o e^{\frac{n}{\sigma}y} \tag{7-19}$$

式中 B_o——在磁元件表面的磁感应强度；

B_y——距离为 y 时磁极上面的磁感应强度；

$\dfrac{n}{\sigma}$——非均质性系数；

σ——极距。

使用圆柱形的由 $A1NiCuCO_{24}$ 硬磁材料制成的永久磁铁作为磁元件，当两极之间的间隙为 1.5mm 时，最大磁感应强度达到 0.23T，磁场强度达到 184kA/m。

2) 磁增注工艺

注水井注入水的磁化装置是由电磁或永久磁铁制成的磁装置。该装置安装在井口管线上或者是安装在丛式泵站的出口管线上。图 7-8 是磁装置安装在井口的流程图。穿过旁通管线，磁装置相互平行地安装着。水从丛式泵站沿注入管线 14，通过打开的阀门 13（水的压力是用压力计 9 来计量）到达磁装置 8。在此用非均质磁场净化机械杂质。然后，被净化过的水通过打开的阀门 4 与 3 沿井身 1 和油管 2 向井底输送。同时球阀 6 和阀门 11 及 12 关闭。含铁化合物杂质逐渐积累在磁元件表面导磁装置区段，水力摩阻增加。由标准压力计 5 反映出压力差的增加。沉淀物的积累最后使磁极"短路"。磁场强度和杂质分离效率降低。从球阀 7 与 10 取样来检查机械杂质的量可以查明水净化效率低的原因及时间。为了还原磁元件表面，阀门 4 半封闭 $5\sim6$min，而球阀 6 打开，在 $0.3\sim0.6$MPa 的压差下排放，在水压头下沉；沉淀物通过球阀 6 的堵头从磁元件上冲走，还原过程结束后，水仍按原先的流程注入。

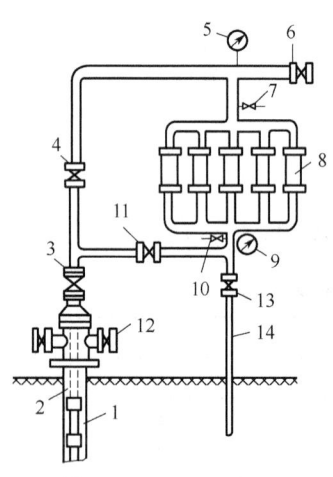

图 7-8 注水井井口装备流程图
1—井身；2—油管；3,4—阀门；5—压力计；6,7,10—球阀；8—磁装置；9—压力计；11,12,13—阀门；14—注入管线

根据磁增注机理，其增注效果是水流经磁场处理后，发生溶解能力增大、流动性变好、抑制微生物生长、降低腐蚀速度等多种有利于增注

的综合作用。这些状态改变是渐变的、微小的，不像压裂、酸化、洗井等常用增注措施那样，在短期内表现出注水量成倍增加的效果，而是缓慢地、渐变地增加。现场试验表明，采用磁增注后注水井一般要在 1~3 个月后才见效，而且注水效果是逐步增加的。因此，在评价磁增注效果时，在评价时间和评价方法上都应考虑磁增注的这一特点。

二、超声波增注技术

1. 超声波增注机理

超声波增注是用超声波对注入水进行处理，声波与注入水耦合，提高水的溶解能力，使水中物质的结晶变小，同时由于超声波能产生空化效应，能使注入水的表面张力下降，毛细管现象减少，流动性增强，注入水以波动形式输出，对地层产生冲击，在一定程度上解除地层伤害，从而起到增注的作用。

1）超声波的增溶性能

介质在水中的溶解主要是水分子与离子或有极性的分子相互作用的结果。这些离子在水中与水的结合状态，如图 7-9 所示。在离子周围水分子的排列可分为四层结构。

图中 A 层为化学水化层，该层的水分子直接与离子作用，水分子在离子电场作用下完全定向，并与离子牢固结合。结合的水分子数目不受温度的影响，可随离子一起运动。B 层为物理水化层，该层与离子的相互作用较弱，只有部分分子随离子运动，其分子数随温度等外界条件变化而变化。C 层为无序层，也称过渡层。它将有序的 A、B 层与液相中的分子分开，与离子有很弱的作用。D 层为液相水层。在此结构中，A 层只有单层水分子，这层的介质水通过静电和化学键的作用，各层的水分子相互交换，即不是完全稳定的。当经过超声波处理后，离子周围的水化层各分子间水分子脱离水化粒子的势力范围，成为自由水，这样就增大了介质的溶解度。

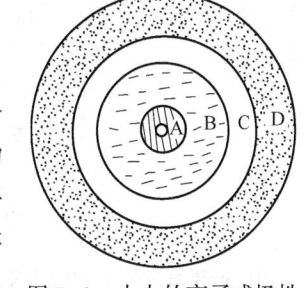

图 7-9　水中的离子或极性分子与水的结合状态

2）超声波处理对结晶的影响

通过对钠、钙、镁等盐类的结晶显微分析，发现其形态大小有明显变化。这是由于超声波作用后，粒子的水化层变薄，当达到临界条件时，容易形成晶核，晶核同时生长，最终形成细长的结晶。如水中的 $CaCO_3$ 经过超声波作用后，形状由原来的四方晶体转化为不规则的无棱晶体，其体积减小为原来的 $10^2 \sim 10^3$ 倍。

3）超声波的空化效应

空化效应就是指经超声波处理后弥漫于液体中的气泡，在随液体流动的过程中，气泡不断破灭，从而产生冲击和振动，使注入水以波的形式输出，不断冲击地层，使地层结构发生疲劳损坏，在一定程度上解除了地层伤害，达到增注的作用。

由于超声波具有增溶、抗结晶和能产生空化效应三种作用，能增加对地层孔隙中可溶物质的溶解，增大地层孔隙，水中所含离子更难析出，结晶体减小，减轻了对地层的次生堵塞，同时由于空化效应的作用，易使地层结构发生疲劳破坏，产生微裂缝，起到了疏通渗流孔道和解堵增注的作用。

2. 超声波增注工艺

超声波增注装置由声波发生器、压电换能器和传输电缆三大部分组成。其性能指标如下：

(1) 供电电源：220V±15%，频率 50Hz；
(2) 输出功率：500~1000W，可调；
(3) 工作方式：连续长期在线工作；
(4) 控制方式：自动定时切换；
(5) 耐介质温度：0~100℃；
(6) 耐介质工作压力：大于 20MPa；
(7) 处理流量：$10m^3/min$。

其现场安装工艺流程如图 7-10 所示。现场试验表明，在相同的注入压力下，注水量均增高。

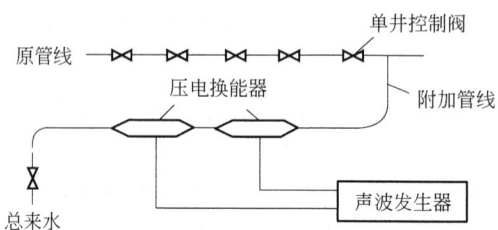

图 7-10　超声波增注的现场安装工艺流程图

由于超声波是一个缓进渐趋平稳的过程，因此，由超声波处理产生的增溶结晶和空化效应是一个缓变的过程，决定了它不可能像酸化、压裂等措施那样见效快。另外，该技术可防止地层次生堵塞，持续时间较长。

三、水力振动解堵增注技术

1. 水力振动解堵机理

振动来自物质的运动，固体物质的机械运动也会产生振动，并在周围介质中以波的形式传播，流体的运动也会产生振动，也能以波的形式在介质中传播。

腔形结构体在外力作用下会诱发周期性剧烈的自激振荡，产生辐射波。水力振荡器即采用 Helmholtz 轴对称空腔，使其在射流作用下产生高频压力脉冲振荡。图 7-11 是 Helmholtz 水力振动器示意图。

如果一股稳定的连续高压射流由喷嘴 d_1 射入，穿过轴对称腔室后，经喷嘴 d_2 喷出，腔内径 d 比射流直径大得多，因此腔内流体的流速远小于中央射流速度，在射流与腔内流体的交接面上存在剧烈的剪切运动。

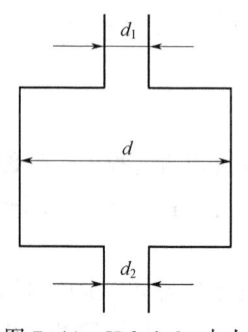

图 7-11　Helmholtz 水力振动器示意图

射流剪切层内的有序轴对称扰动与喷嘴 d_2 的边缘碰撞时，产生一定频率的压力脉冲。在此区域内引起涡流脉动。剪切层的内在不稳定性对扰动具有放大作用，但这种放大是有选择的，仅对一定频率范围的扰动有放大作用。经过放大的扰动向下游运动，再次与喷嘴 d_2 的边缘碰撞，又重复上述过程。碰撞产生扰动的逆向传播实际上是一种反馈现象。因此上述过程构成了一个信号发生、反馈、放大的封闭回路。从而导致剪切层的大幅度振动，甚至波及射流核心，在腔内形成一个脉冲压力场，从喷嘴 d_2 喷出的射流速度、压力均呈周期性变化，从而形成脉冲射流。射流直接冲击地层，使堵塞油层的物质松动、脱落，从而达到解堵增注的目的。

2. 水力振动的参数选择

1) 水力振动解堵的数学模型

在油层需要解堵的井段，由振动器形成的具有一定能量和频率的振动波通过射孔井段的孔隙通道在井液中向油层深部传递。其振动能量的损失主要有三个方面：一是液体的内摩擦；二是振动能量转变为热能的损失；三是液体与孔道壁摩擦而造成的能量损失。前两者与后者相比是相当小的，因此采用水动力学连续性方程：

$$-\frac{\partial p}{\partial x} = \rho \frac{\partial u}{\partial l} + \rho \alpha u^2 \tag{7-20}$$

$$-\frac{\partial p}{\partial t} = C\rho \frac{\partial u}{\partial x} \tag{7-21}$$

式中　p——静水压力，MPa；

　　　u——速度，m/s；

　　　x——振动波传播距离，m；

　　　t——时间，s；

　　　ρ——液体密度，kg/m³；

　　　C——液体中的声速，m/s；

　　　α——系数，一般流动中，$\alpha=1.05\sim1.1$，工程计算中取 $\alpha=1$。

对于孔隙介质，水力阻力系数 A 为：

$$A = 2\mu\phi\sqrt{\phi/K}/v_\phi \tag{7-22}$$

孔隙通道的水力半径 δ，对于圆形通道有：

$$\delta = 0.5r = A/S \tag{7-23}$$

式中　μ——液体运动黏度，m²/s；

　　　ϕ——岩石孔隙度；

　　　v_ϕ——渗流速度，m/s；

　　　K——岩石渗透率，m²；

　　　A——液流截面，m²；

　　　S——被润湿的周长，m。

对于水力振动波可以近似地简化为谐波，则：

$$u = Ue^j\omega^i \tag{7-24}$$

式中　U——振动波的位移振幅，m；

　　　ω——振动波的频率，Hz。

将式(7-22)、式(7-23)、式(7-24)代入式(7-20)和式(7-21)，应用傅里叶变换，求微分得：

$$-\omega^2 U + jn\omega U = C^2 \frac{\mathrm{d}^2 U}{\mathrm{d}x^2} \quad (7-25)$$

$$n = \frac{v_\phi}{2r}\sqrt{\phi/K} \quad (7-26)$$

边界条件为：当 $x=0$、$U=U_0$ 时，$\mathrm{d}U/\mathrm{d}x=0$。$U_0$ 为孔隙通道入口处由水力振动器激发的交变位移振幅。

利用拉普拉斯变换和代数运算，可得式(7-25)的解为：

$$U_{(x)} = U_0 \sqrt{\sin^2 ax + \cos^2 bx} \cdot \exp(-\tan ax \cdot \tan bx) \quad (7-27)$$

由于 $U_{(x)}/U_0 = p(x)/p_0$，则：

$$p(x)/p_0 = \sqrt{\sin^2 ax + \cos^2 bx} \cdot \exp(-\tan ax \cdot \tan bx) \quad (7-28)$$

其中 $a = \frac{\omega}{C\sqrt{2}}\sqrt{1+\left(\frac{n}{\omega}\right)^2}$，$b = a+1$。

2) 水力振动的参数选择

(1) 振动频率的选择。根据上面推导的数学模型，以某油田为例，取各项平均值：运动黏度取 $654000\mu m^2/s$，平均孔隙喉道半径取 $1.38\mu m$，振动波在液体中的传播速度取 $1500m/s$。则不同振动频率下 $p_{(x)}/p_0$ 同 x 的关系如图7-12所示。可以得出：当振动频率大于 $10^5 Hz$ 时，振动波向地层渗入的有效深度不超过3cm；当振动频率在 $10^4 \sim 10^5 Hz$ 时，振动波向地层渗入的有效深度为 $3\sim 10$cm；当振动波在 $10^3 \sim 10^4 Hz$ 之间时，渗入地层的有效深度为 $10\sim 30$cm；当振动频率小于100Hz时，渗入地层的有效深度大于100cm。可见振动频率越高，能量越集中，有效波渗入深度越小；振动频率越低，有效波渗入深度越大。针对具体的水井，应根据其伤害的深度来选择振动频率。该油田的压裂数据表明其伤害的深度为 $10\sim 100$cm 之间，因此，其振动频率可选择为 $10^2 \sim 10^4 Hz$ 之间。

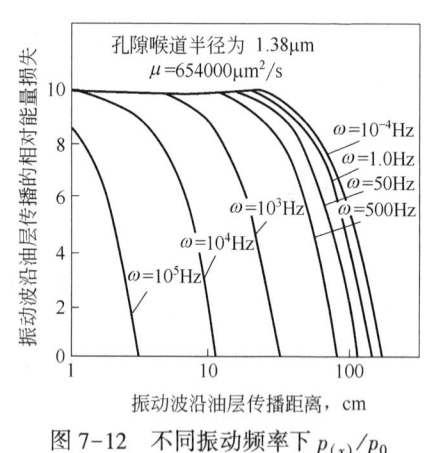

图7-12　不同振动频率下 $p_{(x)}/p_0$ 与 x 的关系

(2) 振动压力的选择。振动压力包括振动器激发出的最高压力和最低压力，其大小一方面由振动器本身结构所决定，另一方面由注水泵的出口压力和井深所决定。但最高压力不得超过地层的破裂压力，以免造成新的油层伤害。

(3) 振动工作液的选择。从数学模型表达式可看出：①工作液的黏度与 n 及 a、b 成正比，与 $p_{(x)}/p_0$ 成反比，因此，工作液黏度越小，相对振动能量损失 $[1-p_{(x)}/p_0]$ 就越小；②工作液的密度越小，振动波在工作液中的传播速度越大，从而 a、b 的值变小。所以工作液的选择应该是黏度和密度越小越好。选择注入水为工作液最好，一边振动解堵，一边继续注水。

（4）作业井的选择。一般当油层埋藏较深、油层压力较高、射孔井段与油层井段一致时，振动解堵效果最佳。如果用注入水作工作液，油层压力必须高于静水柱压力，这样，被振开的堵塞物才有可能从油层流到井筒而被举升到地面。

3. 水力振动解堵的施工步骤

水力振动解堵可单独作为增注措施应用，也可同酸化解堵一起使用，即先酸化后振动。振动解堵工艺施工步骤如下：

（1）起出井中所有的管柱，冲砂至人工井底；

（2）依次下入单流阀、水力振动器和封隔器至油层顶部；

（3）用水泥车开始振动，从油层顶部开始每 2m 振动 10min，待振动完油层底部后彻底反洗井，把振动下来的堵塞物洗出井筒；

（4）起出振动管柱，按设计要求下入注水管柱。

水力振动解堵技术是一项解除井壁堵塞比较经济而有效的方法。选择具有不同振动频率和振幅的水力振动器，以及确定工作液性能是决定解堵效果的关键。

思考题

1. 注水井欠注的主要原因有哪些？
2. 分析注水引起储层不同的敏感性因素。
3. 简述注水井压裂增注机理。
4. 主要的压裂增注技术有哪些？
5. 简述酸岩反应机理。
6. 简述常用的酸液添加剂及其作用。
7. 简述常用的酸液体系及其适用地层条件。
8. 简述矿场应用的主要物理法强化注水技术及其增注机理。

参考文献

[1] Barkman J H, Davidson D H. Measuring water quality and predicting well MPairment [J]. Journal of Petroleum Technology, 1972, 253: 865-873.

[2] Abrams A J. Mud design to minimise rock iMPairment due to particle invasion [A]. SPE5713, 1977.

[3] 周莉，杨敏，马俊杰，等. 吴起作业区欠注井治理对策 [J]. 中国石油和化工标准与质量，2013 (13)：146-147.

[4] 孙风平，杜建省，马传斌，等. 临南油田欠注井原因分析及治理对策 [J]. 内蒙古石油化工，2011 (3)：45-46.

[5] 王鸿勋. 水力压裂原理 [M]. 北京：石油工业出版社，1987.

[6] 王鸿勋,张士诚.水力压裂设计数值计算方法[M].北京:石油工业出版社,1998.
[7] 雷群."缝网压裂"—一种新的提高低/特低渗透油气藏改造效果的技术方法探索研究[A]/2008年低渗透油气藏压裂酸化技术新进展[C].北京:石油工业出版社,2008.
[8] 王志云.氮气泡沫在油气井排液中的应用[J].科技信息,2009(35):1056-1057.
[9] Acha,张文玉.低压井的泡沫压裂[J].油气田开发工程译丛,1989(10):22-26.
[10] 朱建峰,李志航,管保山.液氮伴注压裂工艺技术研究与应用[J].低渗透油气田,1999(3):74-76.

第八章
油田水监测与治理

　　油藏一旦投入开发，地下油水就处于运动状态，注水开发的油藏更是如此。为了及时掌握地下的这种动态变化情况，在油田开发的全过程中，就要运用各种监测手段和技术方法，测取油层的压力、油水井的分层出油和吸水剖面、油水运动和油层水流特征及井下技术状况等动态资料，为油藏动态分析和开发调整提供依据。

第一节　井下压力监测

一、井下压力监测的意义和监测系统的部署

　　油藏在开发过程中，油藏内流体不断运动，流体分布发生变化，而这种变化取决于油层性质和油层压力。对于注水开发的油藏，一般来说都保持有较高的油层能量，但由于油层的非均质性，导致压力在各个平面上的分布极不均衡，从而造成注水波及在各个方向上极不均匀，最终导致局部地区的地层压力极高，该地区的采出程度特别高但油井含水上升快；在其他一些地区的地层压力比较低，该地区的采出程度特别低并且油井动用程度也比较差。因此，研究分析油层压力的变化是十分重要的。

　　压力监测是靠油水井测压与油水井系统试井来实现的。在油田开发过程中，要求在油藏开发初期就测得油藏的原始油层压力，绘制原始油层压力等压图，以确定油藏的水动力学系统。开发以后，按一定的间隔时间（一般为半年），选三分之一具有代表性的采油井作为定点测压井，定期重复测定油井油层压力，绘制油层压力分布图。这样，通过不同时期的压力对比，可以比较简单又直观地了解油层压力的重新分布和变化情况。同时根据每月测得的流动压力，还可监测油井的生产压差和产油、产液指数变化情况。对于注水井，必须有30%的井每年测地层压力一次，主要用于监测注采压差和吸水指数的变化。

　　在油层压力监测中，除了监测油层压力的变化外，系统试井也非常重要。系统试井是

通过人为地改变油、水井工作制度，测得在各种工作制度下相对稳定、准确的采油指数、吸水指数、油层破裂压力，最终确定较为合理的工作制度。

油层压力监测主要通过井下压力计测压来实现，根据测得的压力恢复曲线求得压力资料和其他试井资料。

二、井下压力测试技术

目前国内外广泛应用的井下压力测试技术主要分为不定期压力监测技术和永久式井下压力监测技术。其中，不定期压力监测应用最为广泛的是直读式测压技术和存储式测压技术。直读式测压技术采用电缆测试车将直读式生产测试仪下入油井测试层段，通过地面供给井下仪器电源，井下仪器将检测的压力值通过电缆传输到地面测井仪进行处理，并具有记录、显示、打印、绘图和处理等功能。存储式测压技术采用钢丝绞车将存储式压力计下入油井测试层段，压力计由自带电池供电，按内置软件设定的采样程序和间隔对井下压力进行检测，其测量数据存储在仪器存储器中，测试完后，钢丝绞车将仪器取出，通过专用软件读取压力计存储器中的数据，并进行相应的处理，是一种较为先进的测压技术。但是不定期压力监测技术也存在一些问题，一方面是不定期测试导致资料间断、不完整，资料连续性、可对比性差，其在生产实践中难以应用；另一方面，油井起泵测压要增加作业成本，测试值不能反映油井正常生产状态下井下压力变化情况，压力资料的可靠性较差，并不能真实反映地层压力。

永久式井下压力监测技术是将压力计连接到生产管柱上一起下井，并长期置于井下，对井下压力长期实施监测的测试技术，主要包括毛细管测压技术、PSI 井下测温测压技术、PDMS 永久井下压力监测技术。毛细管测压技术是将充满液氮的专用毛细钢管绑在生产管柱上一起下入井中，井下压力由毛细管传至井口，在井口由高精度的压力探头和变送器进行测量。该方法一般用于监测井下单点压力变化，而且毛细钢管需充满液氮，施工和维护工艺比较复杂，操作不方便。PSI 井下测温测压技术适用于电泵抽油井的井下压力测量技术，压力计组装在电泵上随电泵一起下井，它利用电泵的高压直流电源作为井下压力温度测量电路的工作电源，并且测量信号耦合在动力线上传输到地面，再由地面仪表分离处理出压力温度信号，达到井下压力长期监测的目的。PDMS 永久井下压力监测技术由加拿大先锋石油公司研制开发，主要由井下和地面两部分组成，井下部分由电子压力计、特殊电缆、电缆保护器组成，绑在生产管柱上一起下入生产井中，通过压力计中高精度的传感器感应井下的压力和温度，并将经过处理的压力、温度信号经电缆传至地面。PDMS 永久式井下压力监测技术解决了不定期压力监测方法压力监测资料不完整的缺陷，能连续测试油井正常生产状态下压力实时变化情况。但我国用于长期监测井下压力的永久式压力监测系统均采用进口的设备，价格昂贵，单井成本一般在 80 万元以上，对于大多数产量较低的陆上油井，其应用受到极大的限制。

三、系统试井资料的整理及应用

系统试井又叫稳定试井，就是利用通过改变井的工作制度测出各个工作制度下的稳定产量和与之对应的压力等资料。其原理就是在短时间内改变油井的工作制度，流动压力和产量将会改变，但地层压力将保持相对稳定。基于这个原理，只要测出两种工作制度下的流动压力和产量，那么就可以较容易地求取油井的地层压力和其他参数。

1. 系统试井资料的整理

通过改变不同的工作制度，测得相应的产油量、油气比、含水量、流动压力、含砂量，关井测静压，一次系统试井即结束。将所取得各项资料列成表（表8-1），据此可绘制出系统试井曲线（图8-1），同时还可绘制油井指示曲线（图8-2）。

表 8-1　某井系统试井数据表

油嘴直径 mm	产油量 t/d	气油比 m³/t	含水率 %	流动压力 MPa	含砂量 %
2.5	2.0	250	2.5	4.0	0
3.0	4.0	225	5.0	3.5	0.2
3.5	6.0	220	5.0	3.0	0.2
4.0	6.8	250	8.0	2.0	1.0

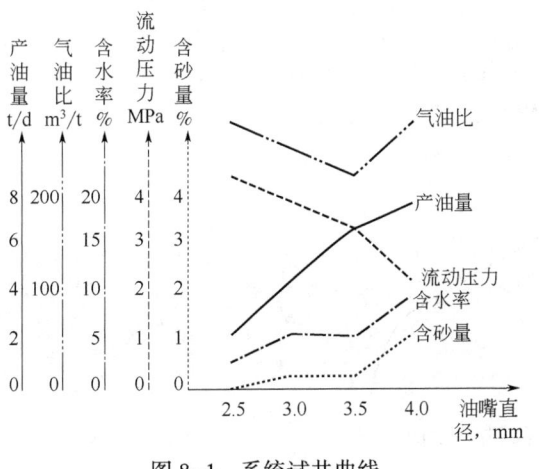

图 8-1　系统试井曲线

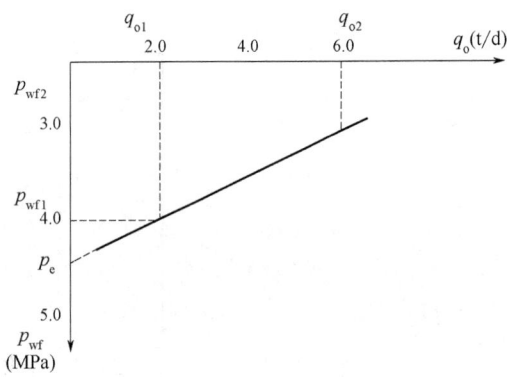

图 8-2　油井指示曲线

2. 系统试井资料的应用

1) 确定油井地层压力

只要确定改变工作制度前后油井稳定的产量和流动压力，就可以用图解法确定地层压力，即在普通坐标纸上以横坐标表示产量 q_o，纵坐标表示流动压力 p_{wf}，标出不同工作制度时的产量和流动压力，然后将两交点连成一条直线，使之延长交于纵坐标，纵坐标上的这个交点所代表的压力即为所求的地层压力（图8-2）。当放大油嘴时，即 $q_{o2}>q_{o1}$ 测出的 $p_{wf2}<p_{wf1}$。也可利用如下公式直接计算出油井油层压力：

$$p_e = p_{wf2} + \frac{q_{o2}}{(q_{o2}-q_{o1})}(p_{wf1}-p_{wf2}) \tag{8-1}$$

式中　p_e——油井地层压力，MPa；

p_{wf1}——小油嘴时井底流动压力，MPa；

p_{wf2}——大油嘴时井底流动压力，MPa；

q_{o1}——小油嘴时稳定产量，t/d；

q_{o2}——大油嘴时稳定产量，t/d。

如果油嘴由大到小试井，上述公式中 p_{wf1}、q_{o1} 与相应的 p_{wf2}、q_{o2} 的位置相互倒换即可。

2）确定油井采油指数

油井采油指数又称油井产率，是指油井单位压降下的日产油量，即：

$$J_o = q_o/(p_e - p_{wf}) = q_o/\Delta p \tag{8-2}$$

或用油井系统试井指示曲线（q_o—Δp）直线段斜率表示（图8-3），公式表示为：

$$J_o = \tan\alpha \tag{8-3}$$

式中　p_e——油井地层压力，MPa；

　　　p_{wf}——小油嘴时井底流动压力，MPa；

　　　q_o——日产油量，t/d；

　　　J_o——采油指数，t/(d·MPa)；

　　　Δp——生产压差，MPa。

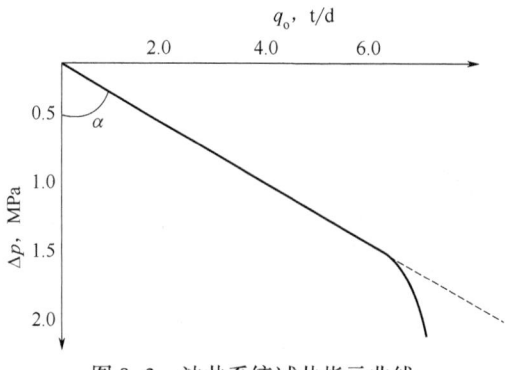

图8-3　油井系统试井指示曲线

采油指数曲线为直线段，说明采油指数为常数。

在动态分析中，经常用采油指数与油层有效厚度的比值来表示产油能力的大小，称为单位厚度采油指数。

3）确定油层渗透率

油层渗透率可由裘皮公式求得：

$$K = 4.24 \times 10^{-3} q_o \mu \lg(r_e/r_w)/(h\Delta p) \tag{8-4}$$

式中　K——地层渗透率，μm^2；

　　　μ——地层原油黏度，mPa·s；

　　　r_e——井的供油半径，m；

　　　q_o——日产油量，m^3/d；

　　　r_w——井的半径，m；

h——地层有效厚度，m；

Δp——生产压差，MPa。

4）选择油井合理工作制度

选择油井合理工作制度需要综合考虑油井稳定试井曲线组合的特点。油井合理工作制度的标准是：产量高、流动压力高、气油比低、含水率低和含砂量低。总之要求油井消耗能量最小、生产能力最大。

四、压力恢复曲线的基本形态及应用

压力恢复曲线是油井关井后，地层内流体不稳定运动引起压力变化的具体反映。因此对关井后连续计量到的压力资料进行整理，便可计算出油层压力及油层的一些重要参数。

1. 压力恢复曲线的基本形态

测压力恢复曲线，其主要目的在于求得压力在油层内的传播速度，即反映油井关井后井内压力恢复的速度。一般井的压力恢复曲线都表现为开始恢复快、以后恢复慢、最后平稳下来（图8-4）。

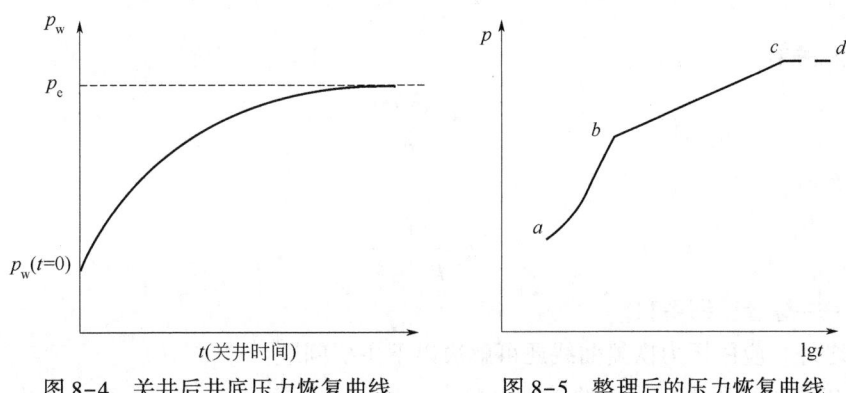

图8-4 关井后井底压力恢复曲线　　图8-5 整理后的压力恢复曲线

由于压力恢复与关井时间成对数关系，所以通常在半对数纸上，以横坐标为 $\lg t$，纵坐标为 p，便可绘制出如图8-5的曲线。曲线上 ab 段为关井初期，油层内流体仍在继续流动（从地层流到井底）的现象，称为"续流段"，此时井底压力的恢复不能真正代表油层内的情况。当井底压力逐渐升高，井筒内流体的密度相等时，井底压力的恢复情况才能代表油层内压力重新分布的情况，这时油层内的压力恢复情况与时间成直线关系（如图中 bc 段），通常用直线段的斜率来反映油井压力的恢复状况。

2. 压力恢复曲线的应用

压力恢复曲线斜率的计算公式为：

$$m=\frac{2.12\times10^{-3}q_oB_o\mu_o}{Kh\gamma_o} \tag{8-5}$$

式中　m——压力恢复曲线斜率，MPa；

q_o——地面原油产量，t/d；

B_o——地面原油体积系数；

μ_o——地面原油黏度，mPa·s；

K——有效渗透率，μm^2；

h——地层有效厚度，m；

γ_o——地层原油相对密度。

有了压力恢复曲线斜率，便可求出以下几项重要的地层参数。

油层流动系数：

$$\frac{Kh}{\mu_o} = \frac{2.12 \times 10^{-3} q_o B_o}{m \gamma_o} \tag{8-6}$$

流度：

$$\frac{K}{\mu_o} = \frac{\frac{Kh}{\mu_o}}{h} \tag{8-7}$$

地层系数或产能系数：

$$Kh = \frac{Kh}{\mu_o} \mu_o \tag{8-8}$$

有效渗透率：

$$K = \frac{Kh}{h} \tag{8-9}$$

导压系数：

$$\eta = \frac{K}{\mu_o C_t \phi} \tag{8-10}$$

式中 C_t——综合压缩系数。

除此之外，应用压力恢复曲线还可解决以下主要问题：

(1) 确定油层压力，分析油层压力变化。

(2) 判断油井完善程度，做出完井评价，为措施选井提供依据。

(3) 判断油藏的水动力学系统及水压系统范围。

(4) 确定油藏内的各种边界分布情况。

(5) 估算油井供油半径、单井控制储量及有关储量参数。

几种典型的压力恢复曲线分析如下（图8-6）：

图8-6(a)：为一种标准的压力恢复曲线，AB 为续流段；BC 表现了径向流特征，为斜率直线段；CD 段为边界影响段，它反映压力波传递已到达供油边界。

图8-6(b)：曲线呈现峰状，原因是井底有高压气体上浮，造成井底压力上升，当其上升速度大于地层压力在井底附近的恢复速度时，在井底会出现"反流现象"，表现在曲线形态上则为恢复曲线初始段中间某一段呈现峰状。

图8-6(c)：该曲线形态由两种原因造成。第一，地层为单一介质时，近井地带渗透率得到改善；第二，双重介质地层时，首先表现出介质间不稳定流的径向流动段（BC 段），而 CD 段则表现出整个系统的流动特征。

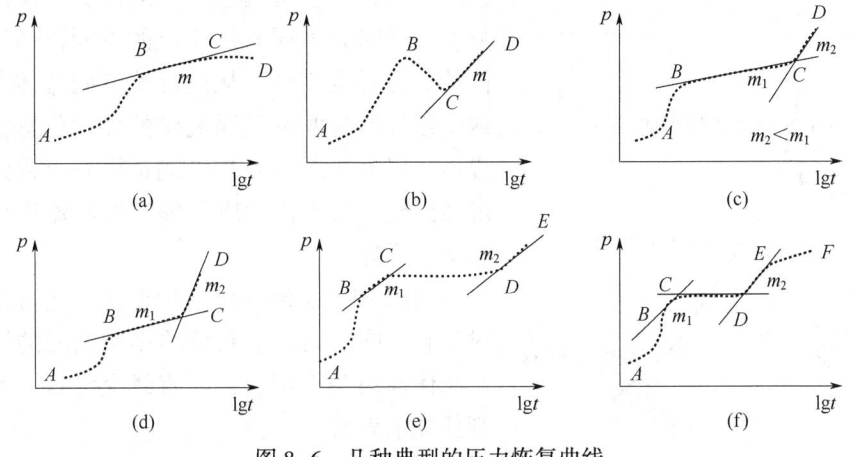

图 8-6 几种典型的压力恢复曲线

图 8-6(d)：当 $m_2 = 2m_1$ 时，则为断层反映的压力恢复曲线。

图 8-6(e)：双重介质压力恢复曲线。

图 8-6(f)：反映了两层合采井的压力恢复曲线。由于各层渗透率变化大，形成垂向上的不均质，压力也不平衡，因此压力恢复曲线呈折线状。

五、流体界面监测

1. RFT 测试装置

RFT（repeat formation tester）测试装置称为重复地层测试器，是一种中途测试的装置。在钻井过程中下套管完井之前，利用地面测井车的电缆，将 RFT 测试装置下到不同深度的油气水层位，由电磁阀控制的运作程序连续地完成压力测试和高压物性（PVT）取样工作。在 RFT 装置内，有两个体积为 $10cm^3$ 的预测试室和两个容积分别为 3.785L、10.4L 的取样室，前者用于流量和压力的不稳定测试；后者用于地层流体的 PVT 取样。

2. 基本原理

RFT 测试的压降曲线和压力恢复曲线数据，由电缆传至地面连续地记录下来。通过 RFT 取样室采集的地层流体样品分析，可以得到测试层位油、气、水的物理性质参数。利用 RFT 测试的压力、压力梯度和压力恢复曲线资料，可确定地层流体界面位置。

根据牛顿第二定律，对于被不同流体密度性质饱和的油气层，地层压力与深度的关系式为：

$$p = 0.01\rho D \tag{8-11}$$

由式（8-11）对深度 D 求导数得压力梯度的表达式：

$$G_D = dp/dD = 0.01\rho \tag{8-12}$$

由式（8-12）可以看出，压力梯度 G_D 与地层流体密度 ρ 成正比。因此可以利用压力梯度随深度的变化，判断地层流体性质和界面位置。若利用 RFT 测试的相同层位不同深度的原始地层压力（或不同层位不同深度的原始地层压力）绘制的压力梯度曲线呈直线变化

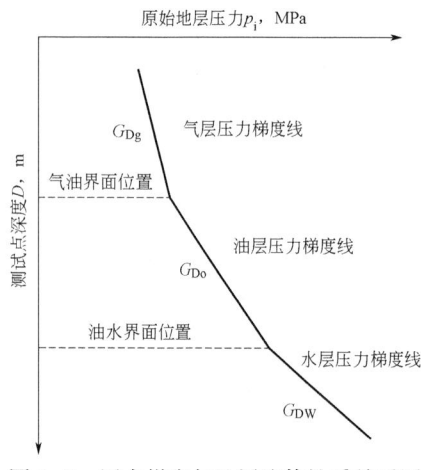

（图8-7），可以明显地反映出地层流体性质的差异。这是因为不同测试产层的不同流体，具有不同的压力梯度直线，从而反映不同流体性质，直线交汇处即为两种不同流体的界面位置，如油水界面。以上便是利用RFT测试资料绘成的压力梯度图判断地层流体性质和确定地层流体界面位置的基本原理。

利用RFT实测的压力梯度图，还可以作出针对具有不同水动力学系统的多层油藏的压力梯度与流体性质关系图，根据直线交汇点，可以清楚判断油水界面。

图8-7 压力梯度与地层流体性质关系图

在油田开发过程中，钻加密井、调整井、检查井下套管之前，都可以应用RFT测得不同开发阶段油水界面的位置，从而可分析油水界面的推进速度和范围，为下步开发调整决策提供依据，以制定相应的技术措施，改善油田开发效果。

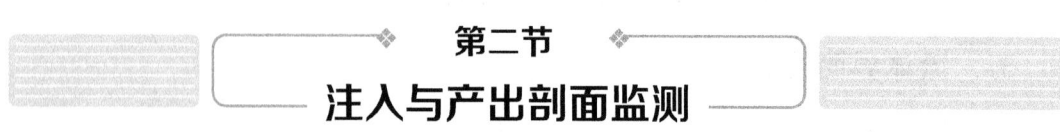

第二节 注入与产出剖面监测

针对油藏多油层开发的特点，由于油层间性质差异和压力水平的高低，在同一口井中每个油层的产油量、产水量都是不同的，甚至在同一油层的不同部位，产油量和产水量也是不同的。注水后，各油层的产油量和产水量又有着新的变化；对注水井而言，在同一口注水井中各油层的吸水量也是不同的。为了在开发过程中掌握采油井和注水井的分层产油量、产水量、分层注水量，就得建立流体流量监测。

通过流体流量监测，绘制出油井各油层纵向上的产液剖面和产油剖面，根据定期监测结果，对同一口油井，将不同时间所测得的产液剖面和产油剖面进行对比，可以准确地了解每个油层产液量和产油量的变化情况，制定改造措施，使之获得好的采收效果。对注水井绘制出吸水剖面，同样也可根据不同时间测得的吸水剖面来了解各油层吸水量的变化。流体流量监测主要通过油田生产测井来实现，油井主要依靠连续流量计测试和73型找水仪，求得油井分层产液剖面和产油剖面；注水井可以通过连续流量计测量注入剖面，也可以直接向注水井注入含有放射性同位素的水，经过放射性测井，测得注水井的吸水剖面。

一、注水剖面监测

注水开发的非均质多油层油田需要测定注水井中各小层的吸水量，掌握各小层的吸水能力，制定相应的配注方案，封堵高渗透突进层。1950—1970年，主要采用井温法确定注水剖面，之后采用涡轮流量计和放射性同位素示踪测井测定注水剖面资料。实践证明，示踪测井是确定注水剖面的有效方法。示踪注水剖面测井是在注水井正常注水的情况下将放射性同位素示踪剂（即放射性同位素吸附在活性炭载体上）注入井内。随着注入水的流入，示踪剂滤积在注水层的岩石表面上，然后用自然伽马测井仪测取示踪曲线，曲线上显现出的放射性强度的差异显示了注入量的大小，通过对比注入示踪剂前后测得的自然伽马曲线，即可得出各注入层的注水量。

20世纪50年代，玉门油田开始用Zn^{65}放射性同位素进行示踪测井。60年代大庆油田先后用Zn^{65}、Ag^{110}等八种放射性同位素示踪剂测注水剖面。70年代到80年代，示踪注水剖面测井得到了迅速发展，胜利油田率先使用半衰期为8.3d的放射性同位素I^{131}代替了一直沿用的半衰期为245d的Zn^{65}。90年代后，吉林油田选用半衰期为99.8min的放射性同位素In^{113}作为示踪剂，成功地测出了注水剖面资料。此项技术的使用减少了放射性污染，特别是使得一些注入水与地面连通的浅水井中测注水剖面成为可能。

对于长期注水开发的油田，一般采用油井采出的污水回注到注水井中，这种矿化度较高的污水，容易冲洗掉吸附在活性炭表面的I^{131}离子，使I^{131}离子被注入水带到地层深处，产生"失踪"现象，此时测得的示踪测井曲线异常幅度明显减少甚至消失。1984年，大庆油田研制的Ba^{131}-GTP微球示踪剂（粒径为100~300μm）解决了放射性同位素易从载体上"脱附"的问题。此后，粒径为100~2500μm的Ba^{131}-GTP微球示踪剂研制成功，用于解决不同孔隙和裂缝的注水问题。这一系列的注水测井资料主要用于监测以下地质问题：

（1）各注水层的自然注水情况以及配注后分层段的注水情况，揭示个吸水层之间的矛盾。

（2）同一注水层不同部位的注水情况。

（3）有条件地反映油水井套管外固井水泥环窜槽的情况。

目前注水剖面监测存在的主要问题有两个：一是Ba^{131}-GTP微球的"沾污"和"下沉"问题；二是随着射孔孔眼深度的加大，示踪剂滤积在射孔孔眼的入口和底部，分布不均，给解释造成一定的困难。

1. 放射性同位素示踪剂测井原理

放射性同位素载体法测注水井分层相对吸水量，是将携带放射性同位素离子的固相载体（GTP塑性微球混凝）在规定深度上释放，在紊流状态下同位素载体与注入水形成活化悬浮液。当载体颗粒大于地层孔隙直径时，微球载体就滤积在井壁上。地层的吸水量、滤积在该段地层对应井壁上的同位素载体量、载体的放射性强度，三者之间成正比关系。通过对比同位素载体在地层滤积前后所测得的伽马曲线，计算对应射孔层位上曲线叠合异常面积，异常面积反映了该层的吸水能力，采用面积法解释各层的相对吸水量，从而确定注入井的分层吸水剖面。

测井用Ba^{131}-GTP微球是直径100~300μm的小圆球。小球的核心部分是一种二元氧化物溶胶，经加入Ba^{131}料液，剧烈搅拌，共同缩聚轻度脱水制成。在微球表面封上了一层能溶于水的物质，并包上一层表面活性剂，以防止微球对井下工具沾污。调节微球外面封装膜的厚薄，可以使微球密度保持在1~1.06g/cm³的范围内，以保证在注水时不下沉。微球外面的封装膜是一种水溶性物质，可以在测井后15~20d内逐渐溶解，经水冲刷成直径不到10μm的炭粉，可随注入水进入地层，不堵塞地层孔道。

2. 测井仪器与辅助设备

1）地面仪器

放射性同位素载体法测井地面记录系统，大多采用测井通用地面仪器。近年来推出的 KD-A 型放射性微机测井面板，克服了原有测井面板放射性测井资料受测速和时间常数影响及对井下仪现场刻度困难的弱点。

2）下井仪器

（1）FCLC-120 型自然伽马磁性定位组合仪：该仪器由磁性定位器、伽马射线探测器、同位素载体释放器三部分组成。其特点是信号采用单芯电缆传输，直径小，重量轻，连接简便，防震保护好，整体统一，电路集成化，可靠性强。其主要技术指标如下：

① 伽马射线探测器：外径：38mm；长度：1650mm；耐温：120℃；耐压：60MPa；分辨时间：≥350μs。

② 同位素载体释放器：外径：38mm；长度：980mm；耐温：120℃；耐压：125MPa；最大容积：200cm^3。

（2）注入剖面组合仪：该组合仪一次下井可录取自然伽马、流量、井温、压力、接箍深度等 5 个参数。其结构特点为整机连接成积木式结构，各参数可任意组合，采用电压识别方式，控制可靠。在电缆驱动器之前设置了正负脉冲延时—复合电路，并设定了不同脉冲宽度以利于地面监测，其主要技术指标及测量范围精度如下：

① 主要技术指标：外径：38mm；长度：5300mm；耐温：125℃；耐压：45MPa。

② 测量范围及精度：流量：10~500m^3/d±1%；井温：0~125℃±0.12℃；压力：0~45MPa±1%；伽马计数率：1~10000s^{-1}±0.4%。

（3）FCLY-80 型注入剖面组合测井仪：该组合仪由自然伽马射线探测器、集流式涡轮流量计、磁性定位器组成，既可实现密闭条件下的同位素吸水剖面测井，又可完成实测分层段注水量。

3）辅助设备

SP-1 型防喷装置是注水井进行密闭测井的井口防喷装置，可在注水压力 15MPa 以下带压施工。该装置具有结构简单、使用操作方便、密封效果好、溢流量低、使用寿命长等特点。

3. 测井工艺

1）测井条件

放射性同位素载体法吸水剖面测井适用于正常注水井，在笼统注水管柱或分层配注管柱中均可进行测井施工，管柱内径要大于 46mm。为避免管壁沾污放射性物质影响解释精度，油、套管壁要干净。

2）施工工艺

在注水井正常注水条件下，配套安装井口防喷装置，采用同位素载体释放器与伽马测井仪器组合一次下井，即可进行密闭测井施工。测井首先录取自然伽马作基线，然后上提仪器至油层顶以上适当深度处释放同位素载体，按设计要求记录施工压力、注水量，录取与自然伽马曲线深度比例及横向比例均一致且分层清晰的同位素曲线,整个施工中需记录压力曲线,以核查其是否符合施工质量要求。

4. 同位素示踪注水剖面测井资料解释

注水剖面测井资料处理的目的是确定分层吸水量。解释前,要了解本次施工的目的、注水井的人工井底、砂面、桥塞深度、射孔深度、注水管柱结构、封隔器位置、偏心配水器位置、喇叭口深度和配水嘴尺寸等资料。同时要了解注入方式(正注还是反注)、从井口倒入还是井下释放、释放深度、对应注入层的生产井的情况等。在测井曲线方面,要了解在该井中测得的综合测井曲线、固井质量图、射孔校深曲线。

在实际施工中,一次注入 Ba^{131}-GTP 微球后,通常要进行多次测量。由于注水量、注水压力、测量时间、注水层位环境变化及放射性沾污的影响,示踪曲线会出现各种异常情况。在选择示踪曲线进行解释时,要选择曲线异常重复性较好的示踪曲线。当示踪曲线重复性较差时,对于高注水量的井,可选用最先测的示踪曲线。图 8-8 中的注水井,注水量为 $149m^3/d$,注水强度为 $67m^3/(d \cdot m)$,井筒周围冲刷带较大,两次测量的示踪曲线因沾污影响,重复性差,因此选用第一次测得的示踪曲线进行解释。若注水量较大,注水井段较长,上部示踪剂分布较好,下部分布较差,用一条曲线很难兼顾这一较长的井段,可以使用两条示踪曲线进行对比解释。对于流量小、注水井段较长的井,注入水从管柱底部上返到油套环空进行分配时,示踪剂沾污、沉降等造成曲线重复性差,此时,通常选择后来测得的曲线。

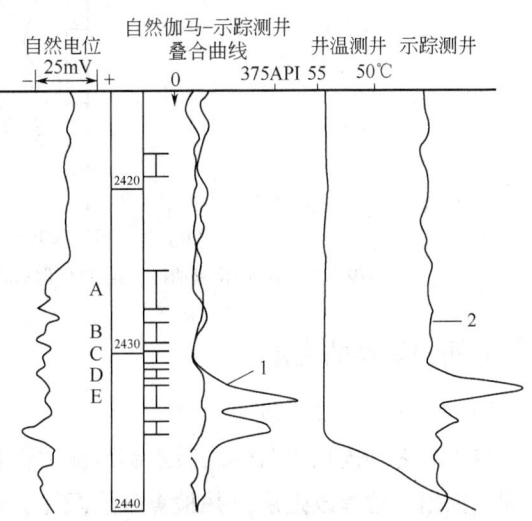

图 8-8 放射性同位素示踪注水剖面测井图

曲线处理时,用面积法确定分层吸水量,即将活化悬浮液注入前后所测的两条伽马测井曲线校正深度后进行叠合,结合注水情况、岩性、配水管柱情况,分析确定吸水层段、窜槽层段及沾污层段,使用有效方法校正沾污,统计起伏和邻层影响,确定小层相对吸水量,即计算对应吸水层段两条曲线之间包围的放射性异常面积。图 8-9 是用放射性同位素示踪法解释注水剖面的例子,中间是叠合曲线,右边是相对注水量。按如下公式分别计算出分层相对吸水量:

$$\beta_i = \frac{S_i}{\sum_{i=1}^{N} S_i} \times 100\% \qquad (8-13)$$

式中 S_i ——单层吸水面积,cm^3;

β_i ——单层相对吸水量,%;

$\sum_{i=1}^{N} S_i$ ——全井吸水面积之和,cm^3。

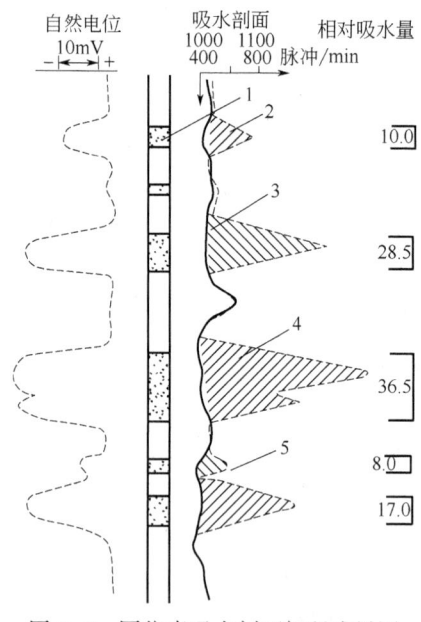

图 8-9 同位素吸水剖面解释成果图

1—吸水层；2—同位素曲线；3—自然伽马曲线（基线）；4—吸水面积；5—分层线

5. 测井资料的应用

1）单井资料的应用

应用放射性同位素载体法吸水剖面测井资料，可了解注水井各油层吸水状况，提供分层配注依据，选择改造层位并检查分层配注、调剖及改造效果。

（1）笼统注水条件下测井资料反映地层自然吸水状况。以图 8-8 为例，该井射开 4 个油层，按其静态资料解释，A 层有效厚度、有效渗透率较大，为本井发育最好的油层，D 层次之。吸水剖面测井显示该井有三个层吸水，A 层吸水占全井吸水量的 50%，D 层占 30%，C 层占 20%，B 层因地层系数小于其他各层，在同一注水压力下处于不吸水状态，此种情况下，吸水剖面测井资料反映地层系数大的油层吸水量多，地层系数小的油层吸水量少，甚至不吸水。此项资料可为分层配注提供依据，加强吸水差油层注水，进而改善油层动用状况。

（2）检查分层配注及实施效果。分层配注条件下，各小层相对吸水量不但与小层吸水能力有关，而且与配水器的控制程度和工作状态有关。测井时，悬浮液在注水过程中经两次分配，首先是在配注管柱中按配注层段水嘴大小分配，其次是将进入配注层段的悬浮液按各层吸水能力再分配。如 X8-193 井分为三个层段配注后吸水剖面测井结果，分层段配注后限制 A 层段注水，增加 B、C 两层段注水，测井结果显示 B 层由原来吸水从零增加到 15%，C 层增加到 25%，该井达到了分层配注目的。图 8-10 所示为 X6-172 井测井成果。3 号、4 号非射孔层与 5 号、6 号射孔层管外窜通，使吸水情况与设计方案不符。

（3）检查注入剖面调整效果。配水管柱条件下，封隔器、配水器只可对几个大段进行调整，而对各小层之间和同一层内的调整，要通过化学堵剂调剖来实现。通过调剖前后

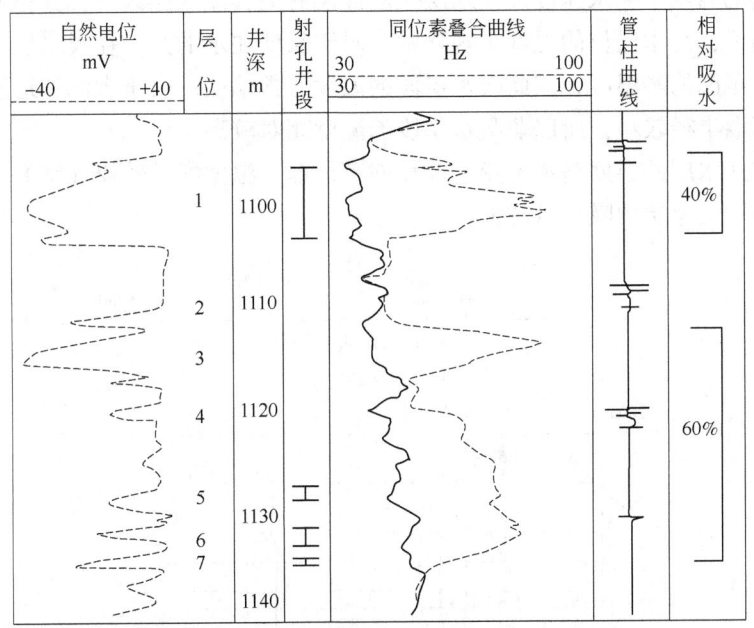

图 8-10　X6-172 井套管外窜槽情况吸水剖面

同位素测井资料对比，可以检查剖面调整效果。

（4）选择水井改造层位及检查改造效果。分析一口注水井同位素吸水剖面资料，对调整配注后仍不吸水的层采取压裂改造措施，对于因杂质堵塞孔道的层，采取酸化解堵措施，可改变注入剖面动态，进而改善水驱效果。

2）验窜、找漏及综合分析应用

由于固井质量较差或射孔强烈震动、限流法压裂完井、增产施工等引起管外水泥环破裂，造成层间窜通，采用放射性同位素载体法验窜可检查窜槽部位。对窜槽部位、油井出水层位、厚油层水淹部分需要封堵，同位素测井可以检查封堵效果。同位素测井结合工程测井，可检查套管外漏情况，分析损坏程度。

非均质多油层砂岩油田，注水开发的全过程始终贯穿着合理分层注水这条主线，做好新老注水井的方案调整，协调好新老注水井的层间、平面关系，所有这些都离不开对吸水剖面测井资料的应用。

同位素载体吸水剖面测井资料比较直观反映井下各层吸水状况，特别是对固井质量较差、未射孔段与射孔层段之间窜槽，优于流量剖面资料。配注管柱中测得的吸水剖面资料，它既有配注层段的相对吸水量，又可与 106 浮子流量计测试资料对比。

6. 注水剖面的综合分析

除了示踪剂之外，为了从多个角度分析注水剖面动态，在测示踪曲线的同时，还要同时测井温和流量曲线。

1）注水井井温测试

注水井中，由于注水层温度长期受低温注入水的影响，进水层与非进水层在温度曲线上存在明显的差异。正常注水时，注入层以上近似为一条受水温影响的梯度曲线，梯度的大小与注入水的温度、注水速度及注水层位的深度有关，注入层以下，井温明显趋近于正常地温梯度曲线，注水层位的温度出现异常。对于长期注水的井，在吸水层段附近形成一个有一定半径范围的降温区，因此吸水层段的温度通常偏低。由于水泥和地层的热传导率很小，因此降温半径较小，所以非吸水层段的温度相对较高。

关井后，注水层的温度基本不变，井筒的其他部分温度恢复较快（图8-11）。两者的差异越大，说明相应层的吸水量越大。

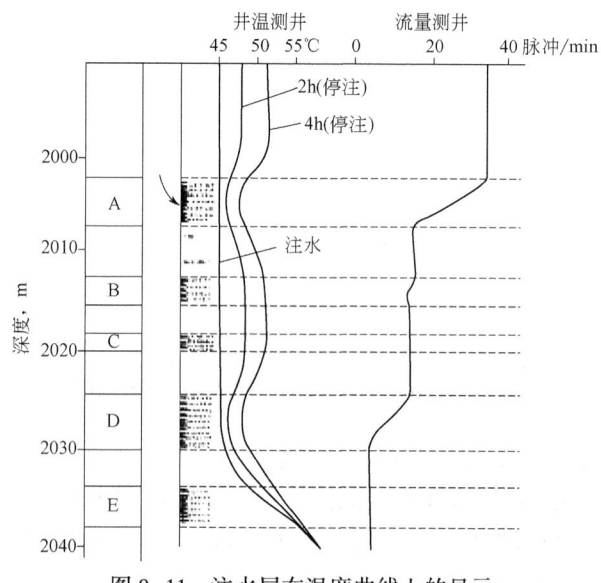

图 8-11 注水层在温度曲线上的显示

如果注入水温度比地层温度高，吸水层位温度高于地层温度。

一般情况下，井温曲线要与同位素曲线同时使用。图 8-12 是一口同时测了井温和示踪剂的注水井。该井为笼统正注井，喇叭口在射孔井段以上。温度曲线与示踪曲线同时测量，关井 4h 后，又测了一条关井井温曲线。注水井段（2726~2732m）以下为未射孔的高渗透层，但示踪曲线出现了大幅度的示踪异常，2685m 以下，关井流动两条两条井温曲线重合，在 2730m 处上升到 94℃，和该地区的地温梯度相等，说明注水层以下为静水柱，示踪剂曲线异常可能是示踪剂沉淀或管壁沾污造成的。

2）水井连续流量计测井

水井连续流量计是一种涡轮型非集流式井下仪器，用于水井注入剖面的连续测量。测量时用扶正器使仪器位于井轴中央，通过连续测量井内流体沿轴向运动速度的变化，从而确定该井的注入剖面。

（1）测量原理。

在井眼直径、测速和流体黏度一定的条件下，在单相流体中，涡轮的转速与流体的流速呈线性关系，而流量与套管截面积、流速的关系为：

$$Q = A_i v \tag{8-14}$$

式中　Q——流量，m^3/d；

A_i——套管横向截面积，m^2；

v——流体流速，m/d。

因流量与流速成正比，所以流量与涡轮转速也成正比：

$$N_L = K_L Q - a \tag{8-15}$$

式中　N_L——涡轮转速，r/min；

　　　K_L——斜率（仪器常数），$r \cdot d/(min \cdot m^3)$；

　　　a——截距，r/min（启动转速）。

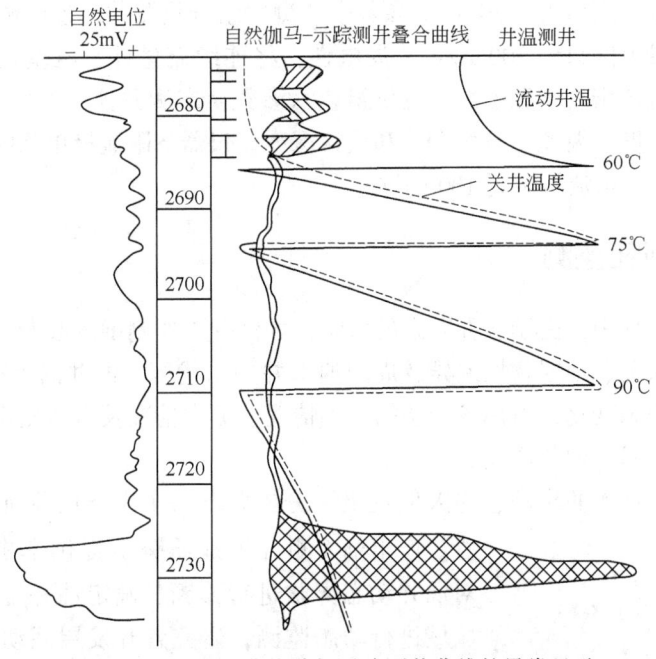

图8-12　用井温曲线分析示踪测井曲线的异常显示

实际遇到的流体不是理想流体，实际测井时应用流量与转速曲线的线性范围。实验证明，在井内单相静止液体条件下，涡轮转速与测速具有线性关系，在进行连续测量时，所测得的涡轮转速不仅与井内流体的流量（亦可说流动速度）有关，同时也与测速有关。当仪器以某一稳定的速度相对流体流动方向运动时，所测得的涡轮转速应是流量与测速两类关系曲线的叠加。获得的总涡轮转速为最大流量值，电缆速度造成的涡轮转速为最小值（零流量），连续流量测井资料解释可以用内插法确定任一点的流量。

(2) 测量仪器。

水井连续流量计由流量传感器、磁性定位器、加重、扶正器四个部分组成，仪器的四个部分采用螺纹与滑环连接，呈积木式结构，具有相同仪器的各单体可以互换结构位置，维修方便。仪器的最下部是流量传感器。仪器中部的磁性定位器，用于测量接箍信号，校正电缆深度。该仪器测量井内的中心流速，用上下扶正器扶正，扶正器收缩后的最小外径45mm，胀开后最大外径250mm，因此通过油管起下，在套管中测量。加重在仪器中部，重15kg，可消除测量过程中因电缆抖动对仪器测量的影响，又方便施工。

仪器指标如下：长度：3.96m（包括加重）；外径：45mm；下井供电电流：40mA；耐温：120℃；耐压：60MPa；线性范围：2~400cm/s。

(3) 特点。

① 测井实效高，影响因素少，成功率高，仪器性能稳定，测速快（1200m/h），一次下井，并在多种工作制度下测量。

② 测量范围宽（6~2000m³/h），对水井不同注水量适应性较强。

③ 分层能力较好，当吸水厚度大于0.4m时，可有效地区分吸水量变化。

由于水井连续流量计适用于笼统注水井中测吸水剖面，为了满足分层配注管柱内测吸水剖面工艺的要求，用引进的PLSS五参数生产测井组合仪测井。连续测量组合仪克服了集流式仪器的测量上限只到300m³/d的局限性，将连续流量计、压差式密度计、高灵敏度井温仪、伽马流体密度计和磁性定位仪组成六参数生产测井仪，下井一次可测得流量、视含水率、流体密度、温度、自然伽马和接箍深度。仪器下限流量单相时为40m³/d，油、水两相时4m³/d，上限流量可近1000m³/d。

二、产出剖面监测

在油井生产过程中，由于各种因素的影响，如油井工作制度的改变、抽油机设备的故障、井身的技术状况、地层物性差异及周围油水井的干扰等，油井的生产状态不断变化。随时追踪油井的动态变化，掌握各产层的出油情况、见水情况及压力变化，以便对油井采取综合调整措施，提高油井产能。

产出剖面测井技术的出现，为人们提供了分析井下每个生产层段所必需的资料和手段。产出剖面测井为地质分析提供了丰富的动态资料，对油井动态异常进行诊断，确定油井生产状态，对开发区域进行动态监测，研究各开发层系动用情况和水淹状况，以便采取综合调整措施。

1. 产出剖面测试方法

油井流量测试主要依靠井下找水仪和连续流量计测试，求得分层流体产出资料，连续流量计测已在前面做过介绍，这里主要介绍73型找水仪。

该仪器适用于测量井筒内不同深度处的体积流量和持水率。其基本结构如图8-13所示，主要由集流器、涡轮流量计、持水率计三个部分组成。

(1) 集流器。它的作用是在测量时，密封仪器与套管的环形空间，使井筒内的流体全部流经仪器内部。它由起固定皮球作用并作为流体流向仪器流通通道的中心管、密封器与套管环形空间的皮球和负责往皮球里泵液的振动泵及起泄液作用的泄液阀组成。

(2) 涡轮流量计。又叫涡轮产量计、转子流量计等。

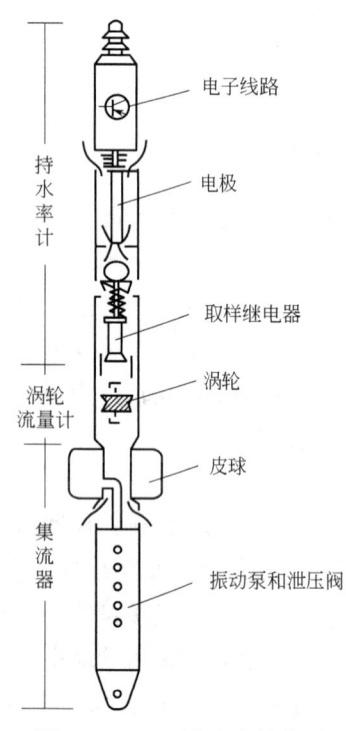

图8-13　73型找水仪结构图

其主要元件是涡轮。涡轮轴用耐磨材料如铝合金、碳化钨等组成。轴的上端固定一个永久磁钢，其两边为感应线圈。上下皆用宝石永久磁铁随之转动，感应线圈切割磁力线而产生感应电流，其大小与涡轮转速成正比。电流经缆心传至地面仪器，转换为涡轮转数/秒，予以记录。

（3）持水率计（即含水率计）。持水率计的测量采用取样的方式，仪器对集流后流经仪器的液流进行取样。在取样筒内装有电极，电容电极与取样室外壳构成圆柱状电容器，油水在重力作用下分离，通过测量圆柱状电容器电容量的变化就可以得到持水率。

以上三大部分有机地结合构成了 73 型找水仪的整体。其测量过程为：把仪器由测井电缆下到目的层后不动，由电磁振动泵使皮球膨胀，封闭仪器与套管的环形空间，使井筒内的液体全部流经仪器，由涡轮流量计测量合层产液量；采用取样电容法测量井液的持水率，然后通过泄压阀泄出集流器中的液体，进行下一点测量。

2. 产出剖面测试资料的应用

（1）产出剖面测试资料能反映小层间的动用状况，指出调整挖潜的对象。如某油田 1016 井分层测试结果反映出，产出剖面测试资料与地质静态资料基本相符，能反映小层间的动用状况。产能系数高的层，出液状况好，渗透型差的层出液状况也差，甚至不出液（表 8-2）。由表 8-2 可以看出，层间干扰比较大，因此在地层条件允许的情况下，采取分采措施可缓解层间矛盾，提高 B_1、B_2 层的产能。

表 8-2　1016 井分层测试结果

项目 层位	有效厚度 m	渗透率 $10^{-3} \mu m^2$	产液量 t/d	占全井产量 %
B_1	22.6	61	38.0	75.2
B_2	15.6	50	12.5	24.8
B_3	10.0	26	0	0

（2）产出剖面能相对反映吸水剖面及油层的复杂性，为分层配注提供依据。大庆油田统计资料表明，产液多的油层在注水井的对应层吸水也多，主力层的产出与吸水能力的符合率在 70% 左右，如喇嘛甸油田 42 口井的产出剖面与其相关的 35 口井的吸水剖面对比，其中不出油的厚度为总厚度的 25.3%，不吸水的厚度为总厚度的 24.2%，二者基本相当。因此，在注水井不能及时测吸水剖面的情况下，只要根据周围油井的出液状况，便可对相应吸水层段的注水量进行调整。

（3）定期连续监测产出剖面，能够掌握产出剖面的动态变化及其引起变化的原因。例如 5257 井，其连续测试后产出剖面变化如图 8-14 所示，第一次测试反映油层动用程度比较低，厚度动用只有 50%，后来进行系统试井，放大了一级油嘴，降低了井底回压，使产油量由 21.4t/d 上升到 24.5t/d，经剖面测试发现，动用了新层，使厚度动用由 50% 提高到 75%。该井因掉卡维修，近井地带受到污染，井口产油量由 24.5t/d 又降至 14t/d，测产出剖面证实，底部主力油层已不工作。针对这种状况，对该井提出选压改造，经投球选压后，井口产油猛增至 30t/d，取得了较好的措施效果。

（4）用产出剖面选择改适层位及评价改造效果。选择压裂层及评价压裂效果：压裂

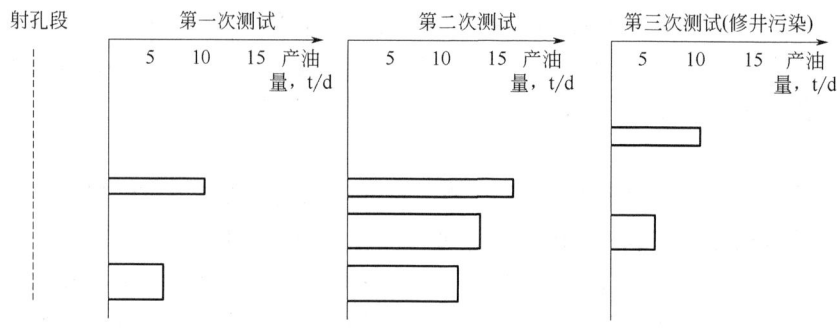

图 8-14 5257 井产出剖面测试资料

前先根据产出剖面选择低产能或不参加工作的层位进行压裂;压裂后再次测试,检验压裂的目的层是否压开增产,了解压裂后的产出剖面。如 5230 井,针对上部油层不动用的问题,采取先期投球选压后,经测产出剖面证实,压开了上部油层,使该层由不产液变为产液 13t/d。

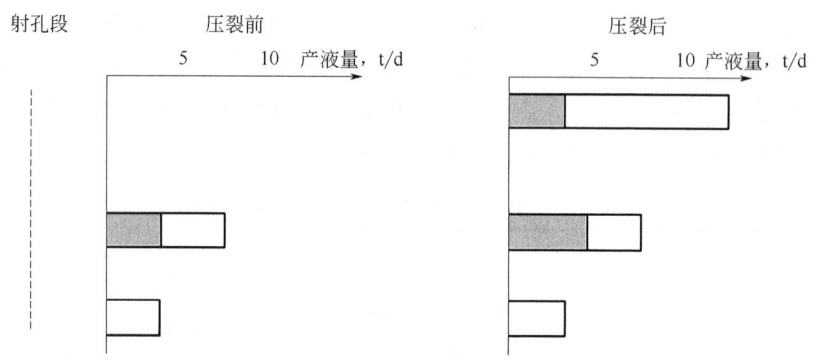

图 8-15 5230 井压裂前后产液剖面

(5)在其他方面的运用:
① 在油井三种工作制度下分别进行测量,可以绘出全井和分层的采油指示曲线。
② 利用产出异常的层段,判断误射孔、窜槽及套管破漏的部位。
③ 利用多口井的产出剖面资料,可以绘制各区块和分层的油水分布图等。

第三节　油层水淹监测

对于注水开发非均质油藏而言,了解和掌握注入水的运动方向和推进速度、不同油层或同一油层的不同部位的水淹特征,研究剩余油的分布规律,是提高注水开发水平的基本要求。在注水开发过程中,油水的分布受油藏地质和开发两大因素的共同制约及影响,而且是处于随时随地不断变化着的运动状态。所以,注水开发过程中油水运动状况的监测工作是较为复杂的。一般都是以检查井取心分析资料为基础,以测试和测井为主要手段,以矿场生产资料为验证,以数值模拟为预测方法,力图及时准确掌握地下油水运动特征,为实施各种注水调整方案服务。考虑到吸水与产出剖面监测在很大程度上反映了油水的纵向分布特征，本节以讨论油层平面水淹规律为主。

一、检查井取心分析研究油层水淹状况

为研究和检查地下油水运动规律，认识和检验油田注水开发状况，油田常常要在油井含水的水淹区钻专门的检查井，取心分析研究油层水淹状况。为避免取心污染，使所取岩心尽可能反映地下真实状态，多采用油基钻井液取心或密闭取心技术。一般通过重点观察分析岩心以下几点内容，反映油层目前水淹状况：

（1）岩心的油水相对渗透性。油田现场常用滴水试验来了解油层的油水相对渗透性。油层如果被水淹，那么岩心的含水饱和度会增大，水相渗透率也增大，油层亲水性会增强。据此，可以在岩心上滴水，然后观察水滴渗入岩心的情况，判别油层的水淹程度（表8-3）。

表8-3　岩心滴水试验级别标准

滴水级别	水滴渗入状况	滴水级别	水滴渗入状况
1级	水滴于油砂上，立即渗入	3级	滴水后2min内水滴呈表玻璃状
2级	滴水后2min内渗入或留水痕	4级	滴水后2min内水滴呈球状

（2）岩心含油状况。注入水对油层的水淹程度主要反映在岩心的含油状况上，含油程度高，说明水淹程度低；含油程度低，则水淹程度高。通过实际观察岩心的颜色、含油级别、油水在岩心中的分布特征、用污手试验等，可以定性判断油层目前的水淹程度（表8-4）。

表8-4　濮城油田油层水淹程度判断标准

水淹级别	滴水实验（级别）	污手实验	颜色及含油水特征				氯化盐含量	与原始饱和度差值,%	目前驱油效率,%
未水淹	3~4	染手性强↓不染	深↓浅	含油饱满↓不饱满	颗粒表面不干净↓干净	渗出油珠↓水珠	油味强↓油味淡无味	大↓小	<5	<35
弱水淹	2~3								5~30	
中水淹	1~2								30~45	35~55
强水淹	1								>45	>55

（3）含盐量变化。油田一般注入水都是低矿化度、低含盐量的淡水。在注水过程中，注入水不断淡化油层中氯化物盐类的含量。因此，分析岩样中氯离子含量的变化，可以判断油层的水淹状况。随着油层水淹程度的增强，岩样中氯化盐含量逐渐降低（表8-5）。大庆油田采用的标准见表8-6。

表8-5　不同水淹层段氯化盐含量变化

分段	1	2	3	4	5	6	7	8	9
厚度，m	1.5	0.2	3.1	0.5	0.3	0.4	0.2	0.2	0.3
水淹程度	未淹	弱淹	弱淹	弱淹	中淹	强淹	强淹	强淹	强淹
氯化盐含量，mg/L	6363	3877	5005	5775	4175	1759	1681	2314	1829

表 8-6　大庆油田划分油层水淹级别标准表

指标 \ 水淹级别	强水淹	中等水淹	弱水淹
原始含油饱和度下降程度	>35%	20%~35%	<20%
试油含水率	>80%	40%~80%	<40%
氯化盐含量下降倍数	2~4	1~2	<1

　　（4）含油（水）饱和度的变化。油层水淹后的本质特征就是所含油（水）饱和度发生了变化。油层受水淹程度越高，目前含油饱和度与原始含油饱和度的差值（即下降量）就越大，而未水淹油层的含油饱和度则无明显变化。这样，就可以根据对岩样所测的目前含油饱和度与开发初期未水淹时所测的原始含油饱和度的差异情况，做出对油层水淹程度的判断。

　　油层目前驱油效率也可作为判断油层目前水淹程度的一个定量指标。目前驱油效率定义如下：

$$R_e = \frac{S_{oi} - S_o}{S_{oi}} \times 100\% \tag{8-16}$$

式中　R_e——目前驱油效率，%；

　　　S_{oi}——原始含油饱和度，%；

　　　S_o——目前含油饱和度，%。

　　可见，油层的目前驱油效率表示目前为止油层被注入水驱替的程度。一般情况下，油层水淹程度越强，目前驱油效率越高。反过来，也可以用取心分析资料计算出目前驱油效率，来直接反映油层目前的水淹程度。如河南双河油田采用的判别标准为：水驱油效率小于25%为弱水淹；水驱油效率在25%~45%为中水淹；水驱油效率大于45%为强水淹。又如大庆油田划分油层水淹级别标准见表8-6。

　　检查井取心分析法对研究纵向各油层或层段的目前水淹状况有很好的效果，而要研究某油层在平面上的不同部位的水淹程度，需多口井的分析资料，通过横向对比分析，得出对油层平面水淹规律的认识。不过，一般油田的检查井数量很有限，它们可起到很好的控制点的作用，但要对油层在较大区域范围上的水淹程度变化情况有正确的认识，则需与其他方法相结合。

二、示踪剂测试与水淹层测井法研究油水运动规律

　　用示踪剂监测注入水的水流方向和运动速度，是一种较为简便、实用而有效的方法。在某注水井的注入水中加入某种指示剂，在见水油井中检测这种指示剂，就可根据油井与水井的方位关系，确定注入水的水流方向；根据油、水井之间的距离和从投入指示剂到检测到指示剂的时间，可推算注入水的推进速度，并以此检测结果可以绘制出研究目的层的水流方向图，直观反映地下注入水的运动规律。近些年来，示踪剂法定量解释油层中含油饱和度的理论和方法有了很大的发展，并已显示出了良好的应用前景。

水淹层测井方法是指在调整井中进行裸眼测井，根据测井曲线特征，判断油层是否水淹及水淹级别的一种测井解释方法。水淹层解释仍以电法手段为主，多依据自然电位基线偏移和电阻率的变化，做出对油层水淹程度的判断。水淹层解释的技术关键是正确估算水淹后原始地层水和注入水的混合液的电阻率。在此基础上才可用所测的电阻率值求得地层含水饱和度（S_w），并得出含油饱和度（$1-S_w$），最后划分出油层水淹级别。

近些年来，国内外不少油田正在研究利用常规测井资料定量评价水淹层的方法，如通过求得储油层的可动水饱和度、产水率等参数，进行水淹程度识别。

碳氧比（C/O）能谱测井是研究储油层水淹程度和剩余油饱和度的一种十分有效的方法。它是选用碳和氧作指示元素，因油、水层中岩石的骨架元素基本相同，而孔隙内含水多时氧元素含量较大，含油多时碳元素较多，所以利用碳和氧所放出的伽马射线特征能量之间的明显差别及碳与氧的强度比值，就可划出油层水淹程度，测井解释出剩余油饱和度。

用各井眼的测井解释结果，在油层平面图上可直接勾绘出油层水淹状况图，直观反映油层不同部位的水淹程度。

三、油水井生产动态观测法分析油水运动与分布

这种方法是油田开发工作者通过实际观测诸如因注水井的投注、增注、停注、注入强度的改变，油井的见效、见水、含水变化，产出水的矿化度变化等特征，来分析判断地下油水运动和分布特征的常用方法。它具有方便、经济、实用的特点，且具一定的可靠性，所以也常作为对其他方法的验证。如为分析判断见水油井的来水方向，可对某水井停注（控注）后再注（增注），若油井含水率先趋于下降或不再上升，而后又明显上升，则说明该注水井是这个见水油井的主要来水方向；如果某注水井投注后，在其某方位的油井很快见效，压力反映最快，则该方向就是压力波传播最快的方向，也就是该注水井注入水推进最快的方向；若实际分析产水油井中产出水的矿化度随含水率上升而降低的话，那么油井产出的就是注入水（注入水的矿化度明显低于地层水时），此时油井含水率越高，说明主产水层的水淹程度也越大。

综合分析油层上各油、水井的注水、产油、含水等资料，就可得出对水线推进水淹状况的判断。

四、数值模拟法研究目前和预测未来某时刻的油层水淹状况

根据目前的井网条件和油水井动态资料，用数值模拟法不仅可得出油层目前的水淹状况，也可模拟出未来不同开发时间某油层的水淹变化特征，对油水运动与分布动态做出预测。表 8-7 和图 8-16 为双河油田核三段Ⅳ$_{1-4}$油层分小层水淹状况模拟结果。结果表明：不同小层的水淹程度不同，同一小层在不同地区水淹程度相差较大，同时存在强、中、弱水淹区，且不同强度水淹区在平面上交错出现，在注水强度大的地区多为强水淹区，在井网不完善或注水强度低的地方多为弱水淹区，目前地下油水的分布是较为复杂的。

表 8-7　分小层不同水淹程度统计表

水淹程度 层位	弱水淹		中水淹		强水淹	
	面积, km²	%	面积, km²	%	面积, km²	%
$Ⅳ_1^1$	1.29	17.5	3.34	45.3	2.74	37.2
$Ⅳ_1^2$	0.83	14.2	2.82	48.5	2.17	37.3
$Ⅳ_1^{1-2}$	0.76	17.0	2.07	46.4	1.63	36.6
$Ⅳ_4^1$	0.31	18.1	0.87	50.0	0.56	31.9

注：表中弱水淹指采出程度小于11%，中水淹采出程度为11%～31%，强水淹采出程度为大于31%

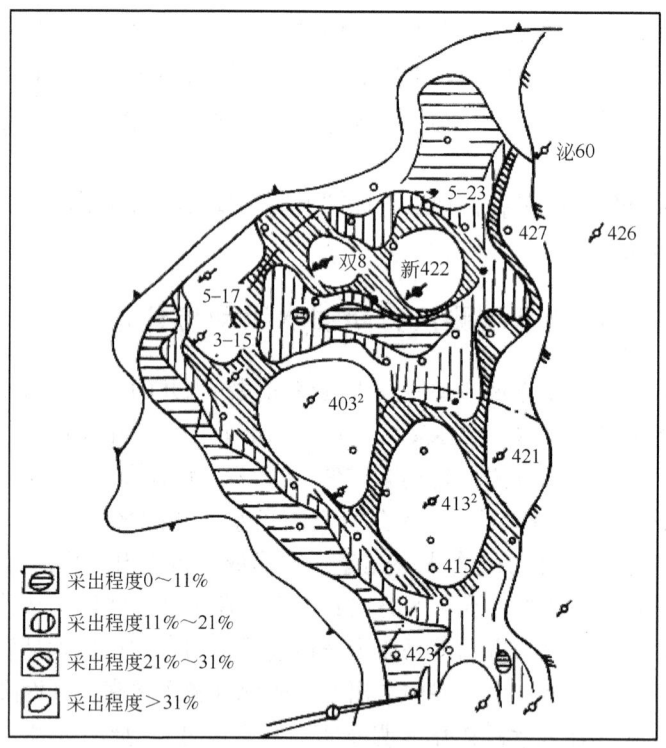

图 8-16　双河油田北块某油层采出程度模拟结果

五、开发地震监测注水前缘

近几年来，运用地震方法来监测注水前缘运动的研究已取得重要进展。King、Dunlop和Seymour、Marituold等人对陆上与海上油田运用地震测量直接监测井间注入水前缘运动状况做了深入的探讨，并得出了可以利用前后两次地震反射振幅比值和声阻抗等灵敏信息直接反映储层中油水运动（如舌状水进和含油饱和度的变化情况等重要成果）。这无疑为研究油田在中高含水期油水运动和剩余油分布开辟了新的途径。不过，利用地震监测储层中的注水前缘受厚度分辨率的影响，目前只能对厚度10m以上的油层中的水驱油状况进行较为有效的监测。进一步提高地震监测的分辨率和适应油田实际生产需要的一些具体方法技术尚在进一步探索之中。

六、监测结果分析与应用

1. 油层水淹的一般规律

注入水的平面运动规律是导致油层平面水淹特征与剩余油分布的主要原因。而注入水的平面运动规律主要受油层平面非均质性和注采井网的控制。对大量油层的水淹特征进行分析,其一般的水淹规律可归纳如下:

(1) 井网控制不住的地区,水驱控制程度差,油层动用不好,多形成剩余油富集区。如注采井网中的非主流区、注水二线地区中间井排水线会合处的"滞留区"、远离注水井的边脚地区、生产井网稀及单井控制储量大的地区等,这些地区注入水作用较弱,易形成剩余油富集。

(2) 条带状砂体的主体带部位层厚,渗透率也大,往往是注入水优先推进和强水淹区;而砂体的边缘、边角、尖灭线附近往往是水淹不到的剩余油富集区。

(3) 断层附近油层动用不好,存在"滞留区",裂缝存在时,注入水沿裂缝水窜,使大量的原油仍饱含在孔隙或微裂缝中采不出来而形成"滞留区"。

(4) 油层大面积连片分布地区,注入水控制强,剩余油低;油层零星分散分布地区剩余油含量高。

(5) 油层微型构造中的正向构造,如小高点、小鼻状凸起、小构造阶地等多为水淹程度低的剩余油分布区;而负向构造,如小沟槽、小凹地等多为水淹程度较高的地区。

因油层的水淹状况同时受井网条件等开发因素和油层地质因素的双重影响,所以对某一具体油层的水淹状况需具体分析研究。采用前述的多种手段与分析方法,才能得出较为符合地下实际的对油层水淹规律与剩余油分布规律的认识。

对油水运动状况进行监测的结果,一般都反映在单油层平面水淹图、剩余油分布图上。这类图件是油层进行调整挖潜的主要依据。其调整挖潜的基本目的是:增大注水波及体积,提高水驱动用程度,从注与采两方面入手,提高注水开发效率和水驱采收率。

2. 其他监测

(1) 产量与流体性质监测。产量是油井生产能力的重要标志,它是评价油藏性质、分析和掌握油藏开发动态、衡量油藏目前开采程度和各种开发措施效果的最重要的一项指标。所以产量监测工作十分重要。一般要求,油、气、水产量以单井计量为基础,每天按常规标准计量方法录取油、气、水产量。为保证计量误差符合要求($\leq 5\%$),必须定期定点取流体样品作高压物性分析,掌握地下流体性质变化程度和分布规律,指导油田进一步合理开采。

(2) 井下技术状况监测。在注水开发过程中,往往会由于断层的活动、泥膏岩的存在使地层发生蠕动、注入剂腐蚀等,造成油、水井的套管变形或错断及管外窜槽等现象的发生,而影响油、水井的正常生产。进行油、水井井下技术状况监测,主要依靠工程测井手段来完成,及时根据监测结果,采取处理措施,保证油、水井高效工作。

第四节 注水水质监测

为了实现油田注水开发方案所规定的各项指标，注够水和注好水是一个重要因素。注够水就是注入水量能够适应油田采出液量的需要，达到注采平衡，以保持地层压力；注好水则是为了提高水驱效率，提高石油储量的水驱动用程度，达到较好的开发指标。注够水和注好水是相辅相成、相互制约、不可分割的，只有注够水才能谈上注好水。相反，只有注好水也才能保证注够水。在注够水和注好水的原则中，良好的、符合实际需要的注入水质是两者共同的基础，离开这个基础是很难实现注够水和注好水的。为此，制定一个符合实际的水质标准是非常重要的前提。

目前，油田注水水质监测方法执行油田行业标准 SY/T 5329—2012《碎屑岩油藏注水水质指标及分析方法》。一般，注水水质的基本要求如下：

（1）水质稳定，与油层水相混不产生沉淀。
（2）水注入油层后不使黏土矿物产生水化膨胀或悬浊。
（3）水中不得携带大量悬浮物，以防堵塞注水井渗滤端面及渗流孔道。
（4）对注水设施的腐蚀较轻。
（5）当采用两种水源进行混合注水时，应首先进行室内实验，证实两种水的配伍性好，对油层无伤害才可注入。

如果注水水质超标，将导致注水压力上升、欠注层增多。如 2008 年利津油田因注水水质不合格导致注水量下降乃至注不进水的井共计 15 口，日欠注水量 400m^3。

一、细菌监测

在油气生产系统中存在着硫酸盐还原菌（SRB）、腐生菌（TGB）、铁细菌（IB）等菌类，对生产系统产生较强的腐蚀，污染注水水质。为了控制菌类的繁殖，常采用杀菌剂或其他物理方式灭菌，这些工作及效果分析需要进行细菌数量的测试。我国石油行业标准 SY/T 5329—2012《碎屑岩油藏注水水质指标及分析方法》及 SY/T 0532—2012《油田注入水细菌分析方法 绝迹稀释法》中已经建立了细菌数量的分析方法。1975 年，美国石油学会（API）出版了 API RP 38《油田注入水细菌分析推荐作法》，之后不断修订，到 2004 年 API 选择美国腐蚀工程师学会（NACE）的 NACE TM 0194-2004 作为其推荐标准，即《油气系统中细菌生长现场监测标准检验方法》。监测油田注入水中细菌的方法很多。其中最主要和最通用的方法是培养计数法，它是唯一被美国石油协会认可并推荐采用的方法，在我国油田已被广泛应用。其具体的方法是：从系统中采集水样，再按绝迹稀释法培养计数，从中求得细菌的最大可能数。

二、腐蚀监测

随着油田开发年限的延长，油田的在用管线和设备陈旧老化问题日益严重，需要大规模地更新改造。而伴随着注聚合物、三元和 CDG 等三次采油的逐步深入开展，注水水质比过去单纯注水时更为复杂。加强腐蚀监测，尤其是在注水系统源头开始，显得尤为必要。腐蚀率作为砂岩油藏 10 项水质指标之一，其监测难度大。无论是在实验室或现场，如果需要对油田注入水的腐蚀或缓蚀剂的效果进行测试评定，就要了解和掌握油田注水腐蚀和缓蚀的测试方法，只有掌握基本的测试方法，才能判断油田注水的腐蚀状况以及采用缓蚀技术后的效果。

腐蚀监测的目的主要有：

（1）进行生产工艺管理、控制产品质量的检验性试验。

（2）选择出适合于在指定腐蚀介质中使用的材料。

（3）对已经确定的腐蚀体系，估计金属的使用寿命。

（4）在发生腐蚀事故后，追查原因和寻找解决问题的办法。

（5）选择有效的防腐蚀措施，估计其效果如何，如涂层和电化学保护。

（6）针对指定的腐蚀体系，选择合适的缓蚀剂及确定最佳用量。

（7）研制发展新型耐蚀材料。

腐蚀检测方法主要分为常规检测方法和腐蚀检测的其他技术。常规检测方法主要有以下几类：

1. 重量法

试样经过一段时间的暴露后，可根据其失重或增重测量平均腐蚀速率。重量法的特点是：测试方法简单，适用于几乎任何体系，无需任何现场仪器；可以定量地测定均匀腐蚀速率；也可用于局部腐蚀的判断；仅提供平均腐蚀速率，反映不出腐蚀速率的波动；试验周期受到生产条件限制，试验周期较长，劳动强度大。

这种方法在腐蚀测试中是最常用的，也是经典方法之一，对于所有挂片或试片有一定的要求，可参照行业标准 SY/T 5329—2012《碎屑岩油藏注水水质指标及分析方法》和 SY/T 5273—2014《油田采出水处理用缓蚀剂性能指标及评价方法》有关规定执行。

2. 电阻探针法（ER）

电阻探针法通过测量正在腐蚀的金属元件的电阻变化，来测量金属的累积损失。优点有：简单，灵敏，适用性强（在任何介质中均可使用，可在设备运行条件下定量监测腐蚀速率）。

最近发展了一种测量电感线圈电阻的技术，具有比普通 ER 测量更高的灵敏度。

3. 线性极化法（LPR）

用两电极或三电极探头，通过电化学极化阻力测量腐蚀速率。通过对电位—电流曲线线性回归，计算出曲线的斜率，即极化电阻 R_p，最后，借助于 Stern 系数（即 B 值），将 R_p 转换为腐蚀速率。线性极化技术可以快速测定体系的瞬时腐蚀速度，适用于有适当电导率的大多数金属体系。

线性极化法是根据科学家 Stern-Geary 导出的线性极化方程式进行计算的，即在开路电位附近 ±10mV 范围内的腐蚀电流可用下式表示：

$$B = \frac{b_a b_c}{2.3(b_a + b_c)} \qquad (8-17)$$

$$R_p = \frac{(\Delta E)}{(\Delta i)_{\Delta E \to 0}} \qquad (8-18)$$

式中 b_a——阳极极化曲线的塔菲尔斜率；
b_c——阴极极化曲线的塔菲尔斜率；
Δi——极化电流；
ΔE——极化单位；
R_p——极化电阻。

由式(8-18)可知，腐蚀率与极化电阻值成反比，当测出极化电阻值 R_p 后即可得到相应的腐蚀率和缓蚀率。目前油田已引进的测试仪及国内生产的测试仪，就是应用了线性极化原理制造的，有双电极系统或三电极系统等不同的型号。

线性极化法的优点是测试速度快，周期短，既可用于实验室测试又可用于现场监控。但是应指出，它测定的是瞬时腐蚀速度，如果用它测定点蚀等还有一定困难，尽管有的仪器上标有测定点蚀，但实际上最多提供一下点蚀的趋向。此外，测定用的电极探头应注意保持清洁，因为如发生腐蚀产物堆积而短路，或沾染油污而影响测试面积等均将在一定程度上影响测试的结果。

第五节 油田水治理

一、油田水中细菌治理

1. 物理和机械杀菌方法

可用聚氨基甲酸酯制的刮管器或高速水清洗回注水处理及回注管线，同时在冲洗水中加入活性剂或适当的杀菌剂。这种方法虽然成本高，但有利于机械地去除硫化铁垢和生物污泥的沉积物。垢及污泥能产生适宜于硫酸盐还原菌（SRB）大量生长繁殖的环境，同时增大了对商品杀菌剂吸附的表面积，使其效果变差。软泥和污垢也能疏松地黏附在管壁，定期用机械方法从系统中清除掉，可以防止剥落及沉积到注水井井眼。机械清除掉硫化亚铁，也能减少由于脱硫弧菌代谢产物在金属管线表面形成浓差电池的可能性。

注水井进行反冲洗，这将有助于除去井中污泥和清洗注水井管柱。倘若需要，可进行酸化，清洗注水井，以增加注水能力。

采用适当的程序反冲洗系统中的过滤器，如果必要，可以在清洗过滤器的水中添加洗涤剂或杀菌剂。

2. 化学方法杀菌

杀菌剂的选择应符合 SY/T 5757—2010《油田注入水杀菌剂通用技术条件》中的规定

进行评价筛选。杀菌剂一般分为氧化性杀菌剂和非氧化性杀菌剂。氧化性杀菌剂一般是无机的，如氯、次氯酸钠、溴、二氧化氯、臭氧、三氯异三聚氰酸等；非氧化型杀菌剂为有机的，如季铵盐、有机弧盐、二硫氰基甲烷和大蒜素等。当杀菌剂选择后，就要设计处理方法和处理地点，使其充分发挥化学处理的效果。检查整个系统，并测定不同地点的细菌含量，编制各个地点存在细菌生长环境的综合比较图。这种系统分析最终能选择出合理的处理方法：间歇、连续或是间歇—连续综合处理。

3. 微生物竞争抑制方法

微生物竞争抑制法就是利用生物竞争淘汰法，即通过微生物群的替代，将油田微生物问题变为有利因素，可替代生物群再就地生产天然气、聚合物、表面活性剂，同时防止和除去硫化物，既可提高油层采收率，又能防止油层酸化。微生物竞争抑制法的机理是：所用细菌在生活习性上与 SRB 非常相似，只是它们不产生 H_2S，这些细菌注入地层和 SRB 生活在同一环境中，就可和 SRB 争夺生活空间和食物营养，从而抑制 SRB 的生长繁殖。

二、油田腐蚀治理

由于油田注水系统中影响腐蚀的因素非常复杂，防腐蚀技术也多种多样。在生产实践中用得最多的防腐蚀技术大致可以分为如下几类：

（1）合理选材，根据不同介质和使用条件，选用合适的金属材料和非金属材料。

（2）阴极保护，利用金属电化学腐蚀原理，将被保护金属设备进行外加极化以降低或防止金属腐蚀。

（3）阳极保护，对于钝化溶液和易钝化金属组成的腐蚀体系，可以采用外加阳极电流的办法，使被保护金属设备进行阳极钝化以降低金属腐蚀。

（4）介质处理，包括去除介质中促进腐蚀的有害成分（如锅炉给水的除氧），调节介质的 pH 值及改变介质的湿度等。

（5）添加缓蚀剂，往介质中添加少量能阻止或减缓金属腐蚀的物质以保护金属。

（6）金属表面覆盖层，在金属表面喷、衬、渗、渡、涂上一层耐蚀性较好的金属或非金属物质及将金属进行磷化、氧化处理，使被保护金属表面与介质机械隔离而降低金属腐蚀。

（7）合理的防腐蚀设计及改进生产工艺流程以减轻或防止金属的腐蚀。

每一种防腐措施，都有其应用范围和条件，使用时要注意。对某一种情况有效的措施，在另一种情况下就可能是无效的，有时甚至是有害的。因此，对于一个具体的腐蚀体系，究竟采用哪种防腐蚀措施，应根据腐蚀原因，环境条件，各种措施的防腐蚀效果、施工难易及经济效益等综合考虑，不能一概而论。

思考题

1. 油田动态监测的内容有哪些？
2. 压力监测的方法有几种？

3. 压力恢复曲线的应用有哪些，典型的压力恢复曲线有哪几种？
4. 什么是吸水剖面？有几种测量注水井吸水剖面的方法？如何分析？
5. 放射性同位素示踪剂测井的基本原理是什么？
6. 什么是产出剖面？产出剖面的测量方法有哪几种？如何分析？
7. 如何根据油水运动状况监测结果进行分析？
8. 如何估计油层是否水淹？水淹程度如何？又是如何监测的？
9. 为什么要对注入水水质进行监测？主要对哪些方面进行监测？
10. 油田水治理措施主要有哪些？

参考文献

［1］ 熊琦华，王志章，吴胜和，等.现代油藏地质学：理论技术篇［M］.北京：科学出版社，2010：408-409.

［2］ 袁新强，许运新.砂岩油田开发常用知识汇集［M］.北京：石油工业出版社.2002, 189-195.

［3］ 郭海敏，戴家才，陈科贵.生产测井原理与资料解释［M］.北京：石油工业出版社，2007：219-228.

［4］ 孙焕泉，王增林，韩霞.油田回注水水质稳定控制技术［M］.北京：中国石化出版社，2012：149-188.

［5］ 凯斯 L C.石油生产中水问题［M］.北京：石油工业出版社，1984.

［6］ 吕志强.放射性同位素测井中玷污的控制与校正方法［J］.地球物理测井，1990（6）：405-410.

［7］ Brenda Little, Jason Lee. A Review of Green Strategies to Prevent or Mitigate Microbiologically Influenced Corrosion［J］. Biofouling, 2007, 23（2）：87-97.